U0235932

黄河水利委员会治黄著作出版资金资助出版图书

黄河泥沙若干理论问题研究

韩其为　著

黄河水利出版社

·郑州·

内 容 提 要

本书是作者近些年来对黄河几个重要泥沙理论问题的研究成果汇集。第1章为黄河下游输沙与冲淤的若干规律，对以往相互孤立研究的几个问题揭示了其内在联系，在理论上做了统一概括。第2章深入研究了黄河调水调沙的理论根据、实践基础、重大效益和巨大潜力。第3章对三门峡水库原规划设计失败的关键及改建后运行成功的机制作了深入论述，特别揭示了其拦沙的巨大防洪效益，超过了防洪库容的作用。第4章利用数学力学方法，对黄河中游的"揭河底"冲刷进行了细观研究，在弄清机理基础上，导出了运行各阶段的表达式和一些深刻结果。最后，在本书附录中刊登了作者对黄河几个工程泥沙问题讨论的发言，反映了作者的一些观点。

图书在版编目（CIP）数据

黄河泥沙若干理论问题研究/韩其为著 . —郑州：黄河水利出版社,2010. 12

ISBN 978 – 7 – 80734 – 930 – 3

Ⅰ.①黄…　Ⅱ.①韩…　Ⅲ.①黄河 – 泥沙 – 理论研究
Ⅳ.①TV152

中国版本图书馆 CIP 数据核字（2010）第 218375 号

策划组稿：马广州　　电话：0371 – 66023343　E-mail：magz@ yahoo. cn

出　版　社：黄河水利出版社
　　　　　地址：河南省郑州市顺河路黄委会综合楼 14 层　　邮政编码：450003
发行单位：黄河水利出版社
　　　　　发行部电话：0371 – 66026940、66020550、66028024、66022620（传真）
　　　　　E-mail：hhslcbs@ 126. com
承印单位：河南省瑞光印务股份有限公司印刷
开本：787mm×1 092mm　1/16
印张：15. 25
字数：265 千字　　　　　　　　　　印数：1—1 500
版次：2010 年 12 月第 1 版　　　　　印次：2010 年 12 月第 1 次印刷

定价：65. 00 元

序

  黄河是世界上最复杂、最难治理的河流之一,其症结在于水少、沙多,水沙关系不协调。对于黄河治理而言,要做的事情很多,但最关键的是认识和掌握水沙运动的基本规律,进而基于这些规律去寻找治理对策和治理方案。否则,往往是事倍功半,甚至事与愿违。

  长期以来,大批治河专家对黄河水沙运动规律进行了不懈的探索和研究,取得了丰硕成果,为黄河治理方案的确立提供了有效的科技支撑。然而,黄河的问题毕竟太为复杂,其蕴含的自然规律仍有许多尚未被发现和认识,或者说,"已知"远远少于"未知",以至于解决问题的步伐总是滞后于新情况、新问题产生的步伐。换言之,一定时期解决了一些突出问题,但伴随着治理的进程和各方面条件与要求的变化,又会出现新情况、新问题,迫使我们不断地去寻找针对性的治理方案。因此,对黄河自然规律的研究是一个永恒的主题,是一项必须给予高度重视的、艰巨的研究任务。

  韩其为院士是我国著名的泥沙研究专家,长期致力于泥沙运动、河床演变与水库淤积研究,并取得了突破性成就。他曾采用力学与随机过程相结合的方法建立了较为完整的泥沙运动统计理论体系;深入揭示了泥沙运动机理、力学机制;从理论上提出了塑造平衡纵剖面的第一造床流量和塑造平衡横剖面的第二造床流量,对来水来沙变化对河床冲淤和变形的各种影响进行了深入研究;通过对水库泥沙淤积进行大量、全面、系统的理论研究,完成了对水库淤积的定性描述到定量表达,奠定了水库淤积的理论体系。

  鉴于韩其为院士深厚的理论基础、丰富的实践经验,以及深入思考和善于分析、总结与概括的超凡能力,我曾先后多次找到他,恳切希望他能进行黄河泥沙的研究,特别是希望他能从机理的层面去研究黄河的泥沙问题,凝炼黄河水沙运动的基本规律。

  让我感动的是,韩其为院士在年逾古稀,且手头项目很多、时间并不宽裕的情况下,接受了我的邀请,以一个优秀科学家特有的责任感和孜孜以求的钻研精神,开始了对黄河水沙运动基本规律的研究,并在不太长的时间内提出了系统的研究成果。所提出的黄河下游输沙及冲淤的若干规律,着重对黄河下游输沙和冲淤方面的自然现象进行了机理揭示与理论概括,给出了长时期内上、下河段平衡输沙的条件及其数学表达。韩其为院士十分关注并跟踪黄河上开展的调水调沙进程,对调水调沙的理论根据、实践基础、调水调沙的效益及其今后的巨大潜力进行了系统研究,提出了具有指导意义的理论成果。通过对三门峡水库泥沙问题的研究,深入分析了原设计方案失败的关键、改建成功的运行机制,并进一步分析了三门峡水库防洪拦沙效益,从而更加丰富了三门峡水库问题研究的内容。对于黄河小北干流特有的、十分复杂的"揭河底"冲刷问题,韩其为院士深入揭示了其内在机制,研究了运动各阶段的力学关系,确切阐述了有关规律的特性,为我们认识黄河"揭河底"现象背后的自然规律提供了宝贵的科技支撑。此外,韩其为院士还针对黄河上的一些热点、难点问题进行了研究,提出了具有启迪意义并可供我们借鉴的重要研究成果。

　　《黄河泥沙若干理论问题研究》,问题源自黄河,解决问题的目标当然也是黄河,因此对于黄河治理具有极其重要的意义。发现黄河的问题、认识黄河的自然现象固然重要,但分析问题产生的根源、揭示现象背后的自然规律则更加重要,韩其为院士对黄河研究成果的价值恰恰体现在这"更加重要"的方面。

　　是为序。

2010 年 11 月 27 日

自　序

　　以前我对黄河泥沙问题有所接触,但是对于其特殊性谈不上深入研究。20世纪初,黄河水利委员会李国英主任不止一次希望我能参加黄河泥沙研究,特别是黄河泥沙理论方面的研究工作。当时我已年满70,能否承担这项重任? 为了检验自己是否还能针对十分复杂且难度很大的黄河泥沙问题做一点踏实的工作,我选择了两个问题进行试笔:一是对于黄河泥沙输移及河床演变的几个问题,能否从宏观上找出其普遍规律性;二是对于黄河中游特有的、十分复杂的"揭河底"冲刷,能否从微观上进行力学研究并予以概括。为此,完成了"黄河下游输沙及冲淤的若干规律"和"黄河揭河底冲刷的理论分析"。这两部分内容构成了本书第1、4两章。这两项研究得到了肯定,也增加了我参与黄河泥沙研究的信心。

　　李国英主任直接主持的黄河调水调沙取得了很大效果,在800余千米的河道上大幅度增加了造床流量,明显改善了河道,是治河史上的重大创举。但是由于这是一项新的工作,不少人不够理解,社会上也颇有微词。此时,我感到为了明确问题的真相,有利于此项治黄根本措施的实行,必须研究、解释调水调沙的理论根据、实践基础,阐述清楚调水调沙的效益和今后的巨大潜力,以及对有关质疑进行讨论和澄清。为此,深入研究了黄河调水调沙,完成了10篇论文,其主要内容在本书第2章。三门峡水库的泥沙问题,是历来争论最多的,已发表了大量文章。但是根据已经发表的主要文献从水库淤积角度看,三门峡水库原设计方案遭遇失败的关键并没有很明显的揭露,对改造后成功的机理阐述也不够深入,以及对三门峡水库防洪拦沙效益肯定也不够全面。为此,我写了"对三门峡水库泥沙问题的若干研究",以略表我的一孔之见,即本书第3章。最近七八年来,我在有关黄河泥沙和下游河道治理的一些会议上,有多次讨论和发言,挑选了其中的6篇作为本书的附录。这6篇发言表达了我对黄河泥沙的一些看法和观点,也反映了我认识的深化。

　　从上述工作中,我对黄河泥沙研究有四点感想:第一,黄河泥沙与河床演变异常复杂,以往的研究成果已经很多,也可能是全世界对一条河流研究最多的,但是其不足之处是缺乏机理揭示与概括,缺乏研究成果的有机集成,大多是一篇文章谈论一个问题,至于这个问题与其他的问题的联系如何? 与别人类似成果有什么矛盾和雷同? 似乎并不关心。机理揭示与概括是研究工作的两个重要方面,彼此是相辅相成的。机理解释透了,才能进行更高层次的概括,也便于一些成果的集成。在本书第 1 章中,我就企图利用这一点来指导研究,初步将大家熟悉的几个单项成果在理论上联系起来,能在结构上统一,从而能得到一致的规律。第二,尽管黄河泥沙问题复杂,理论上定量研究颇为困难,但是只要抓住主要矛盾,对实际图形作一定概化,忽略一些可以忽略的次要因素,还是能通过数学、力学(流体力学与和河流动力学)的方法描述的,并且可能得到一些深刻的成果。本书第 4 章的内容就是我的一项试验性研究,尽管有一定的假定,但是对"揭河底"的过程表达还是很全面的,能复演"揭河底"出现的各种现象。第三,对一些研究和工作的总结及评价,也应创新,跟上形势的发展。三门峡水库修建后,以及小浪底水库论证、初设阶段,明确它们的主要效益是防洪和减淤。后者是指下游河道冲刷数量和入海含沙量。小浪底水库及下游河道调水调沙实践,突破了单纯的减淤,而是长河段大幅度地扩大了河槽,并且平滩流量全河调整得颇为均匀。所以,应将改善河道看做一个重要指标。但是有的仍然按减淤量评价,强调用冲刷量做指标,于是认为下游河道冲刷主要是清水冲刷(冲刷量约占 80%),而不是调水调沙的冲刷(调水调沙期间冲刷量占 20%)。但是调水调沙的大流量冲刷,大幅度改善了河道确实是不争的事实。第 2 章中的研究指出,实际上调水调沙对河道的冲刷也不止 20%,而它有后期影响和增值作用,估计总的影响约占全部冲刷的 50% 左右。第四,对一些复杂的问题分析,应抓住真正的关键。如三门峡枢纽原设计的失败,泥沙问题没有估计清楚、解决好,固然是原因之一。但是从水库淤积看,再深入一步,关键在哪里? 是水土保持效益估计高了? 来沙太多了? 淤积太多了? 其实,首先是翘尾巴,而翘尾巴淹没的关键是库形(包括坝址)。如果坝址选择在小浪底,正常蓄水位为 175 m,总库容为 126.5×10^8 m³(防洪库容为 40.5×10^8 m³)装机容量 180 万 kW,即使年来沙 16×10^8 t 也能正常运行 20 年,以后还可以有一定的防洪和发电效益,而且并不影响潼关高程。总之,工程不会失败。

在本书的研究和编写过程中,黄河水利科学研究院、黄河勘测规划设计有限公司提供了宝贵资料和有关成果,李国英主任、黄河水利科学研究院副院长江恩惠给予了大力支持,钟正琴完成了全部书稿打印。为此,我对他们表示衷心感谢。

韩其为

2010 年 10 月

目　录

序　　　　　　　　　　　　　　　　　　　　　　　　　　李国英
自序
第1章　黄河下游输沙及冲淤的若干规律 ………………………… （1）
　　1.1　概述 ……………………………………………………… （1）
　　1.2　上、下河段水力因素的关系 …………………………… （1）
　　1.3　上、下河段平衡输沙的临界流量 ……………………… （3）
　　1.4　输沙能力计算 …………………………………………… （8）
　　1.5　造床流量 ………………………………………………… （11）
　　1.6　上、下河段平衡输沙条件分析 ………………………… （16）
　　1.7　黄河下游河道整治时应注意上、下河段输沙量均衡 … （19）
　　1.8　结论 ……………………………………………………… （21）
　　参考文献 ……………………………………………………… （22）
第2章　黄河调水调沙的根据、效益和巨大潜力 ……………… （23）
　　2.1　黄河下游输沙能力的表达 ……………………………… （23）
　　2.2　黄河下游河道巨大的输沙能力与平衡的趋向性 ……… （25）
　　2.3　第一造床流量及输沙能力的理论分析 ………………… （32）
　　2.4　黄河下游第二造床流量研究 …………………………… （43）
　　2.5　挟沙能力多值性机理及黄河下游多来多排特性分析 … （55）
　　2.6　小浪底水库淤积与下游河道冲刷的关系 ……………… （65）
　　2.7　小浪底水库的拦粗排细及异重流排沙 ………………… （73）
　　2.8　黄河调水调沙的效益 …………………………………… （86）
　　2.9　黄河调水调沙的巨大潜力 ……………………………… （96）
　　2.10　对调水调沙理解的几个误区和对有关质疑的讨论 …… （106）
　　参考文献 ……………………………………………………… （118）
第3章　对三门峡水库泥沙问题的若干研究 …………………… （121）
　　3.1　三门峡水库处理泥沙的经验教训 ……………………… （121）
　　3.2　三门峡水库的实践证实了水库长期使用的可行性 …… （132）

3.3　对三门峡水库冲淤及潼关高程的几点研究 ……………………（137）

3.4　古贤水库修建后潼关高程下降及水沙变化对渭河下游冲淤的影响

　　 ………………………………………………………………………（151）

3.5　不平衡输沙的研究成果应能定量描述三门峡水库悬移质运动与

　　 淤积的主要规律 ……………………………………………………（159）

参考文献 …………………………………………………………………（165）

第4章　黄河揭底冲刷的理论分析 ………………………………………（168）

4.1　引言 ………………………………………………………………（168）

4.2　土块起动流速 ……………………………………………………（170）

4.3　土块起动过程中的初始转动方程 ………………………………（181）

4.4　土块初始滚动方程的分析及数字解 ……………………………（189）

4.5　土块的上浮运动 …………………………………………………（196）

4.6　土块露出水面、下沉及水平运动 ………………………………（204）

4.7　本章小结 …………………………………………………………（209）

参考文献 …………………………………………………………………（210）

附录　在有关黄河泥沙问题的讨论和会议上的发言 …………………（211）

对河流健康的几点看法 …………………………………………………（211）

"模型黄河"工程规划 ……………………………………………………（215）

小浪底水库修建后黄河下游游荡型河段河型变化趋势 ………………（217）

黄河下游河道治理 ………………………………………………………（222）

对黄河下游输沙及治理的几点看法 ……………………………………（226）

对河口治理的几点看法 …………………………………………………（229）

参考文献 …………………………………………………………………（232）

第 1 章　黄河下游输沙及冲淤的若干规律

1.1　概　述

由于黄河下游河型沿程变化,从上到下由游荡型逐步过渡到弯曲型,从而导致了它在输沙、冲淤方面表现出一些特点和引发了一些问题。如上、下河段(游荡型河段与弯曲型河段)水力因素差异的后果,下段为什么存在冲淤临界流量,造床流量的表述和作用,来沙系数的物理意义和理论根据,上、下河段长期输沙能力如何能均衡,以及游荡型河段整治理论基础等。这些问题绝大部分是老问题,不少内容过去也做过研究,有相应的成果。但是它们大都是分项成果,彼此没有联系,并且机制揭示不够,缺乏理论分析,有的则是纯经验性的。如来沙系数对黄河河道输沙有重要意义,提出这个参数应该是一个很好的发现,对黄河泥沙研究有一定作用,尽管一直在应用,但缺乏阐述它的机制和根据;再如造床流量的确定,仍然选用较早的所谓造床作用最大的流量,但无法反映整个流量过程的作用,也没有阐述清楚造床作用最大流量表现及其对河床演变与输沙所起的作用。山东河段冲淤临界流量早就被提出和接受,并在调水调沙中应用,但是形成这个流量的根据是什么? 为什么其他河道缺乏这种现象? 对此虽然有一些解释,但并未阐述清楚,主要是没涉及更深层次的机制。

本章试图从较深的层次,即从河型的沿程变化来揭示这些现象之间的内在联系,通过深入研究揭示其规律性,从而建立一个理论框架,以统一回答上述诸问题[1]。对这些问题,作者曾在 20 世纪 80 年代初,做了一些理论分析[2],后来在文献[1]中进一步地补充研究,现阐述如下。为了定量表述河型对输沙能力的作用,我们将建立河相系数的表达式。

1.2　上、下河段水力因素的关系

设 V 为断面平均流速,h 为相应的平均水深,则宽窄河段挟沙能力的水力因

素 $\dfrac{V^3}{h}$ 随流量的不同变化,将引起挟沙能力的沿程改变。这不仅对水库下游的河床演变,而且对天然河道的河床演变都是一个很重要的因素。现在我们来分析不同流量下水力因素沿程不同变化的条件。取挟沙能力公式[3]为

$$S^* = \kappa \left(\frac{V^3}{gh\omega} \right)^m = K \left(\frac{V}{h\omega} \right)^m \tag{1-1}$$

则表征挟沙能力的水力因素应为 $\left(\dfrac{V^3}{h} \right)^m$。此处 g 为重力加速度,ω 为悬移质平均沉速,K、m 为系数和指数。

设有相邻两个河段,上段为开阔河段,有关参数用脚标 1 表示;下段为窄深河段,有关参数用脚标 2 表示。由流量方程、均匀流公式以及河相系数,则有

$$Q = BVh = \xi^2 h^3 V = \frac{\xi^2 h^{\frac{11}{3}} J^{\frac{1}{2}}}{n} \tag{1-2}$$

$$\left(\frac{V^3}{h} \right)^m = \left(\frac{J^{\frac{3}{2}} h^2}{n^3 h} \right)^m = \left(\frac{J^{\frac{3}{2}} h}{n^3} \right)^m \tag{1-3}$$

式中:ξ 为河相系数;J 为坡降;n 为糙率;Q 为流量。

上、下两段的有关参数比值为

$$\frac{Q_1}{Q_2} = \left(\frac{\xi_1}{\xi_2} \right)^2 \left(\frac{h_1}{h_2} \right)^{\frac{11}{3}} \left(\frac{J_1}{J_2} \right)^{\frac{1}{2}} \left(\frac{n_2}{n_1} \right) \tag{1-4}$$

$$\mu = \left(\frac{V_1^3}{h_1} \Big/ \frac{V_2^3}{h_2} \right)^m = \left(\frac{h_1}{h_2} \right)^m \left(\frac{J_1}{J_2} \right)^{\frac{3}{2}m} \left(\frac{n_2}{n_1} \right)^{3m} \tag{1-5}$$

显然,在忽略引水情况下,对于上、下两个河段 $Q_1 = Q_2$。此外,假设 $\dfrac{n_2}{n_1} = A$,且各河段坡降随水位变化很小,可以忽略。此时,再设某一级流量 Q 能满足上、下两段的水力因素相等,即 $\mu = 1$,并以脚标 0 区别这一级流量及有关水力参数。在这些条件和假设下,由式(1-4)有

$$\frac{\xi_2}{\xi_1} = \left(\frac{h_1}{h_2} \right)^{\frac{11}{6}} \left(\frac{J_1}{J_2} \right)^{\frac{1}{4}} A^{\frac{1}{2}} \tag{1-6}$$

当 $\mu = 1$ 时,由式(1-5)有 $\dfrac{h_{1.0}}{h_{2.0}} \left(\dfrac{J_1}{J_2} \right)^{\frac{3}{2}} \left(\dfrac{n_2}{n_1} \right)^3 = 1$,即

$$\frac{h_{1.0}}{h_{2.0}} = \frac{1}{A^3} \left(\frac{J_2}{J_1} \right)^{\frac{3}{2}} \tag{1-7}$$

从式(1-6)和式(1-7)得到

$$\frac{\xi_{2.0}}{\xi_{1.0}} = \left(\frac{h_{1.0}}{h_{2.0}}\right)^{\frac{11}{6}} A^{\frac{1}{2}-\frac{1}{2}} \left(\frac{h_{2.0}}{h_{1.0}}\right)^{\frac{1}{6}} = \left(\frac{h_{1.0}}{h_{2.0}}\right)^{\frac{5}{3}} \tag{1-8}$$

或

$$\frac{\xi_{2.0}}{\xi_{1.0}} = \left(\frac{J_1}{J_2}\right)^{\frac{1}{4}} A^{\frac{1}{2}-3\times\frac{11}{6}} \left(\frac{J_2}{J_1}\right)^{\frac{3}{2}\times\frac{11}{6}} = A^{-5}\left(\frac{J_2}{J_1}\right)^{\frac{5}{2}} \tag{1-9}$$

对于一般条件,若上、下两河段除流量外,其余水力因素不一定相等,因此可将式(1-4)改写为

$$\frac{h_1}{h_2} = \left(\frac{\xi_2}{\xi_1}\right)^{2\times\frac{3}{11}} \left(\frac{J_2}{J_1}\right)^{\frac{1}{2}\times\frac{3}{11}} A^{-1\times\frac{3}{11}} = \left(\frac{\xi_2}{\xi_1}\right)^{\frac{6}{11}} \left(\frac{J_2}{J_1}\right)^{\frac{3}{22}} A^{-\frac{3}{11}}$$

再将其代入式(1-5),遂有

$$\mu = \left[\left(\frac{\xi_2}{\xi_1}\right)^{\frac{6}{11}} \left(\frac{J_1}{J_2}\right)^{\frac{3}{2}-\frac{3}{22}} A^{3-\frac{3}{11}}\right]^m = \left(\frac{\xi_2}{\xi_1}\right)^{\frac{6}{11}m} \left(\frac{J_1}{J_2}\right)^{\frac{15}{11}m} A^{\frac{30}{11}m} \tag{1-10}$$

另将式(1-9)取 $\frac{6}{11}m$ 次方,则改写为

$$\left(\frac{J_1}{J_2}\right)^{\frac{15}{11}m} = \left(\frac{\xi_{1.0}}{\xi_{2.0}}\right)^{\frac{6}{11}m} A^{-\frac{30}{11}m} \tag{1-11}$$

再代入式(1-10)遂得到

$$\mu = \left(\frac{\xi_2}{\xi_1} \cdot \frac{\xi_{1.0}}{\xi_{2.0}}\right)^{\frac{6}{11}m} \tag{1-12}$$

上面各式给出了上、下两河段水力因素比值 $\frac{\xi_1}{\xi_2}$、$\frac{h_1}{h_2}$、$\frac{J_1}{J_2}$ 以及 μ 等的关系。

1.3　上、下河段平衡输沙的临界流量

从式(1-10)可以看出两点。第一,如欲使在各种流量下 $\mu=1$,看来只可能是 $\frac{\xi_2}{\xi_{2.0}}=1$ 和 $\frac{\xi_{1.0}}{\xi_1}=1$,或者放宽至可能性较小的 $\frac{\xi_2}{\xi_{2.0}} \cdot \frac{\xi_{1.0}}{\xi_1}=1$ 时才成立。它的意思是在满足式(1-9)及坡降、糙率不随流量而变的条件下,如宽、窄河段的河相系数也不随流量而变,则挟沙能力的水力因素 $\frac{V^{3m}}{h^m}$ 将沿程均不变。但是由于实际的

断面形态,不可能满足这样严格的要求,因此$\dfrac{V^{3m}}{h^m}$随流量不同而发生沿程的变化是难免的。第二,我们知道宽浅河段河相系数随流量的相对变幅较小;而窄深河段当流量减小时河相系数相对增幅较大,当流量加大时则河相系数减幅较小,这可以从图1-1看出。因此,如$Q < Q_0$,则$\dfrac{\xi_{1.0}}{\xi_1} < \dfrac{\xi_2}{\xi_{2.0}}$,从而$\mu > 1$,$\dfrac{V^{3m}}{h^m}$沿程减小;反之,如$Q > Q_0$,则$\dfrac{\xi_1}{\xi_{1.0}} > \dfrac{\xi_2}{\xi_{2.0}}$,从而$\mu < 1$,$\dfrac{V^{3m}}{h^m}$沿程增加。这正是在宽浅河段下游的窄深河段可能出现的情况。

现在我们研究这些变化[1]。设横断面湿周为(见图1-1)

$$y = ax^{\sigma} \tag{1-13}$$

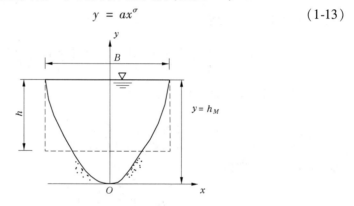

图 1-1　横断面湿周

则过水面积为

$$A = Bh_M - 2\int_0^{\frac{B}{2}} y\,\mathrm{d}x = Bh_M - 2\int_0^{\frac{B}{2}} ax^{\sigma}\,\mathrm{d}x = Bh_M - 2a\frac{\left(\dfrac{B}{2}\right)^{\sigma+1}}{\sigma+1} = \frac{\sigma a}{(\sigma+1)} \cdot \frac{B^{\sigma+1}}{2^{\sigma}} \tag{1-14}$$

平均水深为

$$h = \frac{A}{B} = \frac{\sigma a}{\sigma+1}\left(\frac{B}{2}\right)^{\sigma} \tag{1-15}$$

最大水深为

$$h_M = a\left(\frac{B}{2}\right)^{\sigma} = (\sigma+1)h \tag{1-16}$$

而河相系数

$$\xi = \frac{\sqrt{B}}{h} = \frac{B^{\frac{1}{2}}(\sigma + 1)}{\sigma a \left(\frac{B}{2}\right)^{\sigma}} = \frac{2^{\sigma}}{a}\left(\frac{\sigma + 1}{\sigma}\right)B^{\frac{1}{2}-\sigma} \tag{1-17}$$

由式(1-15)求得

$$B = 2\left[\frac{(\sigma + 1)h}{a}\right]^{\frac{1}{\sigma}} \tag{1-18}$$

再代入式(1-17),遂有

$$\xi = \frac{2^{\sigma}}{a}\left(\frac{\sigma + 1}{\sigma}\right)2^{\frac{1}{2}-\sigma}\left[\frac{(\sigma + 1)}{\sigma a}h\right]^{\left(\frac{1}{2}-\sigma\right)\frac{1}{\sigma}} = \frac{\sqrt{2}}{a^{\frac{1}{2\sigma}}}\left(\frac{\sigma + 1}{\sigma}\right)^{\frac{1}{2\sigma}}h^{\frac{1}{2\sigma}-1} \tag{1-19}$$

就 ξ 对 h 微分有

$$\frac{\mathrm{d}\xi}{\mathrm{d}h} = \frac{\sqrt{2}}{a^{\frac{1}{2\sigma}}}\left(\frac{\sigma + 1}{\sigma}\right)^{\frac{1}{2\sigma}}\left(\frac{1 - 2\sigma}{2\sigma}\right)h^{\frac{1}{2\sigma}-2} \tag{1-20}$$

从式(1-19)看出,当 $\sigma = \frac{1}{4}$ 时,则湿周以固定斜率变化(即断面为三角形),此时河相系数 ξ 不随水深而变。当 $\sigma < \frac{1}{4}$ 时,湿周线下凹,此时 $\frac{1}{2\sigma} - 2 > 0$,故由式(1-20)知,$\frac{\mathrm{d}\xi}{\mathrm{d}h} > 0$,$\xi$ 随着水深加大(流量加大)而增大。这与天然河道断面形态变化趋势相差较远。当 $\sigma > \frac{1}{4}$ 时,湿周线上凹,与天然河道断面形态变化趋势一致,此时 $\frac{1}{2\sigma} - 2 < 0$,故由式(1-20)知,$\frac{\mathrm{d}\xi}{\mathrm{d}h} < 0$,$\xi$ 随水深加大而减小。

现在利用一组实际资料(见表 1-1)说明上述河相系数的变化规律。表 1-1 中的资料[1]表明,黄河下游游荡型河段(花园口至高村)和弯曲型河段(艾山至利津)均是属于 $\sigma > \frac{1}{4}$ 的情况,即随着水深加大,河相系数减小。这个资料属于三门峡水库蓄水前 1959 年的情况。表中的数据(河相系数、水深、坡降、糙率)均为实测平均值。其中,为满足曼宁公式,使糙率合理,对个别水深作了不超过 0.02 m 的修正。

需要指出的是,表 1-1 虽然是 1959 年的资料,但是后来我们按照"八五"国家攻关成果[3]中列的数据进行核对,发现两者差别很小。例如,对花园口至高村河段,当 $Q = 500 \sim 1~000~\mathrm{m}^3/\mathrm{s}$ 时,按文献[2]列出的 1971 年、1980 年、1983 年等全部资料的平均河相系数为 29.4,与表 1-1 中的 $Q = 1~000~\mathrm{m}^3/\mathrm{s}$ 时的河相系数 28.7 颇为接近。再如,当 $Q = 2\,700 \sim 3\,500\ \mathrm{m^3/s}$ 时,该段 1971 年、1977 年、1983 年平均河相系数为 24.4,与表 1-1 中的 $Q = 3\,000\ \mathrm{m^3/s}$ 的数值也十分接近。但是考虑了 1959 年资料系统全面,我们仍然采用表 1-1 的结果。当然,1959 年的游荡河段的河相系数代表水量较丰的情况,其值较之平水年、枯水年略有偏小。其实,本章的主要目的是论述理论关系,阐述机理和方法,而不强调确切地给出黄河上一些具体数据。

根据表 1-1 的数据,确定式(1-19)的参数后,对于花园口至高村河段,有 $\sigma = 1.276, a = 8.23 \times 10^{-4}$,即

$$\xi_1 = 28.69 h_1^{-0.608} \tag{1-21}$$

艾山至利津河段有 $\sigma = 2.92, a = 4.68 \times 10^{-7}$,即

$$\xi_2 = 17.98 h_2^{-0.829} \tag{1-22}$$

可见,两段的 σ 均大于 $\dfrac{1}{4}$,符合湿周线上凹的的经验。

由式(1-21)和式(1-22)计算的河相系数亦列入表 1-1 中(计算河相系数"1"中),与实测资料对比后知,拟合的公式对所给资料符合很好。这当然只是指河相系数与平均水深的关系。

表 1-1　游荡河段与弯曲河段不同流量下的水力因素

河段	流量 （$\mathrm{m^3/s}$）	水深 （m）	坡降 （$\times 10^{-4}$）	河相系数 $\xi = \dfrac{\sqrt{B}}{h}$	河宽 （m）	糙率 n	过水面积 （$\mathrm{m^2}$）	平均流速 （m/s）	$\dfrac{V^3}{h}$	计算河相系数 $\xi = \sqrt{B}/h$	
										1	2
花园口至高村	1 000	1.00	1.91	28.7	824	0.011 4	824	1.21	1.77	28.7	28.5
	2 000	1.19	1.91	26.2	972	0.008 97	1 157	1.73	4.35	25.8	24.5
	3 000	1.40	1.91	23.8	1 110	0.008 96	1 554	1.93	5.14	23.4	23.1
	4 000	1.62	1.91	21.4	1 202	0.009 30	1 947	2.05	5.32	21.4	21.3
艾山至利津	1 000	1.77	1.03	11.2	393	0.010 3	696	1.44	1.68	11.2	11.2
	2 000	2.21	1.03	9.34	426	0.008 12	942	2.12	4.31	9.32	9.33
	3 000	2.68	1.03	7.96	455	0.007 96	1 220	2.46	5.55	7.94	7.96
	4 000	3.16	1.03	6.92	478	0.008 25	1 511	2.65	5.89	6.93	6.97

现在研究下段冲淤的临界条件,按前述表示冲淤平衡临界流量为 $Q_{1.E} =$

$Q_{2.E} = Q_E$，则当平衡输沙时 $\mu = 1$，由式（1-9）知

$$\left(\frac{\xi_{2.0}}{\xi_{1.0}}\right)^{\frac{6}{11}}\left(\frac{J_1}{J_2}\right)^{\frac{15}{11}}A^{\frac{30}{11}} = 1 \tag{1-23}$$

此处加下标"0"表示相应 Q_E 时的值，J_1、J_2 及 n_1、n_2 也应与 Q_E 相应，考虑它们随流量的变化小，也可近似地忽略其变化。

式（1-23）在一般条件下可写成

$$\frac{J_1}{J_2} = \left(\frac{\xi_1}{\xi_2}\right)^{0.4}\left(\frac{n_2}{n_1}\right)^2 \tag{1-24}$$

它表示在流量 Q、含沙量 S 沿程不变条件下，即平衡输沙条件下，河床的几何形态和动力因素应满足的关系。它是河床平衡与输沙平衡的一条重要规律。

而从表 1-1 看出 $A = \frac{n_2}{n_1} \approx 0.909$。这样将表 1-1 中的 J_1、J_2 代入后，式（1-9）给出

$$\frac{\xi_{2.0}}{\xi_{1.0}} = \left(\frac{J_2}{J_1}\right)^{\frac{15}{11}\cdot\frac{11}{6}}A^{-\frac{30}{11}\cdot\frac{11}{6}} = \left(\frac{1.03}{1.91}\right)^{\frac{5}{2}}A^{-5} = 0.214 \times 1.611 = 0.345$$

这是平衡输沙对河相系数在理论上的要求。另外，由表 1-1 求出了实测的 $\frac{\xi_2}{\xi_1}$ 和公式计算的 $\frac{\xi_2}{\xi_1}$ 已列入表 1-2 中，可见在 $Q_E = 2\,500$ m³/s 时，实测的 $\frac{\xi_{2.0}}{\xi_{1.0}}$ 恰好与平衡输沙要求的理论值相等。这就证明了山东河段冲刷临界流量 $Q_E = 2\,500$ m³/s，这正是目前黄河上公认的数值。当然，这里没考虑流量沿程变化，$Q_E = 2\,500$ m³/s 显然是指花园口处的值。这样我们就从河型差异出发，证实了临界流量的存在，并且求出了它的具体数值。在表 1-2 中还列出了按式（1-21）、式（1-22）计算的河相系数，以及相应的 μ 等。可见，计算的山东河段冲刷的临界流量较之实测的稍大，但仍在合理范围之内。

现在研究当流量变化时，上、下河段挟沙能力水力因素的变化。按照式（1-12）计算了 μ，亦列入表 1-2。可见，当 $Q < Q_E$ 时，$\mu > 1$，艾山至利津淤积；当 $Q > Q_E$ 时，$\mu < 1$，艾山至利津冲刷。这正是山东河段的特性。在表 1-3[4] 中列出了黄河下游实测不同含沙量时河段临界冲淤流量。可见，艾山至利津河段冲刷是在 2\,000 ~ 2\,800 m³/s。上面计算的临界流量正好在这个范围。如从平均值看（除去高含沙量），上面计算的临界流量较表 1-3 的实测值略偏大一些。原因是此处未考虑上、下两段流量的差别，其流量应理解为花园口流量。此外，如包括高含沙量水流在内，则实测平均艾山至利津临界流量为 2\,514 m³/s，与前述推算的数值十分符合。

表 1-2　平衡输沙的临界流量

Q (m^3/s)	$\dfrac{\xi_2}{\xi_1}$			$\mu = \left(\dfrac{\xi_2}{\xi_{2.0}} \cdot \dfrac{\xi_{1.0}}{\xi_1}\right)^{0.502}$	
	实测	式(1-21)及式(1-22)计算	理论分析$\dfrac{\xi_{2.0}}{\xi_{1.0}}$ [见式(1-23)]	实测	式(1-21)及式(1-22)计算
1 000	0.390	0.390		1.063	1.063
2 000	0.356	0.361		1.015	1.023
2 500	(0.345)		0.345	1.000	
2 727		(0.345)	0.345		1.000
3 000	0.334	0.339		0.984	0.991
4 000	0.323	0.324		0.967	0.969

注:表中括号内数字为插补所得,下同。

表 1-3　不同含沙量黄河下游各段临界冲淤流量[3]　　　　（单位:m^3/s）

项目	含沙量(kg/m^3)						高含沙量
	0 ~ 20	20 ~ 30	30 ~ 40	40 ~ 60	60 ~ 80	> 80	
花园口以上	<1 000	2 300	4 000	4 000	淤	淤	淤
花园口至高村	<1 000	2 000	2 800	3 500	淤	淤	淤
高村至艾山	2 000	2 000	3 000	2 500	2 000	2 500	淤
艾山至利津	2 300	2 000	2 500	2 000	2 000	2 800	4 000

1.4　输沙能力计算

当天然冲积河道冲淤变形不是很剧烈时,往往可采用准平衡输沙,在一个断面上可用挟沙能力代替含沙量。但是含沙量和挟沙能力沿程是变化的。此时,对上、下游河段可按下述方法计算输沙量(确切地说应称为输沙能力)

$$W_s = \sum_i Q_i S_i \Delta t_i = T \sum_i Q_i S_i \frac{\Delta t_i}{T} = T \sum_i Q_i S_i P_i \qquad (1\text{-}25)$$

式中:W_s 为时段 T(如一年或多年)的悬移质输沙总量;Q_i、S_i 分别为时间间隔

Δt_i 内的流量、含沙量；P_i 为 Q_i 出现的频率[1]。由挟沙能力式(1-1)及式(1-3)，有

$$S \approx S^* = \kappa \left(\frac{V^3}{gh\omega} \right)^m = \frac{K}{\omega^m} \left(\frac{J^{1.5}h}{n^3} \right)^m = K_1 \left(\frac{J^{1.5}h}{n^3} \right)^m \tag{1-26}$$

其中

$$K_1 = \frac{\kappa}{(g\omega)^m} = \frac{K}{\omega^m}$$

就式(1-2)解出 h，代入式(1-25)有

$$S = K_1 \left(\frac{J^{1.5}}{n^3} \right)^m \left(\frac{nQ}{\xi^2 J^{0.5}} \right)^{\frac{3}{11}m} \tag{1-27}$$

此处，n、ξ 均随流量而变，所以必须求出河相系数、糙率与流量的关系，才能使含沙量(挟沙能力)仅仅由流量来表达。由式(1-21)得到花园口至高村的关系为

$$\xi = 28.69h_1^{-0.608} = 28.69 \left(\frac{nQ}{\xi^2 J^{0.5}} \right)^{-0.608 \times \frac{3}{11}} = 28.69 \left(\frac{nQ}{\xi^2 J^{0.5}} \right)^{-0.166}$$

即

$$\xi = 28.69^{\frac{1}{0.668}} \left(\frac{nQ}{J^{0.5}} \right)^{-\frac{0.166}{0.668}} = 152.1 \left(\frac{nQ}{J^{0.5}} \right)^{-0.249} \tag{1-28}$$

将其代入式(1-27)，遂有

$$S = K_1 \left(\frac{J^{1.5}}{n^3} \right)^m \frac{n^{\frac{3}{11}m} Q^{\frac{3}{11}m}}{J^{\frac{3}{22}m}} 152.1^{-\frac{6}{11}m} \left(\frac{nQ}{J^{0.5}} \right)^{0.249 \times \frac{6}{11}m}$$

$$= K_1 0.064\,5^m \frac{J^{1.296m} Q^{0.409m}}{n^{2.591m}} \tag{1-29}$$

将挟沙能力公式指数 $m = 0.92$ 代入，则式(1-29)为

$$S = 0.080\,3K_1 \frac{J^{1.192} Q^{0.376}}{n^{2.38}} \tag{1-30}$$

由于 n 随着 Q 有一定变化，可取

$$\frac{n}{n_0} = \left(\frac{Q_0}{Q} \right)^{0.18} \tag{1-31}$$

此时，$Q_0 = 2\,000\ \text{m}^3/\text{s}$。对于花园口至高村，$n_0 = 0.010\,1$；对于艾山至利津，$n_0 = 0.009\,09$，计算的 n 值与表 1-1 中的实测值对比见表 1-4，可见用式(1-30)推算糙率的误差一般在 10% 以内。

表 1-4　概化糙率的计算值与实测值对比

流量	花园口至高村糙率 n		艾山至利津糙率 n	
（m^3/s）	实测	计算	实测	计算
1 000	0.011 40	0.011 4	0.010 30	0.010 30
2 000	0.008 97	0.010 1	0.008 12	0.009 09
3 000	0.008 96	0.093 9	0.007 96	0.008 45
4 000	0.009 30	0.089 2	0.008 25	0.008 02

将式（1-31）代入式（1-30），则有

$$S = 0.080\ 3K_1 \frac{J^{1.192} Q^{0.805}}{n_0^{2.384} Q_0^{0.429}} \qquad (1\text{-}32)$$

从而由式（1-25）得出输沙量

$$W_s = \sum_i 0.080\ 3K_1 \frac{J^{1.192} Q_i^{1.805} t_i}{n_0^{2.384} Q_0^{0.429}} P_i = \frac{0.080\ 3K_1 J^{1.192}}{n_0^{2.384} Q_0^{0.429}} \sum_i Q_i^{1.805} P_i T$$

$$= \frac{0.080\ 3K_1 J^{1.192}}{n_0^{2.384} Q_0^{0.429}} Q_{B_1 \cdot 1}^{1.805} T \qquad (1\text{-}33)$$

其中 T 为计算输沙量的时期（如一年等），则

$$Q_{B_1 \cdot 1} = \left(\sum_i Q_i^{1.805} P_i \right)^{\frac{1}{1.805}} \qquad (1\text{-}34)$$

为花园口至高村段的第一造床流量，$Q_{B_1 \cdot 1}$ 中第一下标 B_1 表示第一造床流量，即输走全部来沙且使河段达到纵向平衡的流量。第二下标"1"表示花园口—高村河段。P_i 为流量 Q_i 的频率，即

$$P_i = \frac{t_i}{T} \qquad (1\text{-}35)$$

而 t_i 为 Q_i 的历时。

类似地，对于艾山至利津河段，我们有

$$\xi = 17.98 h^{-0.829} = 17.98 \left(\frac{nQ}{\xi^2 J^{0.5}} \right)^{-0.829 \times \frac{3}{11}} = 17.98 \left(\frac{nQ}{\xi^2 J^{0.5}} \right)^{-0.226} \qquad (1\text{-}36)$$

即

$$\xi = 195 \left(\frac{nQ}{J^{0.5}} \right)^{-0.412} \qquad (1\text{-}37)$$

将其代入式（1-27）有

$$S = K_1 \left(\frac{J^{1.5}}{n^3} \right)^{\lambda} \left[195 \left(\frac{nQ}{J^{0.5}} \right)^{-0.412} \right]^{-\frac{6}{11}\lambda} \left(\frac{nQ}{J^{0.5}} \right)^{\frac{3}{11}\lambda}$$

$$= 0.056\ 4^{\lambda} K_1 \frac{J^{(1.5-0.112-0.136)\lambda} Q^{(0.225+0.273)\lambda}}{n^{(3-0.225-0.273)\lambda}}$$

$$= 0.056\ 4^{\lambda} K_1 \frac{J^{1.252\lambda} Q^{0.498\lambda}}{n^{2.502\lambda}}$$

取 $\lambda = 0.92$,则有

$$S = 0.071\ 0K_1 \frac{J^{1.152} Q^{0.458}}{n^{2.302}} \tag{1-38}$$

再将式(1-31)代入式(1-38),遂有

$$S = 0.071\ 0K_1 \frac{J^{1.152} Q^{0.18 \times 2.302 + 0.458}}{n_0^{2.302} Q_0^{0.18 \times 2.302}} = 0.071\ 0K_1 \frac{J^{1.152} Q^{0.872}}{n_0^{2.302} Q_0^{0.414}} \tag{1-39}$$

相应的输沙量为

$$W_s = \sum QS = 0.071\ 0K_1 \frac{J^{1.152} T}{n_0^{2.302} Q_0^{0.414}} \sum Q_i^{1.872} P_i$$

$$= 0.071\ 0K_1 \frac{J^{1.152} Q_{B_1.2}^{1.872}}{n_0^{2.302} Q_0^{0.414}} T \tag{1-40}$$

此处第一造床流量

$$Q_{B_1.2} = \left(\sum Q_i^{1.872} P_i\right)^{\frac{1}{1.872}} \tag{1-41}$$

第二下标"2"表示艾山—利津河段。

1.5　造床流量

前面式(1-33)及式(1-41)已引进了第一造床流量[2]。它的定义是:在径流量和输沙量及坡降固定的条件下,以固定流量过程 Q_{B_1} 代替变动流量 $Q(t)$ 后,有相同的输沙效果(相同的输沙量)。第一造床流量一般形式[2]为

$$Q_{B_1} = \left(\sum Q_i^{p+1} P_i\right)^{\frac{1}{1+p}} = \left(\sum Q_i^{\gamma} P_i\right)^{\frac{1}{\gamma}} \tag{1-42}$$

其中,p 为含沙量随流量而变化的方次,即 $S \propto Q^p$。式中 γ 变化较大,可以从 1.5 变至 4。对冲积河道 γ 约为 2。具体确定方法正如上面所指出的,应将 S 化成仅为 J 和 Q 的参数后才能得到 γ,正如式(1-32)及式(1-39)一样。式(1-42)定义的第一造床流量较以往的有关造床流量更为明确、清晰,并且可以定量确定。第一造床流量实际是与输沙等价的流量,利用它可以等值地确定变动流量的全部输沙;它与所谓"造床作用最大的流量"是不一样的。

现举一个例子来说明第一造床流量的概念。在表 1-5 中我们根据文献[2]

中的一些资料(1960 年 9 月至 1996 年 6 月)推算的不同流量及其出现的频率。由于是推算的,个别数据与实测值可能略有出入,但对造床流量的影响不会很大。从表 1-5 中看出,花园口至高村的 $Q_1 = 1\,612\ \mathrm{m^3/s}$,它与平均流量 $\overline{Q}$ 之比为 1.21;艾山至利津 $Q_1 = 1\,638\ \mathrm{m^3/s}$,它与平均流量之比为 1.23。可见,第一造床流量均大于平均流量;而在流量过程相同时,艾山至利津的第一造床流量大于花园口至高村的。$Q_1 > \overline{Q}$ 是人造洪峰的依据,即在同样径流量条件下,流量过程起伏愈大,Q_1 愈大,它的输沙能力愈大。而艾山至利津大于上游河段的,则是窄深断面的作用结果。

表 1-5　黄河下游第一造床流量计算例子

$Q_i(\mathrm{m^3/s})$	$\overline{Q}_i(\mathrm{m^3/s})$	P_i	有关特征值
<400	250	0.08	$\overline{Q} = \sum P_i Q_i = 1\,329$
400 ~ 600	500	0.118	$Q_{B_1}^{1.805} = \sum Q_i^{1.805} P_i = 6.137 \times 10^5$
600 ~ 800	700	0.168	$Q_{B_1} = 1\,612$
800 ~ 1 000	900	0.157	$\dfrac{Q_{B_1}}{\overline{Q}_1} = 1.21$
1 000 ~ 1 500	1 250	0.182	
1 500 ~ 2 000	1 750	0.128	$Q_{B_1}^{1.872} = \sum Q_i^{1.872} P_i = 1.035 \times 10^6$
2 000 ~ 2 500	2 250	0.046	$Q_{B_1} = 1\,638$
2 500 ~ 3 000	2 750	0.047	$\dfrac{Q_{B_1}}{\overline{Q}_2} = 1.23$
3 000 ~ 4 000	3 500	0.042	
4 000 ~ 6 000	(4 438)	0.023 8	径流量 $W = 419 \times 10^8\ \mathrm{m^3}$
6 000 ~ 8 000	(6 442)	0.008 2	

将式(1-31)应用至花园口、高村两站,则有

$$\frac{S_{\text{高}}}{S_{\text{花}}} = \frac{Q_{\text{高}}^{0.805}}{Q_{\text{花}}^{0.805}}$$

即

$$S_{\text{高}} = \left(\frac{S_{\text{花}}}{Q_{\text{花}}}\right) Q_{\text{花}}^{0.195} Q_{\text{高}}^{0.805} \tag{1-43}$$

对于同一河型的不同河段,一般应有

$$S = \left(\frac{S_0}{Q_0}\right)Q_0^{(1-n_1)} Q^{n_1} = \left(\frac{S_0}{Q_0}\right)^{n_1} S_0^{(1-n_1)} Q^{n_1} \tag{1-44}$$

下标"0"表示上断面的值,不加下标表示下断面的值。此处 $\dfrac{S_0}{Q_0}$ 正是黄河研究中

的来沙系数。可见,下站含沙量 S 与上站来沙系数 $\dfrac{S_0}{Q_0}$ 和下站流量 Q^{n_1} 及上站含

沙量 S_0 成正比,同时还与上站流量有一些关系。只有当 $n_1 = 1$ 时,才与上站流
量无关。此处得出了来沙系数的根据,其实它有深刻的含义,反映了式(1-32)、
式(1-39)的主要关系。

　　为了更进一步地揭示它的深刻意义,这里作一些简单分析。设含沙量 S 与
流量 Q 成正比,即

$$S = KQ$$

考虑到 K 难以准确地预知,但是可用当时上站的资料来确定,于是

$$S_0 = KQ_0$$

将其代入上式消去 K,从而有

$$S = \left(\frac{S_0}{Q_0}\right)Q$$

可见,来沙系数就是比例系数 K,也就是反映来沙输沙能力大小的一种量度。当
$S = KQ^{n_1}$ 时,下站含沙量可写成式(1-44)。此时,来沙系数可写成

$$K = \left(\frac{S_0}{Q_0}\right)Q_0^{(1-n_1)} = \left(\frac{S_0}{Q_0}\right)^{n_1} S_0^{(1-n_1)}$$

可见,来沙系数一般不单是 $K = \dfrac{S_0}{Q_0}$。需要指出的是,尽管来沙系数是从挟沙
能力的概念中导出的,但是在实际上它能反映一部分不平衡输沙的影响,特别是
当不平衡输沙影响较弱时,尤其如此。由上述可知,来沙系数的提出,对研究黄
河水沙规律起到了相当大的作用,是一种创造。可惜对这个概念的机制、内涵阐
述不够。一直是作为一种经验概括,实际上它有明确的物理意义。

　　需要指出的是,严格地说,式(1-44)所包含的来沙系数,只有对同一种河型
才正确,对于不同河型得不出这样简单的关系。事实上,由式(1-39)就得不到
式(1-43)。当然如果河段很短,有关参数变化小,来沙系数可以近似地使用。

　　需要进一步说明的是,仅仅用第一造床流量还不足以完全反映变动流量过
程的造床作用,因此要引进第二造床流量 Q_{B_2}。在河床达到平衡时,第二造床流

量是塑造横剖面的造床流量,显然它决定了平滩流量。我们曾根据冲积河道横断面在年内典型变化的特性(见图1-2)和水库的造床作用,提出以大水时冲刷阶段中冲刷至一半的流量作为第二造床流量[1]。

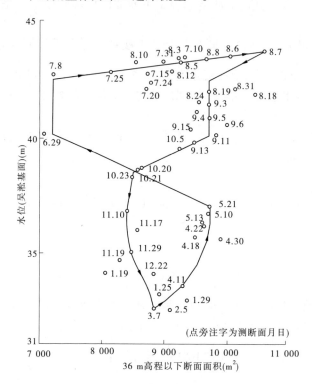

图1-2　长江荆江段观音寺水文站横剖面面积年内变化

现在以图1-2[2]来说明冲积河道塑造河床横断面的机理[2]。该图的纵坐标是测量时的水位,横坐标给出的面积是36 m高程以下的面积,这是为了对比冲淤方便。而在36 m高程以上基本无较大的冲淤。从该图中可看出,该横剖面有两个冲刷阶段:枯水冲刷阶段为12月31日~5月21日,洪水冲刷阶段为7月8日~8月7日。两个淤积阶段:8月7日~8月19日和9月11日~10月21日。我们感兴趣的是从图中如何确定第二造床流量。从7月8日~8月7日包含36 m高程以下最小面积和最大面积,显然我们只能取中间值,即冲刷达一半(即相当36 m高程以下的面积达8 900 m²)的流量。而从图中看出,该点相应的水位约为43 m。另外,从图中还可看出,在水位40~42.5 m,涨水期6~7月,退水期8~9月,河床均较稳定。差别是涨水时,来水含沙量大,过水面积小;落水时,来水含沙量小,过水面积大。此时,含沙量与河槽面积大体适应。可见,在达到高程42.5 m之前,河槽有较长的平衡时间;当然这种平衡是通过河槽不断调整,以适应来水含沙量的。与此同时,若洪水位高,但滩面未达42.5 m,河漫滩上将发生淤积。因此,在42.5~43 m正是冲槽淤滩的过程。也就是说,如果滩面不到42.5 m,将不断发生淤积,直到累积性淤滩过程塑造较高的河漫滩后减弱淤积。因此,平滩高程宜选择平衡点上限,即42.5 m。结合最大冲刷量达一半的高程43 m,所以可取边滩高程为43 m,故相应的冲刷一半的流量就是第二造床流量,也就是平滩流量。

这样第二造床流量 Q_{B_2}[1] 为

$$\frac{\sum\limits_{Q=Q_m}^{Q=Q_{B_2}} (S_{1.i} - K_2 Q_i^p) Q_i \Delta t_i}{\sum\limits_{Q=Q_m}^{Q=Q_M} (S_{1.i} - K_2 Q_i^p) Q_i \Delta t_i} = \frac{1}{2} \tag{1-45}$$

式中:Q_m、Q_M 分别为大水时冲刷阶段的最小与最大流量;$S_{1.i}$ 为本断面上游段来沙的含沙量;$K_2 Q_i^p$ 为本段的挟沙能力。

由于我们手头上没有典型的 $S_{0.i}$ 资料,暂时利用前述上段式(1-32)计算的 $S_{1.i}$ 来代替来沙,以计算艾山至利津段第二造床流量 Q_{B_2}。按照式(1-32)及式(1-39)为

$$S_{1.i} = 0.080\ 3 K_1 \frac{J^{1.192} Q_i^{0.805}}{n_0^{2.384} Q_0^{0.429}} = 6.506 \times 10^{-3} K_1 Q_{B_{1.1}}^{0.805} \tag{1-32}'$$

$$K_2 Q_i^p = 0.071\ 0 K_1 \frac{J^{1.152} Q_i^{0.872}}{n_0^{2.302} Q_0^{0.414}} = 3.897 \times 10^{-3} K_1 Q_{B_{1.2}}^{0.872} \tag{1-39}'$$

将式(1-32)′,式(1-39)′代入式(1-45),则有

$$\frac{\sum\limits_{Q=Q_M}^{Q=Q_{B_{2.2}}} (6.506 \times 10^{-3} Q_i^{0.805} - 3.897 \times 10^{-3} Q_i^{0.872}) P_i Q_i}{\sum\limits_{Q=Q_m}^{Q=Q_M} (6.506 \times 10^{-3} Q_i^{0.805} - 3.897 \times 10^{-3} Q_i^{0.872}) P_i Q_i} = \frac{1}{2}$$

根据表1-5的资料,计算第二造床流量,结果见表1-6。可见,总的冲刷数值为 -96.29,它的1/2为 -48.15,按表1-6的数据,第二造床流量为 $Q_{B_{2.2}} = 4\ 923$ m³/s。此值也是河床准平衡后的平滩流量。它为第一造床流量的 $Q_{B_{1.2}} = 1\ 638$

m^3/s 的 3.01 倍。

表 1-6　第二造床流量计算

分级上限 $Q_i(m^3/s)$ （Ⅰ）	$\overline{Q}_i$（Ⅱ）	P_i（Ⅲ）	6.506×10^{-3} $Q^{0.805}P_i$（Ⅳ）	3.897×10^{-3} $Q^{0.872}P_i$（Ⅴ）	（Ⅳ-Ⅴ）Q_i	$\sum\limits_{Q=Q_m}^{Q_i}$（Ⅳ-Ⅴ）$Q_i$
400	250	0.08	0.044 3	0.038 4	1.48	
600	500	0.118	0.114 2	0.103 8	5.20	
800	700	0.168	0.213 3	0.298 1	10.64	
1 000	900	0.157	0.244 0	0.230 5	12.15	
1 500	1 250	0.182	0.368 5	0.355 8	15.88	
2 000	1 750	0.120	0.339 8	0.335 6	7.35	
2 500	2 250	0.046	0.149 5	0.150 2	-1.58	-1.58
3 000	2 750	0.047	0.179 5	0.182 8	-9.08	-10.66
4 000	3 500	0.042	0.194 8	0.201 6	-23.8	-34.46
6 000	(4 438)	0.023 8	0.133 6	0.140 5	-30.59	-65.05
8 000	(6 442)	0.008 2	0.062 4	0.066 99	-31.24	-96.29
4 923						-48.15

1.6　上、下河段平衡输沙条件分析

1.6.1　流量过程不变时的情况

前面第二部分给出了山东河段冲刷的临界流量,它并不能回答在一个时期(一个水文系列)内,下游河段不淤的条件。为简单起见,这里研究一个时期上、下河段平衡输沙的条件。当这个条件不满足时,或者出现上冲下淤,或者出现上淤下冲。

正如前面一样以下标"1"表示花园口至高村段,而以下标"2"表示艾山至利津河段。注意到式(1-32)和式(1-40)以及式(1-25)的 K_1,有

$$\frac{W_{s.2}}{W_{s.1}}=\frac{\dfrac{0.071\,0K_1J_2^{1.152}Q_{B1.2}^{1.872}}{n_{0.2}^{2.302}Q_0^{0.414}}}{\dfrac{0.080\,3K_1J_1^{1.192}Q_{B1.1}^{1.805}}{n_{0.1}^{2.384}Q_0^{0.429}}}$$

$$= 0.884 \frac{J_2^{1.152} Q_{B_{1.2}}^{1.872}}{J_1^{1.192} Q_{B_{1.1}}^{1.805}} \frac{n_{0.1}^{2.384}}{(0.9 n_{0.1})^{2.302}} Q_0^{0.015} \left(\frac{\omega_1}{\omega_2}\right)^{0.92} \qquad (1\text{-}46)$$

此处利用了 $\frac{n_{0.2}}{n_{0.1}} = \frac{0.009\,09}{0.010\,1} = 0.9$。将 $J_1 = 1.91 \times 10^{-4}, J_2 = 1.03 \times 10^{-4}, Q_{B_{1.2}}^{1.872} =$

$1.035 \times 10^6, Q_{B_{1.1}}^{1.805} = 6.137 \times 10^5$ 以及 $\omega_1 = \omega_2$ 等代入(参见表 1-5),则式(1-46)

为

$$\frac{W_{s.2}}{W_{s.1}} = 0.884 \times \frac{2.55 \times 10^{-5}}{3.690 \times 10^{-5}} \times \frac{1.035 \times 10^6}{6.137 \times 10^5} \times$$

$$0.9^{-2.302} \times 0.010\,1^{0.082} \times 2\,000^{0.015} = 1.01$$

可见,在流量过程沿程不变的条件下,在较长时期内(如一年或数年)上、下两河段的输沙能力几乎是相等的。这里的条件是指不漫滩的情况。尽管上、下两段河型差别大,但是河槽输沙能力几乎相等,这是很难得的,正是河流长期向平衡塑造的结果。

当然,上述结果涉及前面由实际资料概括的河相系数关系是否可靠。本书认为在反映丰水年时是可靠的。事实上分析仅涉及河槽的输沙能力,在引水量不大时,河南河段河槽在丰水年不淤(而滩面有较大的淤积)是有记录的。至于枯水年如何,注意到此时游荡型河段河相系数要偏大,例如设式(1-21)的系数不是28.69,而是40,则式(1-32)的系数将不是0.080 3,而是0.062 5,故式(1-45)的 $\frac{W_{s.2}}{W_{s.1}} = 1.298$,即河南河段输沙能力降低了28.5%,从而发生淤积。可见,对枯水年河相系数关系要较为可靠。当然,其实这里也指出通过变化了的河相关系,可以修正好 W_s 的结果。

1.6.2 引水的影响

如果在上、下河段之间引水则输沙状态如何变化。从本章推导的 $W_{s.1}$、$W_{s.2}$ 可看出,那里是一个断面进行,并不要求上、下两段流量相同。因此,当它们流量过程变化时,仍然适用。设在花园口至艾山引走水量的分流比为 β_1,同时引走水流的含沙量及级配相同,则引走的输沙量仍为 β_1,其次此时设下游河段的 $\frac{Q_{B_{1.2}}}{\overline{Q}_2} = 1.23$(见表 1-5)不变,则引走后的平均流量为 $(1 - \beta_1)\overline{Q}_2$,第一造床流量为 $1.23(1 - \beta_1)\overline{Q}_2$,故引走水后注意到式(1-26),按式(1-46)下游河段出沙为

$$W'_{s.2} = K_0 \frac{Q_{B_{1.2}}^{1.872} T}{\omega_2^{0.92}} = K_0 \frac{[1.23 \overline{Q}_2 (1 - \beta_1)]^{1.872} T}{\omega_2^{0.92}}$$

$$= K_0 \frac{Q_{B_{1.2}}^{1.872} (1 - \beta_1)^{1.872} T}{\omega_2^{0.92}} = (1 - \beta_1) W_{s.2} \qquad (A)$$

引水后注意到含沙量不变上游河道出沙为

$$W'_{s.1} = \overline{Q}'_1 \frac{W_{s.1}}{\overline{Q}_1} = (1 - \beta_1) \overline{Q}_1 \frac{W_{s.1}}{\overline{Q}_1} = (1 - \beta_1) W_{s.1} \qquad (B)$$

因此引水后上、下河段输沙量比

$$\frac{W'_{s.2}}{W'_{s.1}} = \frac{W'_{s.2}}{W'_{s.1}} \cdot \frac{(1 - \beta_1)^{1.872}}{(1 - \beta_1)} = 1.01 (1 - \beta_1) \left(\frac{\omega_1}{\omega_2}\right)^{0.92} \qquad (1\text{-}47)$$

由于假定分沙的含沙量及级配不变,故 $\left(\dfrac{\omega_2}{\omega_1}\right)^{0.92} = 1$。若 $\beta_1 = 0.1$,则 $\dfrac{W_{s.2}}{W_{s.1}} =$

0.921。此时,山东河段总输沙能力减小,发生淤积。这正反映了分流则淤现象的本质。尚需指出的是,确切地说,此时式(1-47)中的 $W'_{s.1}$ 已不是上游河段输沙能力,而是进入下游河段的来沙量。这样下游河段来沙量与输沙能力对比,正好是反映其冲淤的参数,以下几种校正后的意义均如此。

1.6.3　上游河段漫滩淤积的影响

当上游河段漫滩后,泥沙淤在滩上,但水流仍回到河槽,从而使下游河段流量不变。当然这里漫滩淤积,其实也包括了河槽淤积。设漫滩使上游河段滩上淤积 $\beta_2 W_{s.1}$,则上、下河段输沙量的比为

$$\frac{W'_{s.2}}{W'_{s.1}} = 1.01 \times \frac{1}{1 - \beta_2} \left(\frac{\omega_1}{\omega_2}\right)^{0.92} \qquad (1\text{-}48)$$

由于是漫滩淤积,淤的泥沙要细一些,则 ω_2 较之 ω_1 要大一些,设 $\dfrac{\omega_1}{\omega_2} = (1 - \beta_2)^\alpha$,则式(1-48)为

$$\frac{W'_{s.2}}{W'_{s.1}} = 1.01 \times \frac{(1 - \beta_2)^{0.92\alpha}}{1 - \beta_2} = 1.01 (1 - \beta_2)^{0.92\alpha - 1} \qquad (1\text{-}49)$$

设 $\beta_2 = 0.1$,$\alpha = 0.5$,则 $\dfrac{W_{s.2}}{W_{s.1}} = 1.07$。若 $\dfrac{\omega_1}{\omega_2} = 1$,$\dfrac{W_{s.2}}{W_{s.1}} = 1.12$。可见,河南河段淤积可加大山东河道冲刷。

1.6.4　分流与漫滩综合作用

由式(1-47)和式(1-49)，在分流与漫滩综合作用下，上、下段的输沙量为

$$\frac{W'_{s.2}}{W'_{s.1}} = 1.01(1-\beta_1)^{0.872}(1-\beta_2)^{0.92\alpha-1} \tag{1-50}$$

当 $\beta_1 = 0.1$，$\beta_2 = 0.1$ 时，$\frac{W'_{s.1}}{W'_{s.2}} = 0.975$，此时山东河道可能淤积。若河南河段漫滩淤积比为 $\beta_2 = 0.141$，则 $\frac{W'_{s.1}}{W'_{s.2}} = 1$，两段输沙能力相同，山东河段可能不淤。再如 $\beta_1 = 0.200$，则上段淤积比必须为 0.290，才能使 $\frac{W'_{s.2}}{W'_{s.1}} = 1$，即山东河段可能不淤。

需要强调的是，$\frac{W_{s.2}}{W_{s.1}}$ 是反映上、下河段输沙能力的差别，并不完全就是输沙量的差别，也不能完全肯定冲淤，但是在大多数情况下，应基本如此。这就是上面用山东河段"可能"冲刷或"可能"淤积用语的道理。

1.7　黄河下游河道整治时应注意上、下河段输沙量均衡

前面的研究表明，在整治黄河下游河道时，应尽可能使上、下游输沙能力接近平衡。否则如上段输沙能力过小，就会发生较多淤积，对山东河段可能有利，但对河南段显然效果不明显。反之，如上段输沙能力加大过多、冲刷多，就可能使山东河段淤积。目前，对游荡段整治已提出的方案是采用缩窄河宽的方法以加大挟沙能力，这当然是必要的。但是这种方案在研究加大挟沙能力时并未考虑其与山东河道的联系。现在作为一个例子，我们来改变游荡型河段的河相系数关系，对上、下河段输沙能力进行对比。设花园口至高村的河相系数已不是式(1-21)，而是

$$\xi = 20h^{-0.75} \tag{1-51}$$

将 h 代入，则

$$\xi = 20\left(\frac{nQ}{\xi^2 J^{0.5}}\right)^{-\frac{3}{11}\times0.75} = 20\left(\frac{nQ}{\xi^2 J^{0.5}}\right)^{-0.205} \tag{1-52}$$

即

$$\xi = 159\left(\frac{nQ}{J^{0.5}}\right)^{-0.347} \tag{1-53}$$

将其代入式(1-26),得

$$S = K_1\left(\frac{J^{1.5}}{n^3}\right)^m\left(\frac{nQ}{\xi^2 J^{0.5}}\right)^{\frac{3}{11}m} = 0.063\ 1^m K_1\frac{J^{1.27m}Q^{0.462m}}{n^{2.538m}} \tag{1-54}$$

将 $\lambda = 0.92$ 及式(1-30)代入,遂有

$$S = 0.078\ 7K_1\frac{J^{1.168}Q^{0.425}}{n^{2.335}} = 0.078\ 7K_1\frac{J^{1.168}Q^{0.845}}{n_0^{2.335}Q_0^{0.420}} \tag{1-55}$$

这样花园口至艾山输沙量为

$$W_s = \sum Q_i S_i P_i T = \sum 0.078\ 7K_1\frac{J^{1.168}Q^{1.845}}{n_0^{2.335}Q_0^{0.420}}T = 0.078\ 7K_1\frac{J^{1.168}Q_1^{1.845}}{n_0^{2.335}Q_0^{0.420}}T \tag{1-56}$$

注意到式(1-40),则有

$$\frac{W_{s.2}}{W_{s.1}} = \frac{0.071\ 0}{0.078\ 7}\frac{J_2^{1.152}}{J_1^{1.168}} \cdot \frac{Q_{B_1.2}^{1.872}}{Q_{B_1.1}^{1.845}}\frac{n_{0.1}^{2.335}}{(0.9n_{0.1})^{2.302}}Q_0^{0.006}\left(\frac{\omega_1}{\omega_2}\right)^{0.92} \tag{1-57}$$

按表1-5数据计算出 $Q_{B_1.1}^{1.845} = 8.383\ 21 \times 10^5$,$Q_{B_1.1} = 1\ 624\ \text{m}^3/\text{s}$。再将其他有关数值代入式(1-57)得

$$\frac{W_{s.2}}{W_{s.1}} = 0.902 \times \frac{2.551 \times 10^{-5}}{4.532 \times 10^{-5}} \times \frac{1.035\ 1 \times 10^6}{8.383\ 2 \times 10^5} \times 1.274 \times 0.010\ 1^{0.033} \times 2\ 000^{0.006}$$

$$= 0.718$$

　　可见,此时下游河段的总输沙能力明显地小于上游河段。看来避免山东河段淤积是很难的。将式(1-30)代入式(1-53)有

$$\xi = 159\left(\frac{nQ}{J^{0.5}}\right)^{-0.347} = 159\frac{J^{0.174}}{n_0^{0.347}Q_0^{0.062}Q^{0.285}} \tag{1-58}$$

将 $n_0 = 0.010\ 1$,$Q_0 = 2\ 000\ \text{m}^3/\text{s}$ 及 $J = 1.91 \times 10^{-4}$ 代入式(1-58),则得

$$\xi = \frac{110}{Q^{0.285}} \tag{1-59}$$

这样由 Q 可确定 ξ,以及由式(1-30)可确定 n,再由式(1-2)可得

$$h = \left(\frac{nQ}{\xi^2 J^{0.5}}\right)^{\frac{3}{11}} = 3.12\left(\frac{nQ}{\xi^2}\right)^{\frac{3}{11}} \tag{1-60}$$

即可求出 h 等,所得结果如表1-7所示。

　　从表1-7中看出,缩窄的规模在流量为 $2\ 000 \sim 4\ 000\ \text{m}^3/\text{s}$ 时,河宽的范围大

体与有的建议的方案类似,流速较之表 1-1 确有明显提高,挟沙能力水力因素 $\dfrac{V^3}{h}$ 提高更显著。一方面,表面游荡型河段会发生冲刷;另一方面,该表中缩窄后的 $\dfrac{V^3}{h}$ 在各级流量下均大于表 1-1 中艾山至利津的数据(即表 1-7 最后一栏),此时山东河段发生淤积是不可避免的。

表 1-7 花园口至高村断面缩窄后水力因素

Q (m^3/s)	ξ	n	h (m)	$B = \xi^2 h^2$	A (m^2)	V (m/s)	$\dfrac{V^3}{h}$	现状条件下艾山至利津 $\dfrac{V^3}{h}$
500	18.71	0.013 0	1.08	408	441	1.13	1.34	
1 000	15.36	0.011 4	1.40	462	647	1.55	2.65	1.68
2 000	12.60	0.010 1	1.83	532	974	2.05	4.71	4.31
3 000	11.23	0.009 39	2.13	572	1 218	2.46	6.99	5.55
4 000	10.35	0.008 92	2.38	607	1 445	2.77	8.93	5.89

由上述两部分对比分析可见,游荡性河道整治在缩窄河宽时必须与下游河段输沙能力联系起来研究,使其达到均衡输沙。而且缩窄游荡段河宽的幅度是很有限的。

1.8 结 论

通过研究对黄河下游输沙和冲淤方面的一些熟知的现象,进行机制揭示和理论概括。从河型沿程变化入手,引进了横断面河相系数与流量的关系,证明了山东河道冲刷的临界流量约为 2 500 m^3/s,给出了长时期内上、下河段平衡输沙的条件及其表达式,阐述了来沙系数的物理意义,严格地定义了第一造床流量和第二造床流量,阐述了它们的意义,并给出了计算方法,深入讨论了游荡型河段缩窄应如何遵循下游河段不淤的限制条件。利用各现象之间的内在联系,揭示了其相互影响的研究方法,对于复杂事物紧紧抓住其本质的思路,具有启示和参考价值。本章主要揭示机制,在宏观上建立黄河下游河道输沙的理论框架,力求整合各种现象的规律和认识,并提供了一些表达式及介绍了推导它们的方法,但是不强调具体数值的引入。当一些资料变化时,所得的基本公式应可以继续使用(个别公式可按文中方法调整)。

参 考 文 献

[1] 韩其为. 黄河下游输沙及冲淤的若干规律[J]. 泥沙研究,2004(3):1-13.

[2] 韩其为. 水库淤积[M]. 北京:科学出版社,2003.

[3] 赵业安,周文浩,等. 黄河下游河道演变若干基本规律("八五"国家重点攻关项目"黄河治理与水资源开发利用"系列著作之一)[M]. 郑州:黄河水利出版社,1998.

[4] 黄河水利委员会勘测规划设计研究院. 黄河下游冲淤特性研究[R]. 郑州:黄河水利委员会勘测规划设计研究院,1999.

第 2 章　黄河调水调沙的
根据、效益和巨大潜力

本章是笔者对近几年黄河调水调沙研究的总结。内容共分三部分：调水调沙的实践基础与理论根据、调水调沙的效益及巨大潜力。

2.1　黄河下游输沙能力的表达

黄河下游输沙能力的表达，即不同河型的输沙能力公式。从公式可以看出，输沙能力的大小除与泥沙粗细有关外，还主要取决于坡降和河相系数。挟沙能力沿程调整的方式是：黄河下游上段游荡型河段坡降大，主要靠河相系数大来抵消；而下段弯曲型河段坡降小，主要由河相系数减小来补偿。

对于冲积性河道，在一定条件下，挟沙能力可以反映长时期泥沙输移平均情况。对于工程泥沙来说，挟沙能力公式也能够给出简单、明确、机制清楚的结果，较之数学模型更容易被一般水利工作者接受。当然，无论挟沙能力公式还是含沙量公式，都应符合实际，经得起检验。下面将主要通过作者对黄河挟沙能力的一些专门研究[1,2]，来论证调水调沙的理论根据。

2.1.1　水流挟沙能力公式

一般条件下，水流挟沙能力公式见式(1-1)。根据笔者研究[1]，$m = 0.92$，在平衡条件下，对黄河下游河道，$\kappa = 0.029 \times 9.81^{0.92} = 0.237$（即 $K = 0.029$）。为了直接反映坡降、河型（河相系数）及糙率等影响，宜对式(1-1)进行改造。引进曼宁公式和流量连续方程以及河相系数，前一章已将其改写为

$$S^* = \kappa\left(\frac{V^3}{gh\omega}\right)^m = \frac{K}{\omega^{0.92}}\left(\frac{\frac{1}{n^3}h^2 J^{1.5}}{h}\right)^{0.92} = \frac{K}{(\omega J)^{0.92}}\left[\frac{J^{1.5}}{n^3}\left(\frac{nQ}{\xi^2 J^{\frac{1}{2}}}\right)^{\frac{3}{11}}\right]^{0.92}$$

$$= \frac{K}{\omega^{0.92}}\left(\frac{J^{1.364} Q^{0.273}}{n^{2.727}\xi^{0.545}}\right)^{0.92} = \frac{K}{\omega^{0.92}}\frac{J^{1.255} Q^{0.251}}{n^{2.508}\xi^{0.501}} \tag{2-1}$$

其中单位以 m、s、kg 计。式(2-1)[2]从理论上反映了挟沙能力与水面坡降（实际

应为能坡)、河相系数、流量及糙率的关系。它避开了较难确定的流速和水深,而采用了更宏观一些的量,并且能更直接地反映挟沙能力的机制,用于对挟沙能力作宏观分析是很有用的,特别是对黄河下游,由于不同河型(游荡型、弯曲型)对输沙能力影响很大,因此需要由河相系数来反映。

式(2-1)较全面地反映了坡降、糙率、河相系数及流量的影响,可以明确地表示不同河型对挟沙能力的影响。但是由于河相系数、糙率还隐含了流量的影响,加之流量有实测值,容易确定,故将它们与流量的关系代入,可以得到更方便的挟沙能力公式。第一章已得到

$$\xi_1 = 152\left[\frac{n_1 Q_1}{J_1^{0.5}}\right]^{-0.249}$$

$$\xi_2 = 195\left[\frac{n_2 Q_2}{J_2^{0.5}}\right]^{-0.412}$$

$$n = n_0\left(\frac{Q_0}{Q}\right)^{0.18}$$

其中加下标的参数"1"表示的是游荡河段(花园口至高村)的参数;而加下标"2"表示弯曲河段(艾山至利津)的参数。而 $Q_0 = 2\,000$ m³/s, n_0 为相应于该流量的糙率。对于游荡河段, $n_0 = 0.010\,1$;对于弯曲河段, $n_0 = 0.009\,09$,将上述三式代入式(2-1),遂有

$$S_1^* = 0.002\,34\,\frac{1}{\omega_1^{0.92}}\left[\frac{J_1^{1.192}Q_1^{0.805}}{n_0^{2.384}Q_0^{0.429}}\right] = 0.000\,189\left(\frac{Q_1^{0.805}}{\omega_2^{0.92}}\right) \tag{2-2}$$

$$S_1^* = 0.002\,06\,\frac{1}{\omega_2^{0.92}}\left[\frac{J_2^{1.152}Q_2^{0.872}}{n_0^{2.302}Q_0^{0.414}}\right] = 0.000\,113\left(\frac{Q_2^{0.872}}{\omega_2^{0.92}}\right) \tag{2-3}$$

由上述两式得到长时段的输沙能力为式(1-32)和式(1-40),将有关常数代入,得

$$W_{s.1}^* = \sum Q_{1.i}S_{1.i}^* t_i = 0.000\,189\,\frac{Q_{B_1.1}^{1.805}}{\omega_1^{0.92}}T \tag{2-4}$$

$$W_{s.2}^* = \sum Q_{2.i}S_{1.i}^* t_i = 0.000\,113\,\frac{Q_{B_1.2}^{1.872}}{\omega_2^{0.92}}T \tag{2-5}$$

此处 Q_{B_1} 即为第一造床流量,它由式(1-41)确定。

2.1.2 第一造床流量与人造洪峰

由第一造床流量 Q_{B_1} 可看出"人造洪峰"的意义。从上述输沙能力公式可看

出,对同一断面,输沙能力 W_s^* 与第一造床流量 Q_{B_1} 成正比。因此,当水量相同时,如流量过程起伏大(有大的洪峰),则输沙能力就大。以极端情况来说明,设年水量为 400×10^8 m^3,有两种过程:一种是每天均为平均流量 1 268 m^3/s;另一种是有 80 d 流量为 4 000 m^3/s,其余 285 d 流量为 500 m^3/s。则由式(2-2)、式(2-3)及式(1-32)、式(1-40),当 $W^{0.92} = 0.003\ 03$ 时,求得第一种过程花园口含沙量为 19.6 kg/m^3,年输沙量为 7.85×10^8 t;利津含沙量为 18.9 kg/m^3,输沙量为 7.58×10^8 t。第二种过程,花园口含沙量为 49.5 kg/m^3,输沙量为 14.8×10^8 t;利津含沙量为 51.6 kg/m^3,输沙量为 15.3×10^8 t。于是第二种过程的输沙能力为第一种的 1.89 ~ 2.02 倍。同时还可以看出,第一种过程山东河段淤,第二种过程山东河段冲。

这清楚地表明人造洪峰可加大输沙量。这是调水调沙的理论基础之一。但是需要指出的是,调水调沙不是简单的人造洪峰,而是同时避开了不利的中等流量,否则就会形成"冲河南,淤山东"。可见,现有调水调沙较之人造洪峰不仅是认识的升华,而且是黄河治河工程的重大创新。

2.2　黄河下游河道巨大的输沙能力与平衡的趋向性

尽管黄河下游河道以堆积性著称,河底、水面不断抬高,但是在长期的水沙作用下,特别是河流的自动调整和迅速反馈,其平衡的趋向性也很明显。如从上、下河段挟沙能力及典型资料来看,后面将指出,当流量为 1 000 ~ 4 000 m^3/s 时,上段(河南河段)挟沙能力与下段(山东河段)挟沙能力之比为 1.049 ~ 0.915,当流量小于 2 000 m^3/s 时,上段挟沙能力大于下段挟沙能力;而当流量大于 2 500 m^3/s 时,下段挟沙能力大于上段挟沙能力;而当流量为 2 300 m^3/s 时,上、下河段基本平衡。第 1 章已表明,从多年平均过程看,如果不考虑高含沙洪水,不漫滩,流量沿程不变,下段输沙量为上段输沙量的 1.01 倍,也说明多年输沙量是平衡的,特别是从后面列举的 1960 年 9 月 ~ 1996 年 6 月的资料看,三门峡至利津河段淤积 36.32×10^8 t,其中 20 次高含沙量洪水淤积 37.22×10^8 t,若不计高含沙洪水,则全河冲刷 0.90×10^8 t,占来沙量(348×10^8 t)的 0.26%。

作者在这方面作过一些较深入研究[3],现在阐述如下。

2.2.1　黄河下游河道的巨大输沙能力与"水少沙多"的注释

2.2.1.1　实际资料表明洪峰时输沙能力很大

(1)表 2-1 是黄河水利委员会勘测规划设计研究院统计[4]的 1960 年 9 月

表 2-1　各种洪水来水来沙和冲淤情况

类别	站名河段	来沙					淤积				S	Q
		W ($\times 10^8$ m³)	$W_{s细}$ ($\times 10^8$ t)	$W_{s中}$ ($\times 10^8$ t)	$W_{s粗}$ ($\times 10^8$ t)	W_s ($\times 10^8$ t)	$W_{s细}$ ($\times 10^8$ t)	$W_{s中}$ ($\times 10^8$ t)	$W_{s粗}$ ($\times 10^8$ t)	W_s ($\times 10^8$ t)	(kg/m³)	(m³/s)
	场次 = 397，天数 = 3 295											
全部洪峰	三黑小	7 297.6	177.82	84.29	64.88	327.00	−10.51	12.20	13.90	15.59	44.8	2 563
	花园口	7 570.3	186.97	71.53	50.59	309.09	11.60	2.73	12.15	26.48	40.8	2 659
	高村	7 263.5	170.29	67.04	37.29	274.62	6.07	−1.03	−3.06	1.98	37.8	2 551
	艾山	7 337.5	160.66	66.76	39.64	267.06	−7.50	−2.71	−0.20	−10.40	36.4	2 577
	利津	6 997.5	164.32	67.93	38.96	271.21					38.8	2 458
	三—高						1.09	14.93	26.05	42.07		
	高—利						−1.43	−3.73	−3.26	−8.42		
	三—利						−0.34	11.20	22.79	33.65		
	场次 = 377，天数 = 3 152											
非高含沙洪峰	三黑小	6 982.0	145.12	66.83	48.39	260.34	−12.36	6.76	9.16	3.56	37.3	2 527
	花园口	7 249.6	156.29	59.58	38.89	254.76	1.75	−2.23	5.07	4.58	35.1	2 662
	高村	6 966.6	150.16	60.31	32.91	243.37	4.99	−1.97	−3.97	−0.96	34.9	2 558
	艾山	7 042.5	141.90	61.06	36.22	239.18	−8.00	−2.47	−0.30	−10.76	34.0	2 586
	利津	6 720.9	146.37	62.09	35.70	244.15					36.3	2 460
	三—高						−10.61	4.52	14.23	8.14		
	高—利						−3.01	−4.44	−4.27	−11.72		
	三—利						−13.62	0.09	9.96	−3.58		
	场次 = 20，天数 = 143											
高含沙洪峰	三黑小	315.6	32.7	17.46	16.49	66.66	1.85	5.44	4.74	12.03	211.2	2 554
	花园口	320.8	30.67	11.95	11.69	54.33	9.85	4.97	7.08	21.90	169.4	2 596
	高村	296.9	20.13	6.73	4.38	31.24	1.08	0.94	0.91	2.94	105.2	2 403
	艾山	295.0	18.76	5.70	3.42	27.88	0.50	−0.24	0.10	0.36	94.5	2 388
	利津	276.6	17.96	5.85	3.26	27.06					97.8	2 230
	三—高						11.70	10.40	11.83	33.93		
	高—利						1.58	0.70	1.01	3.30		
	三—利						13.28	11.10	12.84	37.23		

注：表中三—高代表三门峡—高村，高—利代表高村—利津，三—利代表三门峡—利津，下同。

15 日～1996 年 10 月 31 日 397 次洪水(总历时 3 295 d)的冲淤及输沙情况:三黑小区间(三门峡、伊洛河黑石关、沁河小董三站)共来水 7 297.6×10^8 m^3(平均流量2 563 m^3/s),来沙 327×10^8 t(平均含沙量 44.8 kg/m^3)。利津站径流量为6 997.5×10^8 m^3(平均流量2 458 m^3/s),输沙量 271.21×10^8 t(平均含沙量 38.8 kg/m^3)。尽管三门峡至利津淤积 33.65×10^8 t,占来沙量的 10.3%,但是出利津的平均含沙量为 38.8 kg/m^3,大于同期(36 年)全部来水平均含沙量 26.8 kg/m^{3}的 44.4%。

(2)值得注意的是,如果去掉 20 次高含沙洪水,共有普通洪水 377 次(总历时 3 152 d),则三黑小来水 6 982×10^8 m^3(日平均流量 2 527 m^3/s),来沙260.34×10^{8}t(平均含沙量 37.3 kg/m^3)。利津水量 6 720.9×10^8 m^3(日平均流量2 460 m^3/s),来沙 244.15×10^8 t(平均含沙量 36.3 kg/m^3)。全下游河道不仅未淤,而且冲刷 3.58×10^8 t。利津的含沙量也大于 36 年来水平均含沙量35.4%。这是接近平衡输沙的情况。

(3)20 次高含沙洪水(总历时 143 d),来水 315.6×10^8 m^3(平均流量 2 554 m^3/s),来沙66.66×10^8 t(平均含沙量 211.2 kg/m^3)。利津水量 276.6×10^8 m^3(平均流量 2 230 m^3/s),输沙量 27.06×10^8 t(平均含沙量 97.8 kg/m^3)。全河道淤积 37.22×10^8 t。但是出利津的含沙量却高达 97.8 kg/m^3,利津含沙量为多年来水平均含沙量的 3.65 倍。这是超饱和输沙的情况。

综上所述,可以看出如下两点:第一,普通洪水利津站的含沙量 36.3 kg/m^3,接近平衡输沙的输沙能力,远大于 1960～1996 年共 36 年的平均含沙量 26.8 kg/m^3;第二,高含沙量洪水尽管淤积了 37.22×10^8 t,但是利津含沙量仍达 97.8 kg/m^3,当然这是超饱和输沙的情况。

2.2.1.2　从挟沙能力规律看,洪峰输沙能力也是很大的

前节给出了黄河下游游荡型河段与弯曲型河段在平衡输沙条件下输沙能力公式,取全河平均沉速 ω = 0.001 83 m/s,即 $\omega^{0.92}$ = 0.003 03(花园口 $\omega^{0.92}$ = 0.003 16,利津 $\omega^{0.92}$ = 0.002 89),当流量为 2 000 m^3/s 时,花园口挟沙能力为28.33 kg/m^3,利津挟沙能力为 28.19 kg/m^3;当流量为 2 500 m^3/s 时,花园口挟沙能力为 33.91 kg/m^3,利津挟沙能力为 34.25 kg/m^3。这表明,山东河段冲刷的临界流量应在 2 000～2 500 m^3/s。按花园口流量为 377 次洪峰流量平均值2 662 m^3/s 计算含沙量为 35.67 kg/m^3;按利津流量为 377 次洪峰流量平均值2 460 m^3/s 计算含沙量为 33.86 kg/m^3。可见,与 377 次实测含沙量 35.1 kg/m^3

和 36.3 kg/m³ 已很接近,但计算的利津含沙量仍略小。这是合理的,因为 377 次洪水的流量是波动的,它的第一造床流量必定大于它们的平均流量,因此平均流量对应的挟沙能力必小于实际挟沙能力。如两者流量加大一些,花园口计算的会大一些,利津的计算结果和实际更接近些,平均误差会小一些。这也从理论上说明了黄河下游输沙能力较之来水含沙量是很大的。

2.2.1.3　关于黄河"水少沙多"的注释

黄河"水少沙多"成为黄河特性概括的名言,它是完全符合实际的。但这是有前提的,这个前提是针对天然水沙搭配而言。事实上,377 场普通洪水,利津水量为 6 720.9 × 10⁸ m³,占 1960 ~ 1996 年总水量 14 408 × 10⁸ m³ 的 46.6%,来沙量 244.15 × 10⁸ t,占 36 年总来沙量 386 × 10⁸ t 的 63.2%。这是水沙搭配较好的情况。采取类似的搭配,难道不能用 53.4% 的水输走 36.8% 的沙?可见"水少沙多"可以通过人为"搭配"水沙关系,即依靠调水调沙在一定条件下解决。事实上,如按 377 场普通洪水的利津含沙量 36.3 kg/m³、流量 2 468 m³/s 进行分析,则 36 年排走总沙量 386 × 10⁸ t,仅需水 10 632 × 10⁸ m³,尚有清水 3 776 × 10⁸ m³。

由于 1961 ~ 1964 年三门峡水库蓄水和滞洪运用,水库淤积了 40 余亿 t 泥沙,致使下游河道来沙偏少,因此上述分析包括了这段时间是有利的情况。如果去掉 1960 ~ 1964 年,即从 1964 年 11 月至 1996 年 6 月,共来水 12 146 × 10⁸ m³,来沙 362 × 10⁸ t,则按前述利津排沙标准,则排走全部来沙需水 9 971 × 10⁸ m³,占全部来水的 82.1%,尚有清水 2 175 × 10⁸ m³。

2.2.2　黄河下游堆积性与平衡趋向性

2.2.2.1　黄河下游河道输沙几乎是平衡的

黄河下游是一条堆积性河道,形成了很长的游荡型河道。但是河道在长期水流塑造过程中,特别是反馈引起的自动调整,它会不断地趋向平衡。这可从输沙能力沿程对比中看出来。由式(1-32)、式(1-40)及文献[2]所述公式的参数得到山东河段输沙能力与河南河段输沙能力对比为

$$\frac{W_{s.2}^*}{W_{s.1}^*} = 0.884 \frac{J_2^{1.152} n_{0.1}^{2.384}}{J_1^{1.192} n_{0.2}^{2.302}} Q_0^{0.015} \frac{Q_{B_1.2}^{1.872}}{Q_{B_1.1}^{1.805}}$$

此处采用泥沙沉速不变,并且利用了 $0.9 n_{0.1} = n_{0.2}$。其中 J_1、J_2、$n_{0.1}$、$n_{0.2}$、Q_0 前面已述及;$Q_{B_1.1}^{1.805}$、$Q_{B_1.2}^{1.872}$ 按文献[2]中的数据,分别取 6.137 × 10⁵、10.35 × 10⁵,故

得到 $\dfrac{W_{s.2}^*}{W_{s.1}^*} = 1.01$。这表明在不引水、不漫滩、不考虑高含沙水流的条件下,上、下河段输沙能力几乎相等。这是输沙平衡趋向性的强烈表现。

黄河下游河道各时期冲淤量见表 2-2[3]。从其他实际资料看,前述 377 次普通洪水,下游河道冲刷 3.58×10^8 t,约占来沙量的 1.13%,也几乎是平衡的。需要强调的是,从 1960 年 9 月 15 日至 1996 年 6 月的 36 年中,下游河道淤积 36.32×10^8 t,如果去掉高含沙量洪水淤积的 37.22×10^8 t,则冲刷 0.9×10^8 t,占来沙 348×10^8 t 的 0.26%,仍然是平衡的。这与文献[2]中得出的理论结果 $\dfrac{W_{s.2}^*}{W_{s.1}^*} = 1.01$ 是十分一致的。

表 2-2　黄河下游河道各时期冲淤量

时间		三黑小水量 ($\times 10^8$ m³)	三黑小沙量 ($\times 10^8$ t)	各河段冲淤量 ($\times 10^8$ t)				
				三—花	花—高	高—艾	艾—利	三—利
1960-09-15 ~ 1964-10-31	汛期	1 308.17	17.165	−7.22	−8.06	−3.73	−3.92	−22.93
	非汛期	954.29	6.103	−2.25	−3.23	−0.78	1.38	−4.88
	全部	2 262.46	23.268	−9.47	−11.29	−4.51	−2.54	−27.81
1964-11-01 ~ 1973-10-31	汛期	2 033.14	115.390	7.07	15.17	3.19	−0.64	24.79
	非汛期	1 795.37	31.347	1.78	2.32	4.41	6.13	14.64
	全部	3 828.51	146.737	8.85	17.49	7.60	5.49	39.43
1973-11 ~ 1996-06	汛期	4 485.05	206.077	17.41	22.57	3.37	−5.87	37.48
	非汛期	3 832.33	9.476	−18.02	−9.22	4.79	9.67	−12.78
	全部	8 317.38	215.553	−0.61	13.35	8.16	3.80	24.70
1960-09-15 ~ 1996-06	汛期	7 826.36	338.632	17.26	29.68	2.83	−10.43	39.34
	非汛期	6 581.99	46.926	−18.49	−10.13	8.42	17.18	−3.02
	全部	14 408.35	385.558	−1.23	19.55	11.25	6.75	36.32

2.2.2.2　不同河型的形态调整也明显趋向平衡

黄河下游河道河型复杂,有游荡型、弯曲型,其中还有一段过渡型。各河段输沙规律及河道特性存在差异,将它们连接在一起,输沙是很不均衡的。经过长期调整,就输沙而言,黄河下游河床形态基本是均衡的。可按式(2-1)进行输沙均衡分析。若 ω、Q 沿程不变,当上、下河段输沙能力均衡时,游荡型河段坡降大,要依靠糙率加大,特别是河相系数加大来抵消。而弯曲河段,坡降小要靠糙率减小,特别是河相系数减小来补偿。根据文献[2]的资料,按式(2-1)计算的不同流量下游荡型河段与弯曲型河段挟沙能力的比值见表2-3。

表2-3　不同流量下游荡型河段与弯曲型河段挟沙能力比值

流量 (m^3/s)	$\dfrac{J_1}{J_2}$	$\dfrac{\xi_1}{\xi_2}$	$\dfrac{n_1}{n_2}$	$\dfrac{S_1^*}{S_2^*}=\left(\dfrac{J_1}{J_2}\right)^{1.255}\left(\dfrac{n_2}{n_1}\right)^{2.508}\left(\dfrac{\xi_2}{\xi_1}\right)^{0.501}$
1 000	1.854	2.563	1.107	1.049
2 000	1.854	2.768	1.105	1.014
3 000	1.854	2.947	1.126	0.938
4 000	1.854	3.088	1.127	0.915

可见,当 $Q \leqslant 2\,000$ m^3/s 时,$\dfrac{S_1^*}{S_2^*} > 1$,即游荡型河段输沙能力大于弯曲型河段输沙能力。反之,当 $Q \geqslant 3\,000$ m^3/s 时,$\dfrac{S_1^*}{S_2^*} < 1$,即游荡型河段输沙能力小于弯曲型河段输沙能力。可见,若上、下河段输沙均衡调整,水力因素 J、n、ξ、Q 及河床形态组成一个相对平衡的体系。

此外,我们还可对山东河道的形成作一推论。设最初它不是窄深河道,由于坡降小,一般流量就必然淤积。只有大流量来时才发生冲刷。这样久而久之就会变为窄深。因此,山东河道主要靠堆积后的冲刷塑造。

2.2.2.3　上、下河段输沙平衡的临界流量

前面指出了黄河下游不同河型及其之间都具有平衡趋向性,这是从整体和大量的平均结果得出的。表2-3已经明显表示了不同流量上、下河段输沙能力与平衡的偏离,但是这种偏离围绕平衡点发生。平衡点即山东河段开始冲刷的临界流量究竟是多少。这可以进一步从第1章中表1-1的水力因素看出。表1-1给出了上、下河段流量 $1\,000 \sim 4\,000$ m^3/s 时的 h、B、ξ、J、V。而根据一般的挟沙能力公式(2-1),当 ω 不变时,对于冲淤临界点,此时式(1-5)成立中的

$\mu = 1$，从而

$$\frac{\dfrac{V_1^3}{h_1}}{\dfrac{V_2^3}{h_2}} = 1$$

由此可得 $Q_c = 2\ 200$ m³/s。根据表 1-1，按河相系数实测值分析，$Q_c = 2\ 500$ m³/s；按公式计算，$Q_c = 2\ 727$ m³/s；而根据表 2-3 计算，$Q_c = 2\ 100$ m³/s。这些数据是根据同一理论体系和同一资料，但是由不同角度得到的。差别是由于理论值与实际数据之间有一些小的差别，或某些资料不完全闭合所致，因此可以取 $2\ 200 \sim 2\ 500$ m³/s 作为山东河段冲刷的临界流量。这正是黄河上颇为公认的数据。这里只强调山东河段冲刷存在临界流量在理论上是有根据的。

2.2.3　"冲河南,淤山东",还是"淤河南,冲山东"

（1）以往的一些资料表明,在一定条件下,黄河下游会出现河南河段(游荡段)发生冲刷,而山东河段(弯曲段)发生淤积,这就是所谓的"冲河南、淤山东"。从表 2-2 中可看出,1960 年 9 月 15 日至 1964 年 10 月和 1973 年 11 月至 1996 年 6 月的枯水期均是"冲河南,淤山东"。前者花园口至高村冲刷 3.23×10^8 t,艾山至利津淤积 1.38×10^8 t。后者在花园口至高村冲刷 9.22×10^8 t,而高村至利津淤积 14.46×10^8 t。不仅如此,1960 年 9 月 15 日至 1996 年 6 月 30 日非汛期合计,花园口至高村冲刷 10.13×10^8 t,而高村至利津淤积 25.60×10^8 t。此外,即使非汛期,低含沙水流"冲河南、淤山东",也是很明显的。1960 ~ 1996 年非汛期具有 $S < 20$ kg/m³ 低含沙水流共 5 388 d[3],三黑小来水 $3\ 996 \times 10^8$ m³(平均流量 858 m³/s),来沙 8.73×10^8 t(平均含沙量 2.06 kg/m³),下游河道共冲刷 16.14×10^8 t,其中花园口至高村冲刷 6.91×10^8 t,而高村至利津淤积 13.91×10^8 t,并且对于流量 ≤ 400 m/s³、400 ~ 600 m/s³、600 ~ 800 m/s³、800 ~ 1 000 m/s³、1 000 ~ 1 500 m/s³ 各级流量无一例外均是"冲河南,淤山东"。由于山东河道河槽宽仅及河南段的 1/3 左右,河长也较短,淤积对河床抬高影响大,因此"冲河南,淤山东"特别引人注目。在小浪底工程前期论证中曾是一个颇为令人担心的问题。

（2）从表 2-2 中还可看出:与上述完全相反的是"淤河南,冲山东"的现象,而且也十分明显。1964 年 11 月至 1973 年 10 月汛期,花园口至高村淤积 15.17×10^8 t,艾山至利津冲刷 0.64×10^8 t。1973 年 11 月至 1996 年 6 月汛期,

花园口至高村淤积 22.57×10^8 t,艾山至利津冲刷 5.87×10^8 t。从 1960 年 9 月 15 日至 1996 年 6 月 30 日汛期,花园口至高村淤积 29.67×10^8 t,高村至利津冲刷 7.59×10^8 t,而艾山至利津冲刷 10.43×10^8 t。

(3)综上所述,"冲河南,淤山东"只是事物的一方面,另一方面是与其相反的"淤河南,冲山东"。这一点,从前面理论分析中的公式(2-2)及公式(2-3)也可以得到它们的挟沙能力比

$$\frac{S_1^*}{S_2^*} = \frac{0.001\,89}{0.001\,13}\left(\frac{\omega_2}{\omega_1}\right)^{0.92}\frac{Q_1^{0.805}}{Q_2^{0.872}} \approx 1.672 Q^{-0.067} \qquad (2-6)$$

此处采用了 $\frac{\omega_1}{\omega_2} \approx 1$ 及 $\frac{Q_2}{Q_1} \approx 1$。据式(2-6)求出不同流量时河南河段挟沙能力与山东河段挟沙能力之比,见表 2-4。可见,中小流量山东河段淤,大流量山东河段冲,冲淤临界值为 2 150 m³/s。表 2-3 是按有关实际水力参数计算的结果,两者颇为相近。实际水力参数计算的临界流量更大一些。原因是山东河段流量要略小于河南河段的。

表 2-4   上、下河段挟沙能力之比

流量 Q(m³/s)	1 000	2 000	2 150	3 000	4 000
$\frac{S_1^*}{S_2^*}$	1.053	1.005	1.000	0.978	0.959

2.3　第一造床流量及输沙能力的理论分析

作者的研究指出[5],第一造床流量是代表变动流量过程输沙能力等价的流量,即塑造河道纵剖面的造床流量,能从理论上确定。计算结果与实测资料对比表明,在输沙作用方面,它确实有很好的代表性,并且利用它确定输沙量时可避免很多较繁的计算。黄河下游河道输沙特性及输沙能力结构分析表明,利用挟沙能力级配可较好地反映冲淤和平衡条件下的挟沙能力规律及冲淤条件下挟沙能力的非单值性。这些分析揭示了黄河下游复杂输沙现象的结构,能理清其规律,也初步接触了多来多排的机制。

2.3.1　第一造床流量的物理意义

第一造床流量为

$$Q_{B_{1.1}} = \left(\sum Q_i^m P_i \right)^{\frac{1}{m}}$$

式中：Q_i 为时段 t_i 的流量；$P_i = \dfrac{t_i}{T}$；$T = \sum t_i$；m 为指数。

对于游荡型河段（河南）$m = 1.805$，对于弯曲型河段（山东）$m = 1.872$。从推导的过程[2,6]看，第一造床流量的物理意义是：在坡降、糙率、河相系数不变的条件下，用一个固定流量过程（$Q = Q_{B_{1.1}}$）代替变动流量过程，从而使得其输沙能力 W_s 维持不变。

可见，第一造床流量是与代表变动流量过程的输沙能力等价流量，是保证河道处于纵向平衡的流量，也是塑造河床纵剖面的造床流量。由于河流纵剖面的塑造较之横剖面更为基本，故称其为第一造床流量。塑造横剖面的造床流量，称为第二造床流量。附带指出，此处的第一、第二造床流量与以前按输沙能力两个峰值定义的第一、第二造床流量是不一样的。显然，塑造河流的水沙过程是异常复杂的，要将一个流量过程的作用概括为几个代表流量的作用是很难的。但是如果只限于流量在某些方面的作用，选择有关代表流量则是可能的。例如，从确定输沙能力看，第一造床流量就能完全代表一个流量过程。相应地，计算河床的纵向平衡形态，第一造床流量也是实用的。第一造床流量确定方法举例见本书1.5节。

2.3.2　第一造床流量的特性

2.3.2.1　第一造床流量与年水量的关系密切

图 2-1、图 2-2 分别为花园口至高村和艾山至利津 1987～1999 年第一造床流量与年水量的关系[7]。可见，第一造床流量与年水量关系明显，尤其是艾山至利津河道。不仅如此，而且同一河型、不同断面（花园口至高村、艾山至利津）的"点子"相互交错，说明它们服从同一规律。

2.3.2.2　第一造床流量与年沙量的相关性

第一造床流量与年沙量也有类似的关系，可见图 2-3 与图 2-4[7]。同样，艾山和利津的年沙量与第一造床流量相关关系好，这正反映了它代表塑造河床纵向平衡，亦即输走全部来沙的流量，也反映了前面给出的表达式（1-42）是正确的。利用图 2-3 与图 2-4，知道第一造床流量，即可单独推求出年沙量，以备宏观分析时采用。不仅如此，图 2-3 和图 2-4 的关系中同一河型两站的资料，显然说明了河型的概括作用。此外，两张图的关系线虽有一定差别，但差别不大，这说明平均而言，第一造床流量作为输沙代表流量，对不同河型也有其共性。当然，

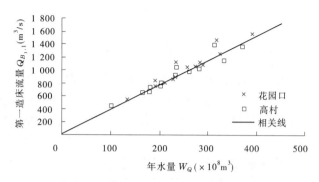

图2-1　花园口—高村河段第一造床流量与年水量关系

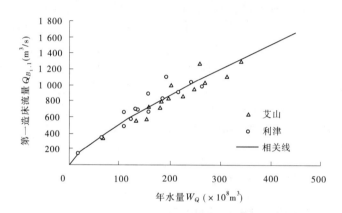

图2-2　艾山—利津河段第一造床流量与年水量关系

图2-3中的点稍分散,则反映了游荡型河型的特性。

2.3.3　输沙能力的进一步分析

2.3.3.1　实测输沙能力的进一步分析

为了进一步从机制上说明由第一造床流量表示的挟沙能力公式的结构合理性,分析了7个时期(1950～1959年、1961～1964年、1965～1973年、1974～1980年、1981～1985年、1986～1999年、2000～2003年)花园口、高村、艾山、利津四站的输沙能力。其中,1961～1964年、1981～1985年、2000～2003年三个时期河床冲刷明显,但含沙量很低,将这7组资料分成两类:第一类为全河冲刷明显的上述三个时期的资料,第二类是淤积、微淤微冲和冲淤平衡的其余四个时期的资料。这两类资料的床沙级配有差别,第一类粗,第二类较细(见表2-5)。

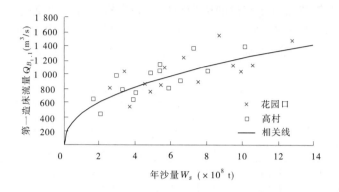

图 2-3　花园口—高村河段第一造床流量与年沙量关系

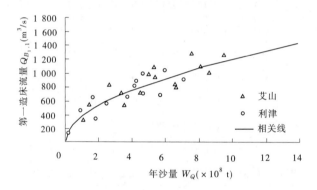

图 2-4　艾山—利津河段第一造床流量与年沙量关系

淤积与平衡时由床沙级配按下式计算的挟沙能力级配 $P_{4.l.1}^{*}$ [8]，亦列入表 2-5。

$$P_{4.l.1} = \frac{\dfrac{P_{1.l.1}}{\omega_l^m}}{\sum \dfrac{P_{1.l.1}}{\omega_l^m}} = \frac{\dfrac{P_{1.l.1}}{\omega_l^{0.5}}}{\sum \dfrac{P_{1.l.1}}{\omega_l^{0.5}}} \qquad (2-7)$$

对于第一种资料，适用于冲刷计算，表现为床沙粗化明显、悬移质也粗，因而含沙量低，挟沙能力也低。根据有关资料、文献，对于冲刷计算选择了如下级配：花园口站取 2003 年实测平均级配[5]；高村、艾山、利津站采用 1961～1964 年花园口至高村河段平均床沙级配[9]。这是因为小浪底水库修建后，直至 2002 年调水调沙之前，花园口至夹河滩冲刷明显，夹河滩以下 2002 年水位较之 1999 年水位是抬高的，未见明显冲刷，床沙也没有很明显的粗化，故不能采用，所以取

1961~1964年花园口至高村的床沙级配代表高村、艾山、利津三站处于冲刷明显条件下的床沙级配。这几种床沙级配已列入表2-5。第二类资料,基本属于淤积和接近冲淤平衡的情况。上述四站的历年平均床沙级配[5]相应地由床沙补充的水流挟沙能力级配$P_{4.l.1}^*$也列入表2-5。

表2-5　黄河下游床沙颗粒级配

时期	河段（站名）	项目	粒径分组（mm）						$\omega_1^{*0.92}$（m/s）$^{0.92}$
			<0.025	0.025~0.05	0.05~0.10	0.10~0.25	0.25~0.5	0.50~1.00	
多年平均	花园口	$P_{1.l.1}$	0.062	0.162	0.373	0.336	0.062	0.005	0.006 98
		$P_{4.l.1}^*$	0.340	0.236	0.271	0.136	0.016	0.001	
	高村	$P_{1.l.1}$	0.082	0.163	0.447	0.283	0.025		0.005 62
		$P_{4.l.1}^*$	0.397	0.209	0.286	0.102	0.006		
	艾山	$P_{1.l.1}$	0.091	0.194	0.535	0.178	0.002		0.004 52
		$P_{4.l.1}^*$	0.402	0.227	0.313	0.058	0		
	利津	$P_{1.l.1}$	0.071	0.170	0.595	0.163	0.001		0.005 04
		$P_{4.l.1}^*$	0.343	0.218	0.381	0.058	0		
2003年	花园口	$P_{1.l.1}$	0.044	0.050	0.189	0.506	0.200	0.011	0.012 89
		$P_{4.l.1}^*$	0.339	0.103	0.193	0.288	0.074	0.003	
	平均	$P_{1.l.1}$	0.081	0.218	0.357	0.295	0.047	0.002	0.005 58
		$P_{4.l.1}^*$	0.385	0.275	0.225	0.104	0.011	0	
1961~1964年	花—高	$P_{1.l.1}$	0.050	0.150	0.300	0.450	0.040	0.010	0.008 18
		$P_{4.l.1}^*$	0.303	0.241	0.241	0.201	0.012	0.002	

注:$P_{1.l.1}$为床沙级配;$P_{4.l.1}^*$为挟沙能力级配。

2.3.3.2　悬沙与床沙交换条件下挟沙能力计算

微冲微淤挟沙能力级配[9]为

$$P_{4.l}^* = P_{4.1}SP_{4.l.1} + \left[1 - \frac{SP_{4.1}}{S^*(\omega_1)}\right]P_{4.l.1}^*S^*(\omega_1^*) \tag{2-8}$$

$$S^*(\omega^*) = P_{4.1}S + \left[1 - \frac{SP_{4.1}}{S^*(\omega_1)}\right]S^*(\omega_1^*) = S_1 + \left[1 - \frac{S_1}{S^*(\omega_1)}\right]S^*(\omega_1^*)$$

$$\tag{2-9}$$

其中
$$\omega_1^{0.92} = \sum_{l=1}^{K} \frac{P_{4.l}}{P_{4.1}} \omega_l^{0.92} = \sum P_{4.l.1} \omega_l^{0.92} \tag{2-10}$$

$$P_{4.1} = \sum_{l=1}^{K} P_{4.l} \tag{2-11}$$

$$S_1 = P_{4.1} S \tag{2-12}$$

$$\omega_1^{*0.92} = \sum_{l=1}^{n} P_{4.l.1}^* \omega_l^{0.92} \tag{2-13}$$

此处 $l \leq k$，为不与床沙交换的细颗粒的部分，n 为床沙粒径组数。需要强调的是，根据计算粗细颗粒分界粒径，d_k 一般为 0.025 mm 或 0.05 mm，但是均应满足 $1 - \dfrac{S_1}{S^*(\omega_1)} > 0$。按上述公式计算冲刷时的挟沙能力及淤积和冲淤平衡、微淤时的挟沙能力均列入表 2-6、表 2-7。在表 2-6、表 2-7 中也列出了各站冲淤平衡时挟沙能力 $S^*(\omega_c)$，$\omega^{0.92} = 0.000\,300$，它为 1960～1996 年 377 次洪水冲淤过程处于冲淤平衡时的泥沙平均沉速。各种挟沙能力 $S^*(\omega_c)$、$S^*(\omega_1)$ 及 $S^*(\omega_1^*)$ 均按挟沙能力公式和相应的沉速计算。但是对于挟沙能力公式

$$S^* = K\left(\frac{V^3}{h\omega}\right)^{0.92} \tag{2-14}$$

其中的系数 K 据笔者研究，在黄河下游淤积时取 $K = 0.033$，冲淤平衡时 $K = 0.029$，冲刷时 $K = 0.026$。对于 $S^*(\omega_1)$ 则应将挟沙能力的系数取为 0.026，而 $S^*(\omega_1^*)$ 则按冲淤平衡时的系数采用 0.029。为了使这种框算不过多涉及原始资料，我们取公式 (2-10)、式 (2-11) 中的含沙量级配 $P_{4.l}$ 为固定值，即取 1960～1996 年 377 次洪水时花园口站的平均级配。冲刷时挟沙能力计算结果列入表 2-6，由表 2-6 可以看出，考虑泥沙交换计算挟沙能力是恰当的。第一，从 1961～1964 年冲刷资料看，花园口至利津第一造床流量从 2 266 m³/s 增至 2 501 m³/s，而含沙量很低，仅为 13.9～17.8 kg/m³，为冲淤平衡时含沙量的 0.41～0.50 倍。显然，这不是冲淤不平衡输沙的影响，原因是花园口至利津河长达 631 km，尽管水流含沙量很低，但是沿程仅增加 3.9 kg/m³，这还是在流量沿程加大的情况下发生的。既然主要不是不平衡输沙的影响，那只能是挟沙能力太低或可能略大于含沙量的影响。第二，在上述冲刷条件下，单纯用悬移平均沉速计算挟沙能力是偏大的。例如，按 1961～1964 年艾山悬移质级配估算的 $\omega^{0.92} = 0.004\,06$，则相应时间的挟沙能力为 25.4 kg/m³，较之实测含沙量 16.9 kg/m³ 差别太大。而按粗细泥沙交换后计算则为 21.4 kg/m³，相对较为合理。第三，在

表 2-6 中细颗粒不参与交换的粒径为 0.025 mm 和 0.05 mm 两种。当含沙量 S 低于冲淤平衡时挟沙能力 S_k^* 时,说明细颗粒来沙直接转为挟沙能力要小,则分界粒径应小一些;反之,若含沙量 S 大于冲淤平衡时挟沙能力 S_k^*,则分界粒径应大一些。表 2-6 中除两次按 0.05 mm 分界外,其余 10 次均按 0.025 mm 分界。

　　冲淤平衡及淤积时挟沙能力计算结果列入表 2-7。由于淤积与冲淤平衡时挟沙能力系数有所差别,因此一般要判别冲淤。在表 2-7 中,"+"表示淤积,"-"表示冲刷,"0"表示接近平衡。后者是指 $S^* - 0.1S_k^* \leqslant S^* \leqslant S^* + 0.1S_k^*$。此外,根据黄河下游含沙量沿程变化相对不大的情况,不论冲刷还是淤积,当挟沙能力远低于含沙量时,也应考虑悬沙与床沙交换。若不考虑悬沙与床沙交换,而按悬移质级配计算挟沙能力,其值将很大,显得不合理。例如,1986~1999年,花园口、高村、艾山、利津四站含沙量分别为 24.7 kg/m³、21.2 kg/m³、24.3 kg/m³、26.4 kg/m³,彼此差别不大,属于微冲微淤调整,也可以说接近平衡,因此挟沙能力与含沙量应差别不大,但是由于第一造床流量小,计算的挟沙能力为 16.7~11.5 kg/m³。即令采用同期四站平均级配计算的平均沉速 $\omega^{0.92} = 0.0231$,则挟沙能力也仅为 21.7~14.9 kg/m³,远小于实测含沙量,因此本应发生大量淤积,实际却出现了微淤,特别是冲刷,其原因是来的细砂多,消耗的水量少,故应按悬沙与床沙交换计算挟沙能力。计算的各站的含沙量与挟沙能力等数字见表 2-8。表中 ω 是利用含沙量级配计算的平均沉速。

　　需要补充说明的是,按床沙与悬移质交换理论计算挟沙能力时,分界粒径有一定范围,其对计算结果的影响如何? 根据是什么? 下面从以下几个方面进行分析。第一,对黄河下游河道采用的分界粒径仅 0.025 mm 和 0.05 mm 两组。而从理论上看

$$\omega^{0.92} = \frac{1}{\sum \dfrac{P_{1.l.1}}{\omega_l^{0.92}}} \tag{2-15}$$

若按式(2-15)计算艾山多年平均床沙级配,则 $\omega^{0.92} = 0.00180$,$\omega = 0.00104$,它介于 $\omega = 0.000595$ 和 $\omega = 0.00229$ 之间,即相应的粗细泥沙分界粒径 d_k 为 0.025~0.05 mm。为保险起见,一般选择 $d_k = 0.025$ mm。只是当实际挟沙能力远小于冲淤平衡时的挟沙能力而出现不合理结果时,才选择 $d_k = 0.05$ mm。第二,此处求出的分界粒径为 0.025~0.05 mm,而偏向 0.025 mm,与过去划分黄河床沙质与冲泻质分界粒径是一致的。第三,在表 2-7 中采用 $d_k = 0.05$ mm 的仅 1986~1999 年艾山和利津两站。若与其他资料一样,采用 $d_k = 0.025$ mm,则

表 2-6　挟沙能力计算（冲刷时）

时期	站名	实测		平衡时挟沙能力		细颗粒挟沙能力			床沙冲起时的挟沙能力		总挟沙能力
		Q_{B_1} (m³/s)	S (kg/m³)	$\omega_c^{0.92}$	$S(\omega_c)$	S_1	$\omega_1^{0.92}$	$S^*(\omega_1)$	$\omega_1^{*0.92}$	$S^*(\omega_1^*)$	$S^*(\omega^*)$
1961～1964 年	花园口	2 266	13.9	0.003 00	31.6	8.52	0.000 197	481	0.012 9	6.59	15.0
1981～1985 年	花园口	2 031	17.7	0.003 00	29.0	10.9	0.000 197	442	0.012 9	6.05	16.8
2000～2003 年		748	5.81	0.003 00	13.0	3.56	0.000 197	198	0.012 9	2.71	6.22
1961～1964 年	高村	2 282	15.7	0.003 00	31.8	10.1	0.000 197	484	0.008 18	10.5	20.5
1981～1985 年	高村	1 901	18.3	0.003 00	27.5	11.2	0.000 197	419	0.008 18	9.04	20.0
2000～2003 年		661	8.75	0.003 00	11.7	5.36	0.000 197	178	0.008 18	3.85	9.10
1961～1964 年	艾山	2 482	18.7	0.003 00	34.4	40.4	0.000 197	524	0.008 18	11.3	21.4
1981～1985 年	艾山	1 883	20.6	0.003 00	27.0	12.6	0.000 197	411	0.008 18	8.88	21.2
2000～2003 年		580	11.2	0.003 00	9.76	9.49	0.000 770	38.0	0.008 18	3.21	11.9
1961～1964 年	利津	2 501	18.8	0.003 00	34.6	10.9	0.000 197	526	0.008 18	11.4	22.0
1981～1985 年	利津	1 739	22.4	0.003 00	25.2	13.7	0.000 197	384	0.008 18	8.29	25.6
2000～2003 年		442	14.2	0.003 00	7.63	12.0	0.000 770	29.7	0.008 18	3.67	14.2

表2-7　淤积及冲淤平衡时的挟沙能力计算结果　（$\omega_c^{0.92}=0.003\ 00$）

| 时期 | 站名 | 实测 | | | 淤积及冲淤平衡时挟沙能力 $S_c^*(\omega_c)$ | 细颗粒挟沙能力 | | | 挟沙能力计算 | | | 冲（-）淤（+）平衡（0） |
		输沙量（×10^8 t）	Q_{B_1}（m³/s）	S（kg/m³）		S_1	$\omega_1^{0.92}$	$S^*(\omega_1)$	$\omega_1^{*0.92}$	$S^*(\omega^*)$	$S^*(\omega^*)$	
1950~1960年	花园口	14.24	1 809	31.8	26.3						30.0	+
1966~1973年		13.82	1 605	32.7	23.4	20.0	0.000 197	329	0.006 98	9.21	28.6	+
1974~1983年		10.10	1 731	23.1	25.5						25.5	0
1986~1999年		6.83	1 025	24.7	16.7	15.1	0.000 197	265	0.006 98	6.44	21.2	+
1950~1960年	高村	12.96	1 828	29.7	26.6						30.3	+
1966~1973年		12.22	1 587	29.5	23.8	18.1	0.000 197	378	0.005 62	11.4	29.0	+
1974~1983年		9.40	1 622	23.1	24.2						24.2	0
1986~1999年		5.08	908	21.2	14.3	13.0	0.000 197	240	0.005 62	6.84	19.5	+
1950~1960年	艾山	11.90	1 901	26.6	27.2						27.2	0
1966~1973年		11.62	1 586	28.7	23.3						26.5	+
1974~1983年		8.92	1 606	23.1	23.5						23.5	0
1986~1999年		5.09	860	24.3	13.6	20.6	0.000 770	53.8	0.004 52	8.23	25.7	+
1950~1960年	利津	12.21	1 833	27.4	26.4						26.4	0
1966~1973年		10.66	1 550	27.4	22.8						25.9	+
1974~1983年		8.40	1 486	24.6	22.0						25.0	+
1986~1999年		3.98	706	26.4	11.5	22.4	0.000 770	44.8	0.005 04	6.14	25.5	-

艾山挟沙能力为 22.5 kg/m³,利津为 21.8 kg/m³,小于 $d_k = 0.025$ mm 分界粒径的相应值 25.7 kg/m³ 和 25.5 kg/m³。但是小的不太多。与相应的含沙量 24.3 kg/m³ 和 26.4 kg/m³ 相比,若按前述视为冲刷,则显然不合理。但是从艾山至利津沙量递减看,也可以视为引走低含沙水流后,干流含沙量加大,而呈现淤积。总之,取不同 d_k 值影响并不大。

表 2-8　不同方法计算的挟沙能力

站名	S (kg/m³)	S_c^* (kg/m³)	$\omega^{0.92}$ (m/s)	$S^*(\omega)$ (kg/m³)	根据悬沙与床沙交换计算的挟沙能力 $S^*(\omega^*)$(kg/m³)
花园口	24.7	16.7	0.002 82	17.8	21.2
高村	21.2	14.3	0.002 11	20.3	19.5
艾山	24.3	13.6	0.002 29	17.8	25.7
利津	26.4	11.5	0.001 99	15.9	25.5

图 2-5 为表 2-6、表 2-7 中计算的各时期花园口、利津、高村、艾山四站挟沙能力与实测含沙量的关系,从平均情况看,两者十分接近。这说明采用第一造床流量计算挟沙能力的方法是可靠的。

2.3.3.3　含沙量推算

为了进一步核对计算的挟沙能力,本书根据一些资料作了含沙量沿程变化计算。结果表明,按不平衡输沙公式计算含沙量,与实际含沙量符合更好。现以 1961~1964 年含沙量特别低的条件为例予以说明。计算分三个河段进行:花园口至高村,高村至艾山,艾山至利津。计算按不平衡输沙时含沙量公式[8]进行。

$$S = S^* + S_0 \sum P_{4.l.0} \mu_{1.l} - S_0^* \sum P_{4.l}^* \mu_{1.l} + S_0^* \sum P_{4.l.0}^* \mu_{2.l} - S^* \sum P_{4.l}^* \mu_{2.l}$$

$$(2\text{-}16)$$

其中

$$\mu_{1.l} = e^{-\beta_l}$$

$$\mu_{2.l} = \frac{1}{\beta_l}(1 - e^{-\beta_l})$$

$$\mu_l = e^{-\frac{\alpha \omega_l' x}{q}}$$

式中:S_0 为各河段进口含沙量;S_0^*、S^* 为进、出口断面挟沙能力;$P_{4.l.0}$ 为进口悬移质级配(取前述多年平均值);$P_{4.l.0}^*$、$P_{4.l}^*$ 为进、出口断面挟沙能力级配;α 为恢复饱和系数($\alpha = 0.01$);x 为河段长度;ω_l 为第 l 组粒径沉速。计算的各段含沙

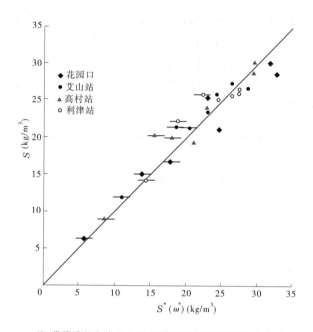

注:带横线的为冲刷点子,不带横线的为淤积平衡的点子

图 2-5　花园口、利津、高村、艾山挟沙能力实测与计算对比

量及有关参数如表 2-9 所示。

表 2-9　1961～1964 年平均含沙量沿程变化计算

河段	S_0 (kg/m³)	S_0^* (kg/m³)	S^* (kg/m³)	$\sum P_{4.l.0} \cdot \mu_{1.l}$	$\sum P_{4.l.0}^* \cdot \mu_{1.l}$	$\sum P_{4.l.0}^* \cdot \mu_{2.l}$	$\sum P_{4.l}^* \cdot \mu_{1.l}$	出口含沙量(kg/m³)	
								实际	计算
花一高	13.9	15.0	20.5	0.684	0.698	0.758	0.748	16.6	15.6
高一艾	16.6	20.5	21.4	0.693	0.674	0.755	0.768	16.9	18.2
艾一利	16.9	21.4	22.0	0.685	0.676	0.753	0.747	17.8	18.8

从表 2-9 可看出如下两点:第一,计算含沙量与实际平均含沙量符合很好,差值为 -6.0% ～ +7.7%,这应该是很高的精度了;第二,挟沙能力稍有偏大,说明尽管区分了冲刷与淤积的挟沙能力系数(淤积为 0.033,冲刷为 0.026,冲淤平衡为 0.029),但是冲刷的挟沙能力系数仍嫌偏大。综合分析后,可看出挟沙能力的多值性及其机制,这正是黄河泥沙多来多排特性的主要理论基础。

2.4 黄河下游第二造床流量研究

在本书第1章已结合黄河实际专门研究第二造床流量的成果[7,10]，首先分析了水流塑造横剖面的机理，指出冲积河道洪水期间的冲刷是塑造横剖面的关键因素，并用长江荆江段观音寺水文站洪水期横断面变化资料予以说明，进而提出了第二造床流量的概念，它是塑造河流横剖面的代表流量——第二造床流量。最后给出了确定第二造床流量的公式(1-45)。本节按照前述结果，利用黄河上两种挟沙能力公式，中国水利水电科学研究院与黄河水利科学研究院分别计算了黄河下游四个水文站历年的第二造床流量(两者差别很小)，作了进一步深入分析。平滩流量是第二造床流量的滞后累计表现，在整个径流量处于减少趋势条件下，平滩流量滞后于第二造床流量，故后者要小于前者。同时，5年前的平均第二造床流量与平滩流量关系密切。资料分析表明，最大5 d平均流量与第二造床流量关系密切，说明后者主要取决于洪峰，这也指出长达5~10 d的调水调沙平均流量就是第二造床流量。平滩流量与第二造床流量的差别往往通过冲淤来实行，据此由第二造床流量和冲淤量推出的数值与平滩流量也很相近。根据对平滩流量的要求，调水调沙可通过控制第二造床流量与冲淤来实现。

2.4.1 黄河下游主要测站第二造床流量计算

水流塑造横剖面的机制如本书1.5节所述。中国水利水电科学研究院利用黄河下游花园口、高村、艾山、利津四站历年资料计算分析了第二造床流量[7]，他们采用了黄河下游输沙能力经验公式[12,13]和历年花园口、高村、艾山、利津四站实测资料，计算了第一、第二造床流量，并作了分析。该输沙率公式为

$$Q_S^* = S^* Q = KQ^\alpha S_0^\beta P^\gamma \tag{2-17}$$

式中：Q_S^* 为悬移质输沙能力；Q 为（本站）流量；S_0 为上站含沙量；P 为 $d < 0.05$ mm 所占权重。其他系数和指数值见表2-10。

从表2-10 可以看出，虽然式(2-17)是经验公式，但相关系数很高。式(2-17)变为挟沙能力公式后，有

$$S^* = \kappa Q^{\alpha-1} S_0^\beta P^\gamma \tag{2-18}$$

黄河下游河道各时段的第一造床流量 Q_{B_1}、第二造床流量 Q_{B_2} 以及实际平滩流量计算成果见表2-11。

表 2-10　黄河下游汛期输沙公式系数和指数

站名	系数和指数				相关系数	资料组数
	K	α	β	γ		
花园口	1.434×10^{-3}	1.157 7	0.598 8	0.765 3	0.94	223
高村	5.487×10^{-4}	1.183 1	0.761 0	0	0.99	223
艾山	5.084×10^{-4}	1.117 5	0.916 8	0	0.99	223
利津	5.998×10^{-4}	1.089 0	0.962 1	0	0.99	223

表 2-11　黄河下游花园口、高村、艾山、利津四站造床流量

站名	年份	年水量 ($\times 10^8 \text{ m}^3$)	年沙量 ($\times 10^8 \text{ t}$)	年平均流量 (m^3/s)	年最大日平均流量 (m^3/s)	5 d 平均流量 (m^3/s)	第一造床流量 (m^3/s)	第二造床流量 (m^3/s)	平滩流量 (m^3/s)
花园口站	1950~1960	447.58	14.24	1 416	8 482	6 475	1 809	5 750	7 237
	1961~1964	606.78	8.41	1 922	6 323	5 247	2 266	4 616	7 798
	1965~1973	423.20	13.82	1 341	5 420	4 651	1 605	4 327	6 957
	1974~1980	437.96	10.10	1 388	7 086	5 742	1 731	5 252	5 828
	1981~1985	507.29	9.00	1 608	8 620	6 938	2 031	5 891	6 488
	1986~1999	276.26	6.83	875	4 339	3 114	1 025	3 374	3 963
	2000~2003	199.76	1.16	633	2 165	1 995	748	1 923	2 838
	1950~1959	472.23	15.07	1 494	8 953	6 834	1 897	5 977	7 282
	1960~1985	449.71	10.97	1 425	6 264	5 178	1 739	4 766	6 574
高村站	1950~1960	437.05	12.95	1 435	8 379	6 446	1 828	5 958	7 285
	1961~1964	606.60	10.06	1 922	6 368	5 349	2 282	5 253	7 564
	1965~1973	414.09	12.22	1 312	5 382	4 597	1 587	4 358	6 235
	1974~1980	406.31	9.40	1 287	6 480	5 515	1 622	5 164	5 686
	1981~1985	470.96	8.77	1 493	7 960	6 571	1 901	6 189	6 415
	1986~1999	239.23	5.08	758	3 561	2 859	908	3 143	3 620
	2000~2003	170.34	1.49	540	2 043	1 911	661	1 934	2 593
	1950~1959	465.52	13.78	1 530	8 766	6 796	1 929	6 202	7 322
	1960~1985	430.05	10.30	1 363	6 007	5 073	1 681	4 835	6 214

续表 2-11

站名	年份	年水量 (×10^8 m^3)	年沙量 (×10^8 t)	年平均流量 (m^3/s)	年最大日平均流量 (m^3/s)	5 d平均流量 (m^3/s)	第一造床流量 (m^3/s)	第二造床流量 (m^3/s)	平滩流量 (m^3/s)
艾山站	1950~1960	448.01	11.90	1 468	7 180	6 306	1 901	5 762	7 220
	1961~1964	643.83	10.90	2 039	6 493	5 872	2 482	5 047	8 096
	1965~1973	405.05	11.62	1 284	5 313	4 632	1 586	4 242	6 713
	1974~1980	385.90	8.92	1 223	5 670	5 237	1 606	5 004	5 905
	1981~1985	446.22	9.15	1 414	6 458	6 007	1 883	5 723	6 239
	1986~1999	209.47	5.09	664	3 307	2 721	860	2 953	3 835
	2000~2003	138.73	1.55	440	1 808	1 659	586	1 759	2 981
	1950~1959	481.91	12.80	1 580	7 544	6 681	2 025	6 121	7 220
	1960~1985	421.56	9.93	1 336	5 591	5 022	1 697	4 638	6 412
利津站	1950~1960	445.10	12.21	1 411	6 433	5 961	1 833	5 506	7 327
	1961~1964	649.62	11.58	2 058	6 218	5 898	2 501	5 127	
	1965~1973	388.65	10.66	1 232	5 126	4 571	1 550	4 408	6 443
	1974~1980	341.13	8.40	1 081	5 250	4 851	1 486	4 413	5 205
	1981~1985	393.86	8.81	1 248	5 906	5 570	1 739	5 135	5 775
	1986~1999	150.56	3.98	479	2 949	2 468	706	2 596	3 863
	2000~2003	82.43	1.17	261	1 634	1 552	442	1 535	2 857
	1950~1959	480.46	13.19	1 523	6 794	6 320	1 957	5 781	7 327
	1960~1985	395.44	9.44	1 253	5 262	4 820	1 630	4 457	5 736

表 2-11 中除第二造床流量外,还列有年水量、年沙量、年平均流量、第一造床流量、平滩流量、年最大日平均流量、5 d 平均流量等,以便了解和分析它们的关系。

黄河水利科学研究院泥沙所根据历年(1950~2006 年)资料对第二造床流量也进行了计算和分析,得到的第二造床流量见表 2-12[14]。他们采用的挟沙能力经验公式为

$$S^* = KQ^{0.8} \tag{2-19}$$

而

$$K = \frac{\sum\limits_{i=1}^{n} S_i Q_i}{\sum\limits_{i=1}^{n} Q_i^{1.8}}$$

(2-20)

即假定各时期的输沙总量是平衡的。这样可使该时期冲淤量平衡，以较好地显示洪水的冲刷作用。

　　由于两家采用的挟沙能力公式的差别，以及在确定第二造床流量时，若洪水阶段冲淤交替，往往使确定结果有一定波动，故从他们给出的第二造床流量看，彼此有一定差别，但出入不大。四站 36 个数据中超过 1 000 m³/s 的仅花园口站有 4 个，高村 1 个，其余相差均很小。一般都在确定造床流量精度范围之内。由此可见，上述确定第二造床流量方法是可行的，能符合其理论意义，并且对不同挟沙能力公式有相当的适应性。

表 2-12　黄河下游花园口、高村、艾山、利津四站第二造床流量（单位:m³/s）

年份	花园口	高村	艾山	利津
1950 ~ 1960	6 762	6 647	6 152	5 681
1961 ~ 1964	4 597	6 230	5 912	5 850
1965 ~ 1973	4 399	3 902	4 142	4 440
1974 ~ 1980	4 308	4 153	4 125	3 664
1981 ~ 1985	5 890	4 989	5 330	5 232
1986 ~ 1999	3 538	2 920	2 514	2 383
2000 ~ 2003	1 777	1 808	1 617	1 528
2004 ~ 2006	3 268	3 010	3 122	2 852
1950 ~ 1959	7 244	6 887	6 440	5 681
1960 ~ 1985	4 890	4 573	4 574	4 394

2.4.2　第二造床流量的意义及其作用

　　第二造床流量既然能反映水流的造床作用，它应该是泥沙输移和河床演变中的一个重要参量，能够与来水来沙的特性有多方面的联系，并有相应的作用。

2.4.2.1　第二造床流量与最大 5 d 日平均流量的关系

　　在图 2-6 ~ 图 2-9 中利用 1960 ~ 2003 年资料，点绘了花园口、高村、艾山、利津连续最大 5 d 日平均流量与第二造床流量的关系。由图 2-6 ~ 图 2-9，可见关系颇为密切，相关系数 r 均达 0.951 以上。特点是在最大 5 d 日平均流量为

4 000 m³/s 左右时,它基本上等于第二造床流量。可见,我们确定第二造床流量确实能突出地反映洪峰的造床作用。

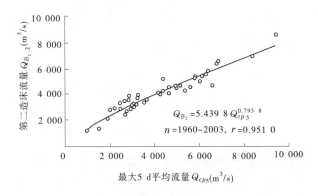

图 2-6　花园口水文站的第二造床流量与最大 5 d 平均流量关系

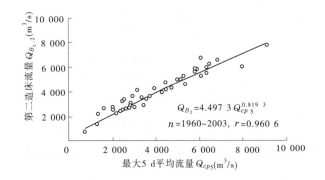

图 2-7　高村水文站的第二造床流量与最大 5 d 平均流量关系

2.4.2.2　第二造床流量与平滩流量的关系

在图 2-10 ~ 图 2-13 中利用 1960 ~ 2003 年点绘了前 5 年第二造床流量 Q_{B_2} 与平滩流量 Q_{PT} 的关系。这是因为平滩流量是第二造床流量的滞后表现。从中看出彼此存在着相关系数,除花园口为 $R = 0.774$ 外,其余三站由上至下,分别为 $R = 0.865$、0.854、0.916。这说明前期的第二造床流量确实能反映横剖面的塑造,包括平滩流量和相应的面积。由图可见,两者并不完全相等,普遍是平滩流量大于第二造床流量。其原因尚待进一步分析。但是所用的 1960 ~ 2003 年水文系列,随着径流量明显减小的趋势,第二造床流量与平滩流量也是减少的。当淤积跟不上时,平滩流量的减少就会较慢,而出现这个现象。

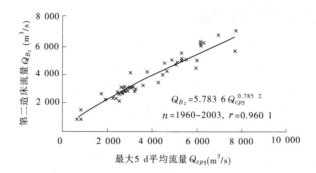

图 2-8　艾山水文站的第二造床流量与最大 5 d 平均流量关系

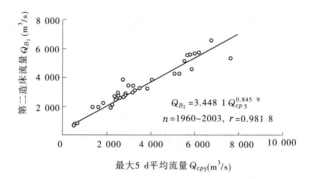

图 2-9　利津水文站的第二造床流量与最大 5 d 平均流量关系

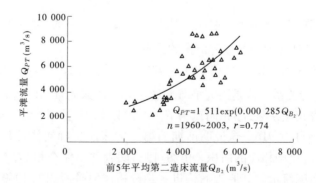

图 2-10　花园口水文站的平滩流量与前 5 年平均第二造床流量关系

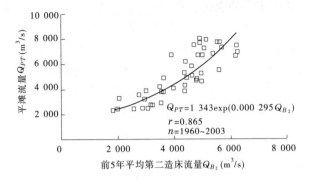

图 2-11　高村水文站的平滩流量与前 5 年平均第二造床流量关系

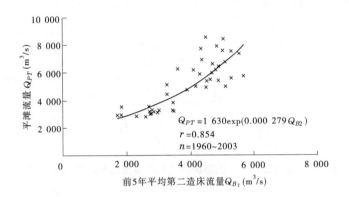

图 2-12　艾山水文站的平滩流量与前 5 年平均第二造床流量关系

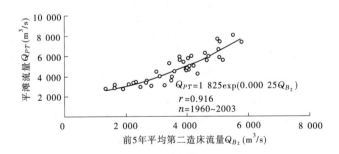

图 2-13　利津水文站的平滩流量与前 5 年平均第二造床流量关系

2.4.2.3　第二造床流量的变化过程

图 2-14 ~ 图 2-17 给出了花园口等四站第一、第二造床流量等过程线。从中看出第一造床流量与年平均流量的一致性,这是显然的。而第二造床流量与年最大流量的过程及起伏很一致,只是峰值没有最大流量大。第二造床流量一般小于平滩流量。平滩流量一般在第二造床流量与年最大流量之间;但是当第二造床流量减小时,平滩流量不仅大于第二造床流量,甚至还大于年最大流量。后者表明,造床流量虽然从几何上反映了平衡条件下的河床形态,但是它大于第二

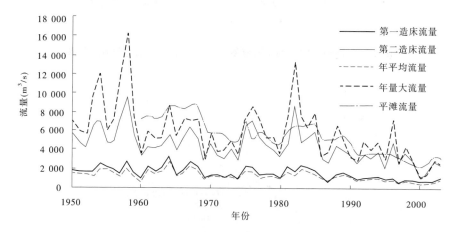

图 2-14　花园口水文站的造床流量和平滩流量及年特征流量过程线

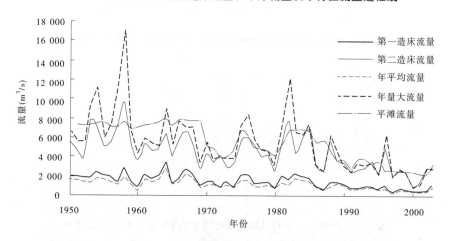

图 2-15　高村水文站的造床流量和平滩流量及年特征流量过程线

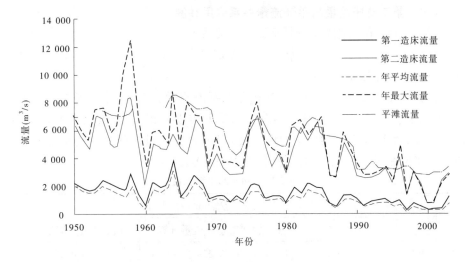

图 2-16　艾山水文站的造床流量和平滩流量及年特征流量过程线

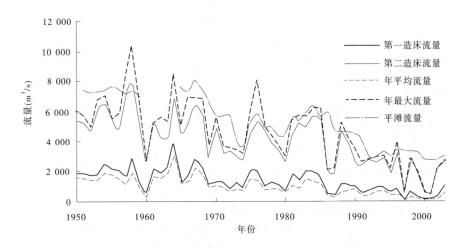

图 2-17　利津水文站的造床流量和平滩流量及年特征流量过程线

造床流量,以至大于年最大日平均流量的事实则是由于不平衡引起的。正如前面所说的径流量及第二造床流量减小后,淤积跟不上。此时,平滩流量仍然代表以前大水时形成的平滩流量。当然,由于确定平滩流量的方法难以准确,有的值还难以较好地反映河流塑造横剖面的作用也是另一原因。

2.4.2.4 第二造床流量与平滩流量关系应用举例

例如,利津第二造床流量与平滩流量关系为

$$Q_{PT} = 1\ 825 \mathrm{e}^{0.000\ 25 Q_{B_2}} \qquad (2\text{-}21)$$

式中:Q_{PT} 为平滩流量,m^3/s。

按式(2-21)及利津的第二造床流量与平滩流量关系式,计算了它的平滩流量,列入了表2-13。从表2-13可以看出,除两点误差稍大外,其余误差均较小。不仅如此,表2-13中还列出了由该站最大5 d最大流量推算第二造床流量后再推算的平滩流量。除上述两点外,其他误差也较小。

表2-13 利津的平滩流量

年份	Q_{PT} (m^3/s)		
	实测	由第二造床流量推算	由5 d最大流量推算
1950 ~ 1960	7 327	7 229	7 011
1961 ~ 1964			
1965 ~ 1973	6 443	5 494	5 439
1974 ~ 1980	5 205	5 500	5 654
1981 ~ 1985	5 775	6 588	6 505
1986 ~ 1999	3 863	3 492	3 455
2000 ~ 2003	2 857	2 679	2 809
1950 ~ 1959	7 327	7 743	7 507
1960 ~ 1985	5 736	5 561	6 128

2.4.2.5 调水调沙期间的第二造床流量

如前所述,一年内最大一次洪峰中5 d最大流量的平均值就相当于第二造床流量,因此并不总是需要知道整个流量过程去计算第二造床流量,而可以根据制造短期的洪峰来近似地确定它,而不涉及全年流量分布,这正反映了第二造床流量由洪峰决定的经验。考虑到干流流量起涨的传播,若一次调水调沙在8 ~ 10 d以上,其中的5 d最大平均流量应能代表(推算出)其第二造床流量。

2.4.3 平滩流量

平滩流量是在第二造床流量作用下,对横断面作用的反映,即滩面以下的断面形态和大小。可见,平滩流量是第二造床流量作用的痕迹,是它的滞后表现。综合起来,平滩流量与第二造床流量的关系有如下几点:第一,平滩流量是第二造床流量的滞后表现,这从图 2-10、图 2-11 中平滩流量与前 5 年平均第二造床流量存在较好的关系可看出;第二,在所研究阶段,由于水量的减小趋势,因此平滩流量多大于第二造床流量,当来水洪峰小时无法漫滩,此时的平滩面积是以前的大洪峰造成的,这样就使同期第二造床流量小于平滩流量,也进一步反映了平滩流量适应造床流量的滞后表现;第三,平滩流量追赶造床流量,是靠冲淤来实现的。现以表 2-14 的资料由第二造床流量估算了平滩流量。表 2-14 中实测资料引自文献[15]。估算时有关参数为:洪峰平均流速 $V = 2.00$ m/s,主槽平均宽度取 800 m,滩面平均宽度取 1 600 m,全下游河长取 900 km,淤积物干容重取 1.35 t/m³。同时,还考虑滩槽冲淤引起滩槽差的变化对平滩流量的影响。设主槽滩槽差为

$$\delta = \delta_2 - \delta_1 \tag{2-22}$$

其中 δ_2 为滩面冲淤厚度,δ_1 为主槽淤积厚度。淤积为正,冲刷为负。而主槽过水面积变化为 $\delta \times 800$ m,相应的平滩流量按下式估算

$$Q'_{PT} = Q_{B_2} + 800 \times \delta \times 2.0 = Q_{B_2} + 1\ 600\delta\ (\text{m}^3/\text{s})$$

其中 Q_{B_2} 为开始时的第二造床流量,当时段小于 1~3 年即为上一时段第二造床流量;如果时段等于和大于 5 年,则为本时段的造床流量。计算结果见表 2-14。可见,计算的平滩流量与实际的平滩流量相比除一个时段差别大外,其余均基本符合。作为平滩流量的精度,已能满足。其中:误差大的 1964~1973 年计算值,主要与滩槽淤积量分布不尽合理有关;对于 2000~2006 年的资料,考虑调水调沙开始,第二造床流量约为 1 847 m³/s,则到目前为止,表中估计冲刷可使平滩流量达 4 023 m³/s,这与实际的 3 800 m³/s 基本符合。此外,1960 年至 1964 年12 月上旬冲刷量实际是滩边崩塌量,故不考虑其对滩槽差的影响。

从上述结果可以看出,在平滩流量增加的过程中,洪峰流量的大小就决定了第二造床流量。因此,如无 4 000 m³/s 流量的洪峰(不小于 5 d),就不可能有 4 000 m³/s 的第二造床流量。此时,要维持更大的平滩流量就必须依靠冲刷。当然,仅靠冲刷会受时间限制,很难长期维持。根据目前实际条件,在一定时间内,通过调水调沙维持 4 000 m³/s 的平滩流量是可能的。

表 2-14　平滩流量与冲淤及造床流量对比

时间	年水量 ($\times 10^8$ m^3)	年沙量 ($\times 10^8$ t)	河道年冲淤量 ($\times 10^8$ t)		平滩流量 (m^3/s)	第二造床流量 (m^3/s)	滩槽年冲淤厚度 (m)		时段内主槽冲淤后的参数			估算的平滩流量 (m^3/s)
			全断面	主槽			滩面	主槽	滩槽差变化 (m)	主槽面积增减 (m^2)	平滩流量变化 (m^3/s)	
1950-07 ~ 1960-06	480	17.95	3.61	0.82	6 000 ~ 7 252	5 860	+0.144	+0.084	+0.600	+480	+960	6 820
1960-11 ~ 1964-10	573	6.03	-5.78	(-3.12)	7 830 ~ 8 500	5 150		-0.321	+1.284	+1 027	+2 054	7 204
1964-11 ~ 1973-10	426	16.3	4.39	2.94	3 400 ~ 6 835	4 300	+0.226	+0.302	-0.684	-547	-1 094	3 206
1973-11 ~ 1980-10	395	12.4	1.81	0.02	5 000 ~ 5 866	4 461	+0.092	-0.002	+0.630	+504	+1 008	5 469
1980-10 ~ 1985-10	482	9.7	-0.97	-1.26	6 327 ~ 6 500	5 956	-0.049 9	-0.130	+0.400	+320	+640	6 596
1986 ~ 1999	224					3 048						
2000 ~ 2006	155*			-2.21	1 847			-0.226	+1.36	+1 088	+2 176	4 023

2.5 挟沙能力多值性机理及黄河 下游多来多排特性分析

本节反映了我们在文献[16]中的研究成果。该成果用大量实测资料表达了黄河下游多来多排的输沙特性,给出了数量范围,进而证实了多来多排是挟沙能力多值性的表现,并分析了多值性的定量结果。在采用挟沙能力多值性调整挟沙能力系数后,各种资料不同冲淤条件下挟沙能力的计算结果与实测值更为符合,相对误差均为5%～9%。分析了多来多排的机理后认为临界速度的非单值性是挟沙能力多值性深层的原因;从宏观上看,冲淤弱平衡是造成挟沙能力多值性的主要原因。最后论证了多来多排输沙特性是如何在调水调沙中应用的。

2.5.1 多来多排现象

黄河下游河道泥沙多来多排的现象非常明显和突出。表2-15对文献[4]给出的1960～1996年统计资料进行了加工。表2-15中先按含沙量大小分了三个级别,在每级含沙量中,再按流量分级对36年资料进行平均。这些数据有很好的代表性。含沙量三个级别为 $S < 20 \text{ kg/m}^3$、$20 \sim 80 \text{ kg/m}^3$ 和 $> 80 \text{ kg/m}^3$;为了叙述方便,分别称为"低含沙量"、"中等含沙量"和"高含沙量"。从表2-15可看出如下特点。第一,从"低含沙量"水流与"高含沙量"水流对比看,多来多排是非常突出的。对于"低含沙量"水流,当流量为 $1\,000 \sim 4\,000 \text{ m}^3/\text{s}$ 时,花园口含沙量不超过 18 kg/m^3,利津含沙量不超过 27.3 kg/m^3。而在同样流量范围内,当来水为"高含沙量"时,花园口含沙量为 $71.7 \sim 93.8 \text{ kg/m}^3$,利津含沙量(除 $1\,000 \sim 1\,500 \text{ m}^3/\text{s}$ 外)为 $60.6 \sim 79.7 \text{ kg/m}^3$。这样,花园口"高含沙量"较之"低含沙量"约大6倍,利津排出的"高含沙量"较之"低含沙量"约大3倍。而从全部流量平均看,也是这个比例。这表明多来多排是非常突出的。第二,"低含沙量"水流与"中等含沙量"水流相比,在流量相同条件下的各级流量($1\,000 \sim 4\,000 \text{ m}^3/\text{s}$),花园口含沙量要小50%以上。而到利津仍然小50%～40%。第三,"高含沙量"水流与"中等含沙量"水流相比,在流量相同条件下,"高含沙量"水流花园口含沙量为"中等含沙量"水流的2倍以上,到达利津后则为 $1.55 \sim 2.00$ 倍。第四,前面只叙述了花园口和利津两站,其他站(如高村与艾山)也是类似的情况。

表2-15　不同冲淤条件下含沙量与挟沙能力对比

含沙量范围(kg/m³)	资料平均的天数(d)	流量范围(m³/s)	花园口			高村			艾山			利津			冲淤估计
			Q	S	S*	Q	S	S*	Q	S	S*	Q	S	S*	
<20	273	1 000~1 500	1 278	14.8	15.0	1 204	16.1	15.7	1 160	14.7	15.7	1 013	12.9	15.4	平衡
	220	1 500~2 000	1 763	15.4	23.2	1 712	19.1	22.7	1 735	17.8	21.6	1 621	17.0	22.9	冲
	102	2 000~2 500	2 420	11.9	31.9	2 347	18.4	27.1	2 534	20.0	40.4	2 470	21.8	47.8	冲
	76	2 500~3 000	2 791	17.9	53.5	2 819	22.8	41.0	3 033	24.8	62.7	3 021	27.3	54.6	冲
	103	3 000~4 000	3 542	15.0	41.6	3 516	19.9	55.6	3 589	21.1	42.5	3 552	22.3	60.2	冲
	774	全部流量	2 567	16.0	34.3	2 542	21.3	32.2	2 660	21.2	37.0	2 570	22.5	35.0	冲
20~80	230	1 000~1 500	1 350	28.6	23.3	1 227	27.8	23.8	1 200	26.5	20.3	1 123	25.4	23.7	冲淤
	440	1 500~2 000	1 765	36.1	30.5	1 640	31.5	28.7	1 609	32.9	26.2	1 473	34.5	28.7	淤
	290	2 000~2 500	2 302	33.4	31.1	2 001	32.6	31.5	2 191	31.9	32.9	2 116	33.9	33.0	平衡
	228	2 500~3 000	2 840	38.5	40.7	2 698	36.2	47.8	2 676	36.1	34.6	2 509	39.3	38.8	平衡
	26	3 000~4 000	3 315	32.4	42.8	3 367	34.3	44.4	3 369	35.5	41.8	3 208	39.2	41.5	平衡
	1 454	全部流量	2 490	34.4	33.5	2 373	34.4	38.9	2 353	34.5	32.3	2 335	36.8	33.9	平衡
>80	36	1 000~1 500	1 402	71.7	25.3	1 241	48.4	23.3	1 415	39.1	26.1	1 276	39.3	27.8	淤
	138	1 500~2 000	1 774	79.8	28.6	1 577	63.5	28.9	1 575	59.7	30.7	1 422	60.6	26.5	淤
	79	2 000~2 500	2 227	93.8	28.1	2 043	73.0	39.5	2 065	66.4	38.0	1 944	68.7	34.3	淤
	29	2 500~3 000	2 858	70.1	44.2	2 430	54.8	54.0	2 343	59.6	37.7	2 111	65.0	30.5	淤
	55	3 000~4 000	3 384	90.2	46.3	3 310	76.9	66.4	3 199	77.9	50.5	3 064	79.7	56.6	淤
	333	全部流量	2 343	86.1	35.0	2 171	69.8	41.5	2 173	67.0	38.3	2 035	69.7	35.1	淤

注:表中Q单位为m³/s;S、S*单位为kg/m³。

2.5.2 挟沙能力多值性分析

表 2-15 显示挟沙能力与含沙量的差别,不仅是黄河输沙多来多排的重要特性,而且强有力地揭示了挟沙能力的多值性。挟沙能力的多值性,不单是同流量下三种含沙量差别大,而且还在于挟沙能力与含沙量的差别大。只有在考虑沉速后,才能判别挟沙能力是否多值。例如,即使令水力因素相同,而含沙量差别大,但是含沙量与挟沙能力十分相近,则不能说明挟沙能力是多值的,因为其含沙量差别是由粒径粗细所引起的。挟沙能力多值性是非均匀沙输沙能力的重要特性。已有一些研究[16-19],由于不够深入和揭示机制不够,因此一直未能引起大多数泥沙研究者的重视。挟沙能力与含沙量的差别,在不平衡输沙规律中已经确认。表 2-15 中两个水文站之间距离为 174 ~ 270 km,沿程水力因素(流量等)变化并不大,含沙量变化也不大,因此应能恢复饱和,即含沙量应接近挟沙能力,但是除"中等含沙量"外,结果却均相反。这表明,并不是含沙量没有接近饱和(接近挟沙能力),而是表中的挟沙能力不符合实际。它是平衡条件下的结果,注意到式(2-1) ~ 式(2-3)挟沙能力公式可写成

$$S^* = \kappa \left(\frac{V^3}{gh\omega} \right)^{0.92} = K \frac{Q^m}{\omega^{0.92}} \tag{2-23}$$

式中:V 为平均流速;h 为平均水深;ω_1 为由悬移质级配计算的平均沉速;κ、K、m 为常数。对于黄河游荡型(河南)河段,$K = 0.000\ 189$,$m = 0.805$;对于弯曲型(山东)河段,$K = 0.000\ 113$,$m = 0.872$。与此相应的 $\dfrac{\kappa}{g^{0.92}} = 0.029$。但是,由于 $S^* = f(Q, \omega, K, m)$,分析资料时水力因素不涉及流速、水深,因此仅涉及流量是很方便的。

利用表 2-15 分析挟沙能力资料时,首先要确定是否是平衡输沙,包括是强平衡或弱平衡。也就是说,要消除不平衡输沙的影响。两个断面之间的不平衡输沙公式为

$$S = S^* + \sum \left(S_0 P_{4.l.0} - S_0^* P_{4.l.0}^* \right) e^{-\frac{\alpha \omega_l L}{q}} +$$

$$\sum \frac{q}{\alpha \omega_l L} \left(1 - e^{-\frac{\alpha \omega_l L}{q}} \right) \left(S_0^* P_{4.l.0}^* - S^* P_{4.l}^* \right) \tag{2-24}$$

式中:S_0、S 为进、出口断面的含沙量;S_0^*、S^* 为河段进、出口断面的挟沙能力;$P_{4.l.0}$ 为进口断面的含沙量级配;$P_{4.l.0}^*$、$P_{4.l}^*$ 为进、出口断面挟沙能力级配;ω_l 为第 l 组泥沙的沉速;α 为恢复饱和系数;q 为单宽流量。对于明显淤积、平衡,可以

用含沙量级配代替挟沙能力级配,此时有[8]

$$S = S^* + (S_0 - S_0^*) \sum P_{4.l.0}\mu_{1.l} + \sum (S_0^* P_{4.l.0} - S^* P_{4.l})\mu_{2.l} \quad (2\text{-}25)$$

其中
$$\mu_{1.l} = e^{-\frac{\alpha\omega_l L}{q}}$$

$$\mu_{2.l} = \frac{q}{\alpha\omega_l L}(1 - e^{-\frac{\alpha\omega_l L}{q}})$$

而对于明显冲刷,也可以近似用 $P_{4.l}$ 代替 $P_{4.l}^*$。这样不论明显淤积、强平衡和明显冲刷,均可用式(2-25)进行分析,按照表 2-15 及相应的级配 $P_{4.l}$,则待求的就是挟沙能力公式(2-23)中的 K。利用实测资料试算挟沙能力时,可将式(2-25)改写成

$$S = S_0 \sum P_{4.l.0}\mu_{1.l} + [S^* - S_0^* \sum P_{4.l.0}\mu_{1.l} + \sum (S_0^* P_{4.l.0} - S^* P_{4.l})\mu_{2.l}]$$

$$(2\text{-}26)$$

式中除 $S_0 \sum P_{4.l.0}\mu_{1.l}$ 与挟沙能力系数 K 无关外,方括号中的各项均与 S_0^*、S^* 成正比,也就是与 K 成正比。由式(2-26)得

$$\Delta K = (S - S_0 \sum P_{4.l.0}\mu_{1.l})[S^* - S_0^* \sum P_{4.l.0}\mu_{1.l} + \sum (S_0^* P_{4.l.0} - S^* P_{4.l})\mu_{2.l}]^{-1}$$

$$(2\text{-}27)$$

可见,若按式(2-26)计算的下站含沙量与实测的相等,则 $\Delta K = 1$,此时表示挟沙能力系数选择正确,反之挟沙能力系数需要修正。即公式(2-23)应修正为

$$S^* = \Delta K\kappa\left(\frac{V^3}{gh\omega}\right)^{0.92} = \Delta K K \frac{Q^m}{\omega^{0.92}} \quad (2\text{-}28)$$

从理论上可以肯定[1,19],当淤积时,$\Delta K > 1$,挟沙能力应加大;冲刷时挟沙能力应减小,$\Delta K < 1$。按照式(2-27)分析实际资料时,除恢复饱和系数需要确定外,其余数据均是实测的。现在的问题是如何确定,这只涉及不平衡输沙作用的影响,特别是恢复饱和系数 α 的影响。为了使分析结果可靠,我们选择两种情况:一种是取众多研究者对黄河采用恢复饱和系数中最小的 $\alpha = 0.01$,它考虑不平衡输沙影响份量偏多,使 K 的变幅即挟沙能力修正值偏小;另一种采用理论上的结果进行,使 ΔK 较为适中。

取 $\alpha = 0.01$ 的分析结果见表 2-16。表中共列出了冲、淤及平衡 3 种资料各 9 个,每次均按 3 个河段即花园口至高村、高村至艾山、艾山至利津进行。在该表中除列出有关原始资料外,还着重给出了 $\Delta K = 1$ 时计算的含沙量、计算和实测含沙量相等时的 ΔK、按冲淤平衡不同情况调整后计算的挟沙能力和含沙量及其误差。从表2-16中可看出如下几点。第一,对于淤积的9个(段)资料,按

表 2-16 计算含沙量

| S、Q 的范围 | 河段 | 实测 | | S_0^* (kg/m³) | S^* (kg/m³) | S ($\Delta K=1$) (kg/m³) | 实测与计算相等时的 ΔK | 调整后 | | 冲淤情况 |
		S_0 (kg/m³)	S (kg/m³)					ΔK	S (kg/m³)	
20 kg/m³≤ S≤80 kg/m³ 全部 Q 平均	花—高	34.4	34.4	33.5	38.9	34.6	0.98	1.00	34.6	平衡
	高—艾	34.4	34.5	38.9	32.3	34.9	0.95	1.00	34.9	平衡
	艾—利	34.5	36.9	32.3	33.9	33.7	1.29	1.00	33.7	平衡
S≤20 kg/m³ 2 000 m³/s < Q≤2 500 m³/s	花—高	11.9	18.4	31.9	27.1	21.7	0.76	0.75	19.4	冲
	高—艾	18.4	20.0	27.1	40.0	27.2	0.81	0.75	19.4	冲
	艾—利	20.0	21.8	44.4	47.6	25.9	0.66	0.75	22.9	冲
S<20 kg/m³ 3 000 m³/s < Q≤4 000 m³/s	花—高	15.0	19.9	41.6	55.6	22.9	0.75	0.75	19.9	冲
	高—艾	19.9	21.1	55.6	42.5	27.9	0.45	0.75	24.8	冲
	艾—利	21.1	22.3	42.5	60.2	27.9	0.58	0.75	24.6	冲
20 kg/m³≤S ≤80 kg/m³ 3 000 m³/s < Q<4 000 m³/s	花—高	32.4	34.3	42.8	44.4	35.2	0.93	0.75	37.2	冲
	高—艾	34.3	35.5	44.4	41.8	37.2	0.86	0.75	34.2	冲
	艾—利	35.5	39.2	41.8	41.5	37.2	1.17	0.75	34.0	冲
S>80 kg/m³ 3 000 m³/s < Q≤4 000 m³/s	花—高	90.2	76.9	46.8	66.4	79.7	0.785	1.25	82.9	淤
	高—艾	76.9	77.9	66.4	50.5	74.0	1.295	1.25	77.3	淤
	艾—利	77.9	79.7	50.5	56.0	70.5	1.710	1.25	73.7	淤
S≥80 kg/m³ 1 000 m³/s < Q≤1 500 m³/s	花—高	71.7	48.4	25.3	23.3	58.2	0	1.25	60.6	淤
	高—艾	48.4	39.1	28.3	26.1	41.4	0.69	1.25	43.3	淤
	艾—利	39.1	39.3	26.1	27.8	35.1	1.52	1.25	37.1	淤
S≥80 kg/m³ 全部 Q 平均	花—高	86.1	69.8	35.0	41.5	71.2	0.87	1.25	73.7	淤
	高—艾	69.8	67.0	41.5	38.3	62.4	1.43	1.25	65.0	淤
	艾—利	67.0	69.7	38.3	35.1	58.1	1.30	1.25	60.8	淤

续表 2-16

| S、Q 的范围 | 河段 | 实测 | | S_0^* (kg/m³) | S^* (kg/m³) | S ($\Delta K=1$) (kg/m³) | 实测与计算相等时的 ΔK | 调整后 | | 冲淤情况 |
		S_0 (kg/m³)	S (kg/m³)					ΔK	S (kg/m³)	
$20\ \text{kg/m}^3 \leqslant S$ $\leqslant 80\ \text{kg/m}^3$ $2\,000\ \text{m}^3/\text{s} <$ $Q < 2\,500\ \text{m}^3/\text{s}$	花—高	33.4	32.6	31.1	31.5	32.3	0.93	1.00	32.3	平衡
	高—艾	32.6	31.9	31.5	32.9	32.6	0.93	1.00	32.6	平衡
	艾—利	31.9	33.9	32.9	33.0	32.1	1.17	1.00	32.1	平衡
$20\ \text{kg/m}^3 \leqslant S$ $\leqslant 80\ \text{kg/m}^3$ $2\,500\ \text{m}^3/\text{s} <$ $Q < 3\,000\ \text{m}^3/\text{s}$	花—高	38.5	36.2	40.7	47.7	39.2	0.75	1.00	39.2	平衡
	高—艾	36.2	36.1	47.8	34.6	38.7	0.77	1.00	38.7	平衡
	艾—利	36.1	39.3	34.6	38.8	35.5	1.33	1.00	35.5	平衡

式(2-27)求出的 ΔK 的平均值为 1.30；平衡时 9 个资料 ΔK 的平均值为 1.008；冲刷时 9 个资料 ΔK 的平均值为 0.774。这不仅明显反映出挟沙能力的多值性，而且表达出淤积时挟沙能力应加大，冲刷时挟沙能力应减小。第二，考虑到资料的误差，可以使 ΔK 较简单，我们对淤积、平衡、冲刷 ΔK 分别采用 1.25、1、0.75 调整挟沙能力。据此计算出的含沙量亦列入表 2-16。从表 2-16 可以看出，调整后淤积、平衡、冲刷的 27 个资料中，计算的含沙量有 13 个更符合实际，9 个未变，5 个误差有所加大。这显然是实测资料存在误差或缺乏代表性所致。第三，27 个资料未调整时计算含沙量相对于实测含沙量的均方差为 14.2%，而按 ΔK 将挟沙能力调整后计算与实测含沙量相对误差为 8.8%。可见，调整后不仅精度有明显提高，而且对计算含沙量而言，相对误差在 10% 以下，已经是很好的了。

2.5.3　恢复饱和系数加大及考虑挟沙能力级配对挟沙能力的影响

前面已指出，恢复饱和系数的大小对据式(2-12)求出的 ΔK 有相当大的影响。前面取黄河下游采用的最小值，在一定程度上会导致不平衡输沙作用有所加大，挟沙能力的影响有所减小。根据文献[20]和文献[21]，黄河下游综合恢复饱和系数平均值约为 0.1，于是取 $\alpha=0.1$，计算的 ΔK 等见表 2-17。表 2-17 中的资料就是表 2-16 中 $S \geqslant 80\ \text{kg/m}^3$、$Q=1\,000 \sim 1\,500\ \text{m}^3/\text{s}$ 的资料。第一，当取 $\alpha=0.01$ 时，由于该资料为明显淤积，按式(2-27)求出的 ΔK 应大于 1，但是结果并不是如此,三段资料中,前二段 ΔK 分别为 0 和 0.69,仅第三段大于 1;这说明计算结果与理论判断有差距。是否由于 α 值太小? 相反,当 $\alpha = 0.1$ 时,三段的 ΔK 均大于 1,符合淤积规律,并且彼此相差很小。说明 $\alpha = 0.1$ 可能是较恰当的。第二,$\alpha = 0.1$ 时 ΔK 的平均值为 1.45。按此值重新调整挟沙能力,并计算了含沙量,列在"调整后"栏。此时,出口断面含沙量与实测含沙量十分接近,其相对均方差为 5.0%,但是若按 $\alpha = 0.01$,采用 $\Delta K = 1.25$ 调整,计算 S 的相对均方差则为 15.5%。两者精度差别很大。第三,从调整后的挟沙能力看,在花园口仍远低于实测含沙量,经沿途不断调整,到艾山至利津段时,挟沙能力为 $37.8 \sim 40.3 \ \mathrm{kg/m^3}$,已与实测含沙量 $39.1 \sim 39.3 \ \mathrm{kg/m^3}$ 十分接近,说明含沙量已恢复到饱和,符合河道输沙特性。第四,从 ΔK 的合理性看,$\alpha = 0.1$ 完全符合淤积的规律,不像 $\alpha = 0.01$ 时对现象有所扭曲。

表 2-17　α 对挟沙能力系数的影响

河段	调整后		实测		计算		$\alpha = 0.01$		$\alpha = 0.1$			
	S_0 (kg/m³)	S (kg/m³)	S_0^* (kg/m³)	S^* (kg/m³)	S (kg/m³)	ΔK	S (kg/m³)	ΔK	ΔK	S (kg/m³)	S_0^* (kg/m³)	S^* (kg/m³)
花—高	71.7	48.4	25.3	23.3	58.2	0	37.4	1.59	1.45	45.7	36.7	33.8
高—艾	48.4	39.1	23.3	26.1	41.45	0.69	34.0	1.32	1.45	41.2	33.8	37.8
艾—利	39.1	39.3	26.1	27.8	35.1	1.52	31.1	1.44	1.45	39.4	37.8	40.3

考虑挟沙能力级配后,挟沙能力系数的变化如何? 按文献[21]表 2-9 中采用挟沙能力级配求得的挟沙能力资料,经计算得到表 2-18 所列结果。表 2-18 中 α 仍取 0.01,表中"考虑床沙掀起部分挟沙能力系数减小"栏是表 2-9 的结果。该数据是床沙掀起的挟沙能力系数 K 取 0.026,即为平衡时挟沙能力系数 0.029 的 0.897 倍,或 $\Delta K = 0.897$。而表 2-18 中的"不考虑床沙掀起挟沙能力系数的减小,但是考虑 ΔK"是指对全部挟沙能力求 ΔK。为此,对挟沙能 S_0^*,S^* 重新作了计算。这个资料共有三段,它们是 1961 ~ 1964 年平均结果,是较典型的反映黄河下游冲刷时含沙量、挟沙能力的实际变化。从表 2-18 中看出如下几点:第一,尽管考虑了床沙掀起时挟沙能力系数的减小(减小 10.3%),但是还不足以消除挟沙能力系数多值性,其 ΔK 的平均值为 0.95;第二,在不考虑床沙掀起的挟沙能力系数减小时,$\Delta K = 0.89$,明显反映出冲刷时挟沙能力的减小;第三,当 $\Delta K = 0.89$ 时,调整挟沙能力后重新计算的含沙量相对于实测值的相对误差

为 $\sigma = 6.0\%$,而不调整时的相对误差为 $\sigma = 7.7\%$ 。

表 2-18　考虑挟沙能力级配后对 K 的影响

河段	实测		考虑床沙掀起部分挟沙能力系数减小				不考虑床沙掀起部分挟沙能力减小,但是考虑 ΔK				统一调整	
	S_0 (kg/m³)	S (kg/m³)	S_0^* (kg/m³)	S^* (kg/m³)	S (kg/m³)	ΔK	S_0^* (kg/m³)	S^* (kg/m³)	S (kg/m³)	ΔK	ΔK	S (kg/m³)
花—高	13.9	16.6	15.0	20.5	15.6	1.17	15.9	21.6	15.9	1.11	0.89	15.2
高—艾	16.6	16.9	20.5	21.4	18.2	0.81	21.6	22.8	18.5	0.76	0.89	17.8
艾—利	16.9	17.8	21.4	22.0	18.8	0.86	22.8	23.4	19.3	0.81	0.89	18.4

2.5.4　挟沙能力多值性机理

综上所述,不论何种情况冲淤,挟沙能力的差别和它的多值性都是客观存在的。需要指出的是,挟沙能力多值性有着深刻的理论基础和较复杂的机制。沙玉清根据临界流速(起动、扬动及止动临界流速)从概念上提出了相应的不淤、正常及不冲挟沙能力,共界定了 5 种冲淤性质[17]。但是在后来定量分析时,采用了经验的做法。侯晖昌同意沙玉清的观点[18]。曹汝轩等采用沙玉清的观点给出了挟沙能力关系,以点群分散的上、下包线来确定冲刷临界挟沙能力与淤积临界挟沙能力。她得到后者与前者之比为 2.5[19]。文献[22]认为:冲刷时泥沙由河床掀起,它不仅要满足悬浮条件,而且还要满足起悬条件。对于细颗粒,考虑薄膜水附加下压力及黏着力后起悬概率小于悬移概率,相应冲刷时的挟沙能力要小于平衡和淤积时的挟沙能力,并对挟沙能力多值性给出了初步定量结果,阐述了挟沙能力多值性的机理。

从宏观上看,冲淤的弱平衡是造成挟沙能力多值性的重要原因。对恒定渐变流条件下二维扩散方程沿水深积分后,可得到一维不平衡输沙方程[20,9]

$$\frac{\mathrm{d}s}{\mathrm{d}x} = -\frac{\omega}{q}(\tilde{\alpha}S - \alpha^* S^*) = -\frac{\tilde{\alpha}\omega}{q}\left(S - \frac{\alpha^*}{\tilde{\alpha}}S^*\right) = -\frac{\tilde{\alpha}\omega}{q}(S - S^{**}) \quad (2\text{-}29)$$

$$S^{**} = \frac{\alpha^*}{\tilde{\alpha}}S^* = \Delta K S^* \quad (2\text{-}30)$$

式中:$\tilde{\alpha}$ 为冲淤条件下的恢复饱和系数;α^* 为强平衡条件下的恢复饱和系数;S^{**} 为弱平衡挟沙能力,它与 S 之差决定了是否冲淤。

一般在数学模型中,计算冲淤时均只考虑一个恢复饱和系数,忽略了弱平衡与强平衡的差别,无法反映挟沙能力多值性机理。现在控制冲淤的应是弱平衡下的挟沙能力 S^{**}。由于 α^* 与 $\tilde{\alpha}$ 存在差别,因此挟沙能力必然是多值的。根据文献[9],淤积时 $\tilde{\alpha} < \alpha^*$,冲刷时 $\tilde{\alpha} > \alpha^*$,故淤积时,$\dfrac{\alpha^*}{\tilde{\alpha}} > 1$、$S^{**} > S^*$;冲刷时,$\dfrac{\alpha^*}{\tilde{\alpha}} < 1$、$S^{**} < S^*$。按照笔者最近的理论研究,$\alpha^*$ 取决于沉速与动力流速之比 $\dfrac{\omega}{u^*}$、泥沙粒径,而 $\tilde{\alpha}$ 除与这两者有关外,还与 $\dfrac{S}{S^*}$ 有关,而 $\dfrac{\alpha^*}{\tilde{\alpha}}$ 则只与 $\dfrac{\omega}{u^*}$ 及 $\dfrac{S}{S^*}$ 有关。在表 2-19 中列出了 $\dfrac{\alpha^*}{\tilde{\alpha}}$ 的部分计算成果[21]。

表 2-19　$\dfrac{\alpha^*}{\tilde{\alpha}}$ 值

$\dfrac{\omega}{u^*}$	$\dfrac{S}{S^*}$					
	0.3	0.5	0.8	1.0	1.166	3.456
0.001	0.665	0.830	0.953	1.000	1.003	1.003
0.01	0.652	0.823	0.950	1.000	1.003	1.030
0.1	0.536	0.747	0.926	1.000	1.030	1.217
1.0	0.439	0.646	0.880	1.000	1.046	1.474

可见,当 $\dfrac{S}{S^*} < 1$ 时,$\dfrac{\alpha^*}{\tilde{\alpha}}$ 确实小于1;当 $\dfrac{S}{S^*} > 1$ 时,$\dfrac{\alpha^*}{\tilde{\alpha}}$ 则大于1。如果对这四种情况下的 $\dfrac{\omega}{u^*}$ 进行算术平均,则当 $\dfrac{S}{S^*} = 0.5$ 时,$\dfrac{\alpha^*}{\tilde{\alpha}} = 0.76$;当 $\dfrac{S}{S^*} = 3.456$ 时,$\dfrac{\alpha^*}{\tilde{\alpha}} = 1.18$。即冲刷时 $\Delta K = 0.76$,淤积时 $\Delta K = 1.18$。这与前面据实测资料计算的冲刷时 $\Delta K = 0.75$,淤积时 $\Delta K = 1.30$,已经很接近了。这似乎说明挟沙能力多值性主要由 α^* 与 $\tilde{\alpha}$ 的差别形成的。当然,上面是对均匀沙的证明,对非均匀沙也存在类似的结论。

2.5.5　多来多排特性在调水调沙中的作用

表 2-20 统计了 1960～1996 年 360 场洪水(2 887 d)三种含沙量的部分资

料[15]。该资料不仅进一步表明多来多排现象,而且能回答它在调水调沙中应被如何利用。从表2-20可以看出如下几点:

第一,"高含沙量"水流,输沙能力大,出利津的含沙量高,同流量下较之"中等含沙量"要大几倍。但是,黄河下游河道输送高含沙特性是多来多排多淤,经过"高含沙量"输送,必然会产生淤积。当来水含沙量为109.4 kg/m³时,要淤积37.7%的泥沙(达29.53 × 10⁸ t)。按全部淤在黄河下游主槽计,平均淤积厚度约3.4 m。

表2-20　1960~1996年360场洪水的部分资料

洪峰水量 (× 10⁸ m³)		含沙量范围 (kg/m³)	平均流量 (m³/s)		输沙量 (万 t/a)		平均含沙量 (kg/m³)		统计天数 (d)	淤积百分数 λ	河床冲淤量 (× 10⁸ t)	引水分走及支流加入沙量 (× 10⁸ t)
三黑小	利津		三黑小	利津	三黑小	利津	三黑小	利津				
2 004	2 080	< 20	2 475	2 570	21.82	46.90	10.9	22.5	937	- 1.149	- 26.92	1.84
3 314	3 074	20 ~ 80	2 409	2 235	123.99	113.20	37.4	36.8	1 592	0.015	0.12	10.67
716	629	> 80	2 314	2 035	78.30	43.89	109.4	69.7	358	0.371	29.53	4.88
6 035	5 784	全部	2 419	2 319	224.11	203.99	37.1	35.3	2 887		2.73	17.39

利用"高含沙量"1 m³/s水流虽然可以输走69.7 kg/m³泥沙入海,但是要淤积39.7 kg/m³泥沙,若用"低含沙量"水流来冲刷,每1 m³水只能冲走11.6 kg/m³泥沙,则需要3.42 m³/s才能全部冲走。这表明,如考虑将"高含沙量"水流的淤积冲走,需要消耗更多的流量,并不有利。事实上,从出利津的泥沙总量看,所述例子共有泥沙69.7 + 3.42 × 22.5 = 146.65(kg),需要的水量为1 m³ + 3.42 m³ = 4.42 m³,而若按"中等含沙量"水流,则4.42 m³水可排走162.66 kg泥沙。可见,高含沙水流效果并不好。

第二,"低含沙量"洪水能造成河床冲刷,这在必须扩大主槽面积、增加平摊流量的条件下是不得不采用的。这正是近几年调水调沙取得效益的关键所在。然而从输沙入海看其效率是低的。从利津入海含沙量看,较之"中等含沙量"洪水,要低38.8%。若表2-20中"低含沙量"洪水按利津含沙量36.8 kg/m³计算,则排走46.9 × 10⁸ t泥沙,仅需水1 274 × 10⁸ m³,而不是2 080 × 10⁸ m³,可节省输沙用水806 × 10⁸ m³。需要说明的是,上述低含沙水流的资料并不完全是自然条件下的情况,包括了三门峡水库下泄清水和滞洪期间的资料。因此,低含沙水流除来源有一定影响外,主要与上游水库蓄水有关。可见,除加大平滩流量,刻意冲刷外,应从防洪减淤的总体效果来控制水库下泄含沙量。

第三,"中等含沙量"洪水使河床不冲不淤,实际输沙效果最好。从表 2-20 资料看,如全部洪水 $5\,784 \times 10^8\,\mathrm{m}^3$,均按利津的含沙量 $36.8\,\mathrm{kg/m}^3$ 计算,则可使利津输沙量达 $212.9 \times 10^8\,\mathrm{t}$,而此时来沙量不变,为 $224.4 \times 10^8 - 17.4 \times 10^8 = 206.7 \times 10^8(\mathrm{t})$,则河道不仅没有淤积 $2.73 \times 10^8\,\mathrm{t}$,反而冲刷 $6.2 \times 10^8\,\mathrm{t}$,同时利津沙量加大 $8.91 \times 10^8\,\mathrm{t}$。这说明"中等含沙量"为平衡输沙,所以效果最好。推而广之,只要有足够的洪峰,黄河下游输走全部来沙,不仅是可能的,而且有一定富余。事实上,如果在 $400 \times 10^8\,\mathrm{t}$ 水中,用 $300 \times 10^8\,\mathrm{t}$ 制造洪峰,即可排走 $11.04 \times 10^8\,\mathrm{t}$ 沙入海。

从上面分析可看出,为了使黄河下游河道有必需的平滩流量和减少淤积,应避免和减少"高含沙量"洪水,控制"低含沙量"洪水,增加"中等含沙量"洪水。为此要有一定的水库库容和最优的调水调沙方案才能实现。近期调水调沙实践已在这方面迈出了一大步。

2.6　小浪底水库淤积与下游河道冲刷的关系

本节根据作者的研究[23],从理论上证明了紧靠水库下游河道的排沙比与水库排沙比有密切的关系,并且几乎是单值的函数。利用三门峡水库 20 年的运用资料,建立了其排沙比与下游河道排沙比的关系。同时,用小浪底水库初期运用的 7 年资料进行了检验,证明是符合实际的,进而给出了不同来沙条件下,小浪底水库各种淤积情况下下游河道排沙比、冲刷数量、减淤比及减淤时间。下游河道排沙比与水库排沙比的关系表明,河道冲刷量与减淤量均存在极大值,这说明该关系表达机制的深刻。显然,这个关系对调水调沙是很重要的,可以立刻作出有效的选择。

2.6.1　下游河道排沙比与水库排沙比的关系

笔者曾经证明紧靠水库的下游河道排沙比与水库排沙比有密切关系,并且在一定条件下这种关系几乎是单值的函数。事实上对于水库排沙比 η_1 一般可写成

$$\eta_1 = \frac{S_1}{S_{1.0}} = f_1'(Q, S_{l.0}, P_{4.l.0}, V) = f_1[Q, S_{l.0}, P_{4.l.0}, \Delta H(\eta_1)] \quad (2\text{-}31)$$

式中:$S_{1.0}$、S_1 分别为进、出库含沙量;Q 为流量;$P_{4.l.0}$ 为进库泥沙级配;V 为水库库容;ΔH 为水库壅水高度,它决定了排沙比 η_1,或者反过来说也可将 ΔH 看成 η_1 的函数。另一方面,下游河道的排沙比 η_2 为

$$\eta_2 = \frac{S_2}{S_{2.0}} = f_2'(Q, S_{2.0}, P_{4.l}, P_{1.l}) = f_2[(Q, \eta_1 S_{1.0}, P_{4.l0}(\eta_1), P_{1.l0}(\eta_2)]$$
$$(2\text{-}32)$$

式中:$S_{2.0}$、S_2 为下游河道进、出的含沙量,$S_{2.0}$ 显然为水库出库含沙量 $S_1 = \eta_1 S_{1.0}$,下游河道进口泥沙级配 $P_{4.l}$ 也就是水库出库泥沙级配。$P_{4.l}$ 取决于水库进库泥沙级配 $P_{4.l.0}$ 及水库排沙比 $\eta_1(\eta_1 = 1 - \lambda_1)$[22] 或淤积百分数 λ_1。下游河道床沙级配 $P_{1.l}$ 在冲刷过程中也是变化的,它取决于初始床沙级配 $P_{1.l.0}$ 及下游河道冲刷百分数 $\lambda_2(\lambda_2 = 1 - \eta_2)$ 或其排沙比 η_2。这样,当 Q、$P_{4.l.0}$、$P_{1.l.0}$、$S_{1.0}$ 固定时,则有

$$\eta_2 = f(\eta_1) \quad (2\text{-}33)$$

当然,Q、$S_{1.0}$ 是变化的,但对于年平均或多年平均来说有一定的稳定性,且它们对式(2-33)作用小,故在一般条件下,只要河型没有大的变化,式(2-33)也能近似满足。实际上,若 $S_{1.0}$、$P_{4.l.0}$ 均是 Q 较稳定的函数,且 $P_{1.l.0}$ 不变,则式(2-31)和式(2-32)为

$$\eta_1 = f_1(Q) \quad (2\text{-}34)$$
$$\eta_2 = f_2(Q, \eta_1) \quad (2\text{-}35)$$

从而由式(2-34)得 $Q = f_1^{-1}(\eta_1)$,将其代入式(2-35)有

$$\eta_2 = f(\eta_1)$$

需要强调指出的是,式(2-33)的基本条件是入库沙量基本是饱和的,即 $S_{1.0}$ 接近 S_0^*,或者接近多年平均情况,否则有一定误差。

2.6.2 水库排沙比与下游河道排沙比关系及论证

黄河下游河道排沙与三门峡水库排沙关系见表 2-21。根据实测资料建立的三门峡水库排沙比与黄河下游排沙比的实测关系[22]为

$$\eta_2 = 0.743 \eta_1^{-0.833} \quad (2\text{-}36)$$

黄河下游河道排沙比与三门峡水库排沙比关系见图 2-18,从图 2-18 可以看出,$\eta_2 = f(\eta_1)$ 几乎是单值的。图 2-18 中所用的资料为三门峡水库 1960 年 9 月至

表 2-21　黄河下游河道排沙与三门峡水库排沙关系

| 水库运用阶段 | 时段 | 三门峡水库 | | | | 沙量(×10⁸ t) | 下游河道冲淤量(×10⁸ t) | | | 利津输沙量 | 下游河道排沙比(%) |
		进库沙量(×10⁸ t)	出库沙量(×10⁸ t)	水库淤积量(×10⁸ t)	排沙比(%)		艾山以上	艾山以下	全下游淤积量		
蓄水蓄水防洪拦沙 拦沙	1960-09-15~1962-03-19	16.46	1.12	15.3	6.8	1.36	-8.902	-0.854	-9.756	9.71	716
	1962-03-20~1964-10	51.18	20.61	30.57	40.2	21.94	-10.526	-2.83	-13.356	35.27	161
	1960-09-15~1964-10	67.64	21.73	45.91	32.1	23.3	-19.43	-3.68	-23.11	44.98	193
泄流能力 滞洪初步增建排沙进一步增建	1964-11~1966-06	7.20	13.25	-6.05	184	13.42	+5.58	+1.32	+6.90	6.38	47.6
	1966-07~1970-06	89.48	73.80	15.68	82.5	74.48	+10.79	+3.5	+14.24	56.39	80.9
	1970-07~1972-10	39.17	41.18	-2.01	105	41.52	+12.90	+1.74	+14.64	22.79	54.8
	1964-11~1973-12	153.05	146.34	6.71	95.4	147.94	+32.80	+6.29	+39.09	97.74	73.6
蓄清排浑	1974-01~1979-12	72.69	74.67	-1.38	101.9	77.05	14.32	0.36	14.68	62.37	80.9
建库后	1960-09~1979-12	293.38	242.14	51.24	82.5	248.29	27.69	+2.97	30.66	205.09	85.1
建库前	1950-07~1960-10	172.5	170.0	2.5	98.5	179.5	43.9	-5.2	+38.7	132.2	78.4

1979年实测数据,包括蓄水、滞洪排沙、泄流能力改建阶段及蓄清排浑各种运用方式,此外还包括蓄水前天然状态。

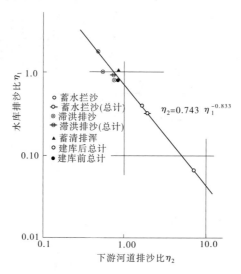

图 2-18　黄河下游河道排沙比与三门峡水库排沙比关系

表 2-22 为数学模型计算的三峡水库淤积过程中,下游河道排沙比 η_2 与水库排沙比 η_1 的关系[24]。长江下游河道较为复杂,长 1 100 多 km,数学模型计算的出口站在大通,其间有三口分沙入洞庭湖,湖南四水、汉江、江西五河也有来沙。近似计算时,这些进、出沙量大体上能抵消,即大通沙量等于三门峡水库出库沙量加河道冲刷量。该组数据符合下式

$$\eta_2 = 0.94\eta_1^{-0.35} \tag{2-37}$$

并且曲线的型式与式(2-36)也相同。在表 2-22 中给出了用数学模型详细计算的水库排沙比[24]与式(2-37)计算的下游河道排沙比 η_2,可见彼此符合很好。不仅如此,由式(2-37)按式(2-38)计算的各时期下游河道冲刷量与数学模型计算的也符合很好,除 1961 ~ 1970 年误差较大外,一般均在 10% 以下。

$$\Delta W = Q_{s.2} - Q_{s.2.0} = \eta_2 Q_{s.2.0} - Q_{s.2.0} = (\eta_2 - 1)Q_{s.2.0} \tag{2-38}$$

其中 Q_s 为输沙量。由式(2-38)推算的 11 ~ 100 年下游河道总冲刷量彼此也十分吻合,误差不到 - 2.7%。这是式(2-36)在一定条件下几乎是单值的旁证。

表2-22　式(2-37)及式(2-38)计算结果与数学模型的比较

时期 (年)	数学模型计算结果				式(2-36) 计算排沙比 η_2	式(2-37)计算 下游河道 冲刷量 ΔW ($\times 10^8$ t)
	出库沙量 ($\times 10^8$ t)	水库排沙比 η_1	下游河道 冲刷量 ΔW($\times 10^8$ t)	下游河道 排沙比 η_2		
1～10				1.63		
11～20	16.98	0.328	6.04	1.36	1.39	6.62
21～30	18.74	0.362	6.06	1.32	1.34	6.37
31～40	21.49	0.416	5.99	1.28	1.28	6.01
41～50	26.06	0.504	5.21	1.20	1.19	4.95
51～60	33.45	0.647	3.41	1.10	1.09	3.01
61～70	40.12	0.775	2.07	1.06	1.03	1.20
71～80	43.35	0.838	0.04	1.00	1.00	0
81～90	44.93	0.869	-1.42	0.968	0.987	-1.44
91～100	46.06	0.890	-1.65	0.964	0.979	-1.66
11～100	291.18		25.75			25.06

2.6.3　小浪底水库排沙比与下游河道排沙比关系的检验

表2-23列出了有关小浪底水库淤积与冲刷的资料。其中资料1为2006年涂启华对"对小浪底水库运用的建议与研究意见"[25]、资料2为国际泥沙培训中心编印的2007年第一期"泥沙信息参阅"[26]、资料3为黄河水利委员会《小浪底拦沙初期运用分析评估报告》[15]。表中列出了在小浪底运用期间水库实测总排沙比 η_1 及下游河道排沙比 η_2 和有关参数。同时,表中也按三门峡水库单独运用期间 η_2 与 η_1 的关系式(2-36)计算了 η_2 及下游河道冲刷量。可见,从验证下游河道排沙比来看,资料1和资料2计算的 η_2 与实测值符合较好,资料1实测与计算的 η_2 分别为3.59、3.44,相对误差为 -4.2%;资料2相对误差为 -4.5%;资料3误差稍大,为 -12.1%。这种精度对一般泥沙分析已经足够。当然,从这三个资料综合看,或者从权威的资料3看,按式(2-36)计算的河道排沙比 η_2 及冲刷量略为偏小。

若认为表 2-23 中三项资料均有一定的误差,则将它们平均(按 6 年、6 年、7 年加权)后,得到的 η_1、η_2 也列入表 2-23。可见,此时实测的 $\eta_2 = 3.66$,而由式(2-36)计算的 $\eta_2 = 3.42$,两者的相对误差为 -6.58%,表明式(2-36)是可以接受的。

表 2-23　小浪底水库排沙比与下游河道排沙比的关系验证

| 资料编号 | 时期 | 实测水库淤积 | | | 下游河道冲刷情况 | | | | 计算下游河道 | |
		入库沙量 (×10⁸ t)	出库沙量 (×10⁸ t)	排沙比 η_1	进入下游河道沙量 (×10⁸ t)	冲淤量 W (×10⁸ t)	利津沙量 (×10⁸ t)	排沙比 η_2	η_2'	冲淤量 W (×10⁸ t)
1	2000 ~ 2005	25.43	4.04	0.159	4.38	11.35	15.73	3.59	3.44	10.68
2	2000 ~ 2005	25.08	4.01	0.160	4.38	10.33	14.34	3.58	3.42	10.11
3	1999 ~ 2006	27.71	4.43	0.160	4.58	13.23	17.81	3.89	3.42	11.08
平均		26.07	4.16	0.160	4.38	11.63	16.02	3.66	3.42	10.60

2.6.4　水库排沙比与下游河道排沙比关系的应用

设多年平均来沙量为 $Q_{s.0}$,出库年沙量为 $Q_{s.1}$,利津年输沙量为 $Q_{s.0}'$,水库最终淤积量为 W_c,下游河道年冲淤量为 ΔW,淤积年限为 t_1,冲淤总量为 W,减淤总量为 V,减淤年限为 t_2,下游河道建库前平均淤积量为 ΔV_0,则有如下关系

$$Q_{s.1} = \eta_1 Q_{s.0} \tag{2-39}$$

$$t_1 = \frac{W_c}{(1 - \eta_1) Q_{s.0}} \tag{2-40}$$

$$Q_{s.2} = \eta_2 Q_{s.1} t_1 \tag{2-41}$$

$$\Delta W = Q_{s.1} - Q_{s.2} = \eta_1 Q_{s.0} - \eta_1 \eta_2 Q_{s.0} = \eta_1 (1 - \eta_2) Q_{s.0} \tag{2-42}$$

$$W = \Delta W t_1 = \eta_1 (1 - \eta_2) Q_{s.0} t_1 \tag{2-43}$$

$$V = \Delta V_0 t_1 - W = \Delta V_0 t_1 - \eta_1 (1 - \eta_2) Q_{s.0} t_1 = [\Delta V_0 - \eta_1 (1 - \eta_2) Q_{s.0}] t_1 \tag{2-44}$$

$$t_2 = \frac{V}{\Delta V_0} = t_1 - \frac{W}{\Delta V_0} = t_1 - \frac{\eta_1 (1 - \eta_2) Q_{s.0} t_1}{\Delta V_0} \tag{2-45}$$

上述各式还可写成相对值排沙比

$$\eta_1 = \frac{Q_{s.1}}{Q_{s.0}} \qquad (2\text{-}46)$$

水库淤满的相对时间为

$$\frac{t_1}{T} = \frac{W_c}{(1 - \eta_1) Q_{s.0} T} = \frac{1}{1 - \eta_1} \qquad (2\text{-}47)$$

其中 $T = \dfrac{W_c}{Q_{s.0}}$，即全部泥沙均淤在水库的年限。下游河道相对冲淤总量为

$$\frac{W}{Q_{s.0} t_1} = \eta_1 (1 - \eta_2) \qquad (2\text{-}48)$$

下游河道相对减淤总量为

$$\frac{V}{t_1 Q_{s.0}} = \frac{\Delta V_0}{Q_{s.0}} - \eta_1 (1 - \eta_2) \qquad (2\text{-}49)$$

下游河道相对减淤时间为

$$\frac{t_2}{t_1} = 1 - \frac{\eta_1 (1 - \eta_2) Q_{s.0}}{\Delta V_0} \qquad (2\text{-}50)$$

可见上述所有相对的值，只取决于参数 $Q_{s.0}$、W_c、ΔV_0。

　　表 2-24 是笔者根据式(2-36)、式(2-39)～式(2-45)在小浪底水库淤积研究初期与世行泥沙专家卡尔·诺丁讨论时计算的一个成果，最初载于 1982 年印刷的"水库淤积"(第五册)，后来正式编写在《水库淤积》[22]中。这个结果仅采用了三个数据：多年平均来沙量 $Q_{s.1} = 15.6 \times 10^8$ t，水库平衡淤积量 $W_c = 100 \times 10^8$ t，建库前下游河道在自然条件下年平均淤积量 3.87×10^8 t。表 2-24 中给出了水库不同排沙比、下游河道排沙比、冲刷及减淤情况。可以明显看出水库排沙比对下游河道的影响。

　　从表 2-24 可以看出，根据当时来沙条件计算的小浪底水库减淤年限约 20 年，减淤量为 $70 \times 10^8 \sim 80 \times 10^8$ t，与后来论证和设计研究的结果十分接近。例如，初设中当水库排沙比为 0.059 时，拦沙减淤比为 1.46[15]，而按表 2-24 计算的拦沙减淤比为 1.45，两者几乎一致。尽管式(2-36)在 1982 年就在内部发表，但是也说明该式的确反映了下游河道与水库淤积的规律。

　　表 2-25 是在年平均来沙量 $Q_{s.0} = 3.96 \times 10^8$ t，下游河道天然条件下借用前述三门峡水库采用的 $\dfrac{\Delta V_0}{Q_{s.0}} = \dfrac{3.87}{15.6} = 0.248$，故取 $V_0 = 0.248 \times 3.96 \times 10^8 = 0.982 \times 10^8$ (t)，小浪底水库平衡淤积量 $W_c = 100 \times 10^8$ t 等条件下，计算的 η_2、下游河道

冲淤量 ΔW、减淤量 V 及减淤时间 t_2 等与水库排沙比 η_1 的关系。

表 2-24　小浪底水库不同排沙比时下游减淤数量与减淤年限

水库排沙比 η_1	下游河道排沙比 η_2	下游河道年冲淤量 $\Delta W(\times 10^8\ t)$	水库淤积年限 t_1（年）	减淤总量 V（$\times 10^8\ t$）	减淤年 t_2（年）	下游河道冲淤总量 $W(\times 10^8\ t)$
0.03	13.79	−5.99	6.61	65.1	16.83	−39.6
0.059	7.85	−6.30	6.81	69.2	17.90	−42.9
0.20	2.84	−5.74	8.01	77.0	19.89	−46.0
0.40	1.59	−3.70	10.68	80.9	20.89	−40.0
0.50	1.32	−2.52	12.82	81.9	21.17	−32.3
0.70	1.00	0	21.37	82.7	21.37	0
0.80	0.895	+1.31	32.05	82.0	21.20	+42.0
0.90	0.811	+2.65	64.10	78.2	20.20	+170.0
0.95	0.775	+3.33	129	69.1	17.90	+426.0

从表 2-25 中能得出下述几点认识。第一，下游河道冲淤分界的水库排沙比为 0.70，这是由式（2-36）的参数 0.743 和 0.833 决定的。第二，下游河道排沙比 η_2 随 η_1 增加而减少，当 $\eta_1 < 0.70$ 时，$\eta_2 > 1$，表示下游河道冲刷；当 $\eta_1 > 0.70$ 时，$\eta_2 < 1$，表示下游河道淤积。第三，若要求下游河道冲刷明显，η_1 应小于 0.500。此时下游河道冲刷量也仅为进入沙量的 32%。第四，随着 η_1 增大，t_1 增加，W 为冲刷时先增加后减少，以至变为淤积。第五，减淤年限 t_2 和减淤总量 V 也是先增加后减少。第六，与表 2-24 相同，减淤总量 V、减淤时间 t_2 有极大值，在 $\eta_1 = 0.70$ 处。第七，由于表 2-25 的平均来沙量仅为 3.96×10^8 t，仅为表 2-24 的多年平均年来沙量 15.6×10^8 t 的 25.4%，因此水库淤积年限、下游河道减淤年限大幅度增加。第八，为了给予简单明确的概念，表 2-24 及表 2-25 中有的计算是平均情况，实际上，随着水库淤积，由于水库及库容变化的限制，排沙比不能固定，而是愈来愈大，因此这里的比较只是强调各种排沙比的相对差别。第九，当 $\eta_1 < 0.2$ 时，下游河道冲刷量约为水库淤积量的 46%，这与一般经验（冲刷约占淤积的 50%）符合，当 $0.2 < \eta_1 < 0.5$ 时，冲刷量约为淤积量的 35%。第十，由式（2-40）及式（2-43）可得到

$$W = W_c \frac{(1 - \eta_2)\eta_1}{1 - \eta_1} = W_c \frac{(1 - 0.743\eta_1 - 0.833)\eta_1}{1 - \eta_1} \tag{2-51}$$

即

$$\frac{\mathrm{d}W}{\mathrm{d}\eta_1} = \frac{W_c}{(1 - \eta_1)^2}(1 - 0.124\eta_1^{-0.833} - 0.619\eta_1^{0.167}) \tag{2-52}$$

令 $\frac{\mathrm{d}W}{\mathrm{d}\eta_1} = 0$，得到在 $\eta_1 = 0.1715$ 时，冲刷量达到极大值 46.11×10^8 t。

表 2-25　小浪底水库单独运用期间水库淤积与下游河道冲刷的关系

水库排沙比 η_1	水库年淤积量 （$\times 10^8$ t）	出库沙量 （$\times 10^8$ t）	下游河道排沙比 η_2	利津输沙量 $Q_{s.2}$	下游河道年冲淤量 ΔW （$\times 10^8$ t）	水库淤积年限 t_1 （年）	减淤总量 V （$\times 10^8$ t）	减淤年限 t_2 （年）	下游河道冲淤总量 W （$\times 10^8$ t）
0.07	3.68	0.277	6.81	1.89	-1.61	27.15	70.3	71.6	-43.7
0.157	3.34	0.621	3.47	2.15	-1.53	29.9	75.1	76.4	-45.7
0.16	3.33	0.634	3.42	2.17	-1.53	30.1	75.6	76.9	-46.0
0.20	3.17	0.792	2.84	2.25	-1.46	31.5	76.9	78.3	-46.0
0.40	2.38	1.584	1.59	2.52	-0.935	42.1	80.6	82.2	-39.4
0.50	1.98	1.980	1.32	2.62	-0.634	50.5	81.6	83.1	-32.0
0.70	2.19	2.77	1.00	2.77	0	84.2	82.7	84.2	0
0.80	0.792	3.168	0.895	2.84	+0.333	126	81.8	83.2	+42.0
0.90	0.396	3.564	0.811	2.89	+0.674	253	78.5	80.0	+170

2.7　小浪底水库的拦粗排细及异重流排沙

本节根据作者研究成果[27]首先介绍了以前笔者揭示的水库淤积时分选规律，给出具体分析公式和算法，接着介绍了利用该规律结合小浪底水库分析其拦粗排细。指出要达到拦粗排细的较好效果，必须使淤积百分数达到 70% 以上；同时在这个条件下，下游河道才有好的冲刷效果。进而对小浪底水库异重流排沙作了深入分析，包括潜入条件的理论关系，异重流畅流排沙、浑水水库排沙以及两者结合的排沙效果，指出后者排沙比最大。同时，验证了排沙时的淤积及分组排沙比。最后指出在调水调沙过程中应很好地利用异重流排沙。

2.7.1　水库淤积时泥沙分选规律

水库淤积时泥沙分选的道理很简单。在淤积过程中颗粒粗,沉速大,沉降快,因而淤积多;细颗粒淤积少,排出多。所谓拦粗排细,是对这种规律的不准确称呼。考虑到对此大家已经习惯,故此处仍暂沿用。对这种规律笔者曾建立了不同粗细泥沙在沉降过程中级配的变化公式[8,22]

$$P_{4.l} = P_{4.l.0} \frac{(1-\lambda)^{\left(\frac{\omega_l}{\omega_m}\right)^n}}{1-\lambda} \tag{2-53}$$

式中:$P_{4.l.0}$、$P_{4.l}$为进库和出库泥沙级配;λ为水库淤积百分数;ω_l为粒径D_l的颗粒的沉速;$n<1$为指数,它反映粗细泥沙在水域分布不均匀时的校正系数;ω_m为分选时的平均沉速,它由下式确定

$$\sum P_{4.l} = \sum P_{4.l.0}(1-\lambda)^{\left(\frac{\omega_l}{\omega_m}\right)^{n}-1} = 1 \tag{2-54}$$

式(2-54)曾被丹江口水库、三门峡水库及其他水库、放淤区大量资料证实是正确的[9]。当λ为已知时,ω_m在满足式(2-54)的条件下,通过试算确定。若不想试算,采取下述方法进行[27]。将式(2-53)写成

$$P'_{4.l} = P_{4.l}(1-\lambda) = P_{4.l.0}(1-\lambda)^{\frac{\omega_l^n}{\omega_m^n}} \tag{2-55}$$

即　　　　$$P'_{4.l} = P_{4.l}(1-\lambda) = P_{4.l.0}\left[(1-\lambda)^{\frac{1}{\omega_m^n}}\right]^{\omega_l^n} = P_{4.l.0}\xi^{\omega_l^n} \tag{2-56}$$

此处　　　　　　　　$$\xi = (1-\lambda)^{\frac{1}{\omega_m^n}} \tag{2-57}$$

为此,任设$\xi<1$,由式(2-53)求出$P'_{4.l}$,再求

$$\frac{P'_{4.l}}{\sum P'_{4.l}} = \frac{P_{4.l}(1-\lambda)}{\sum P_{4.l}(1-\lambda)} = \frac{P_{4.l.0}\xi^{\omega_l^n}}{\sum P_{4.l.0}\xi^{\omega_l^n}} = P_{4.l} \tag{2-58}$$

及　　　　　　$$\lambda = 1 - \sum P_{4.l.0}\xi^{\omega_l^n} = 1 - \eta_1 \tag{2-59}$$

取$n=0.3$,利用式(2-59)及涂启华给出的进库级配资料[24]可得到表2-26。表2-26中列出的数据作为算例显示。根据算出的结果,插补排沙比η_1等于一些特征值时的出库级配和相应的沉速等数值,见表2-27。

现在对比一下由式(2-53)计算的拦粗排细的结果与实际测验资料的对比。据文献[3]中给出的小浪底水库历年汛期平均出库分组输沙量,$D_1<0.025$ mm为3.35×10^8 t,0.025 mm$\leqslant D_2<0.05$ mm为0.37×10^8 t,$D_3\geqslant0.05$ mm为0.25×10^8 t,相应地平均出库级配$P_1=0.844$,$P_2=0.093$,$P_3=0.063$。此时,历

表 2-26　小浪底水库拦粗排细计算

试算参数 ξ	水库排沙比 η_1	水库淤积百分数 λ	出库级配			说明
			$D < 0.025$ mm $\omega_1 = 0.008\ 54$ cm/s $\omega_1^{0.3} = 0.240$	0.025 mm $\leqslant D < 0.05$ mm $\omega_2 = 0.134$ cm/s $\omega_2^{0.3} = 0.547$	$D \geqslant 0.05$ mm $\omega_3 = 1.07$ cm/s $\omega_3^{0.3} = 1.021$	
	1.000	0	0.449	0.284	0.267	进库级配
10^{-4}	0.051	0.949	0.964	0.036	0	
0.25	0.520	0.480	0.619	0.256	0.125	
0.85	0.918	0.082	0.470	0.283	0.247	

表 2-27　小浪底水库淤积后出库流速降低提高挟沙能力估计

水库排沙比 η_1	水库淤积百分数 λ	出库级配 $P_{4.1}$　（mm）			出库平均沉速 $\omega^{0.92}$	加大的输沙能力与建库前的对比 $\dfrac{S^*}{S_0^*} = \left(\dfrac{\omega_0}{\omega}\right)^{0.92}$
		$D < 0.025$ $\omega_1^{0.92} = 0.0125$	$0.025 \leqslant D < 0.05$ $\omega_2^{0.92} = 0.157$	$D \geqslant 0.05$ $\omega_3^{0.92} = 1.064$		
0.050	0.950	0.964	0.036	0	0.017 7	18.87
0.159	0.841	0.867	0.121	0.012	0.042 6	7.84
0.160	0.840	0.867	0.121	0.012	0.042 6	7.84
0.167	0.833	0.861	0.126	0.013	0.044 3	7.54
0.200	0.800	0.833	0.146	0.021	0.055 7	6.00
0.224	0.776	0.814	0.159	0.027	0.063 9	5.23
0.300	0.700	0.754	0.198	0.048	0.091 6	3.65
0.400	0.600	0.687	0.230	0.083	0.133	2.51
0.500	0.500	0.630	0.252	0.118	0.173	1.93
0.700	0.300	0.577	0.275	0.156	0.216	1.55
0.733	0.267	0.529	0.277	0.194	0.257	1.30
0.900	0.100	0.475	0.283	0.242	0.308	1.08
1.000	0	0.449	0.284	0.267	0.334	1.00

年累计汛期入库沙量为 23.70×10^8 t,出库沙量为 3.96×10^8 t,淤积量为 19.74×10^8 t。而当水库排沙比 $\eta_1 = 0.167$ 时,按此排沙比由表 2-27 查出各组泥沙级配分别为 $P_{4.1} = 0.861, P_{4.2} = 0.126, P_{4.3} = 0.013$。实测与计算的对比后可知,对细沙的级配 $P_{4.1}$ 彼此很接近;对于中粗沙由于绝对值太小,相对误差较大,但能基本反映拦粗排细的作用,并且需要注意的是,实际的拦粗排细作用较式(2-53)计算的要小。其原因是中细沙常常会在缓流区和异重流运行中及支流倒灌时淤积,而此时粗颗粒是不参与的,所以实际情况较之典型的二维情况,粗颗粒淤积相对要少、出库多。此外,尚需要指出的是,这里虽然引用的是汛期资料,但是由于在小浪底水库运用时汛期入库沙量占全年沙量的 92.9%,故仍然能代表全年的情况。

2.7.2　拦粗排细规律在小浪底水库中的应用

以下将以式(2-53)和表 2-27 来分析水库拦粗排细的作用与限制,以及拦粗排细的合理指标,这一点在小浪底工程设计中,只有定性要求没有定量的指标。

第一,水库淤积并不是先淤粗沙,后淤中沙,最后淤细沙,而是粗沙、细沙均淤,只是粗沙淤积得多,细沙淤积得少。否则按表 2-26 的资料,进库粗沙占 26.7%,则当淤积百分数为 26.7%(相应的排沙比为 73.3%)时粗沙就会淤完。实际上从表 2-27 可看出,当排沙比达 73.3% 时,出库级配为 $P_3 = 0.194, P_2 = 0.277, P_1 = 0.529$,也就是说粗沙仅淤下 46.7%,中沙淤下 28.5%,细沙淤下 13.6%。

第二,从表 2-27 可看出,要做到拦粗排细,水库排沙比必须很小。由表中可见,若要求将粗沙($D \geq 0.05$ mm)颗粒绝大部分淤在水库中,例如仅剩下 2.1%,则排沙比要小于 0.20,即 80% 以上的泥沙要淤在水库中才能将粗沙基本拦住。在淤积过程中各组沙包括细沙也均要淤下。事实上,当排沙比恰为 0.2,淤积百分数为 80% 时,粗沙基本淤完,同时细沙剩下 83.3%,中沙仍剩下 14.6%。

第三,从泥沙淤积后挟沙能力加大看,若要达到下游河道有明显冲刷的效果,尽可能提前加大下游河槽,提高过洪能力,也必须限于较小的排沙比。设下游河道进口建库前挟沙能力为

$$S_0^* = \kappa \left(\frac{V^3}{gh\omega_0} \right)^m \approx \kappa \left(\frac{V^3}{gh\omega_0} \right)^{0.92}$$

则仅仅由于淤积后的沉速减小,导致挟沙能力的变化为

$$\frac{S^*}{S_0^*} = \left(\frac{\omega_0}{\omega} \right)^{0.92} \tag{2-60}$$

此处 ω 为下游河道进口平均沉速,加下标"0"表示修建水库以前的,不加"0"表示修建水库以后的。在表 2-37 中按式(2-60)计算了 $\dfrac{S^*}{S_0^*}$。可见,当排沙比由 1.00 减小至 0.159 时,$\dfrac{S^*}{S_0^*}$ 不断增大,这反映了水库的拦粗排细的作用。从中看出,当 $\eta_1 = 0.30 \sim 0.20$ 时,$\dfrac{S^*}{S_0^*}$ 迅速变化;当 $\eta_1 \geqslant 0.30$ 时,$\dfrac{S^*}{S_0^*} \leqslant 3.65$;而当 $\eta_1 \leqslant 0.20$ 时,$\dfrac{S^*}{S_0^*} \geqslant 6.00$。可见,要在水库初期运用时使下游河道有明显的冲刷,必须要减小排沙比至 0.20 左右,从而较早获得扩大河槽的效果。否则,若简单地认为少量淤积会有明显拦粗排细是不符合实际的。

2.7.3　异重流潜入条件

按照潜入的坡降条件,即底坡 $J_0 \geqslant 0.001\,875^{[22]}$,异重流潜入只需满足范家骅提出的条件

$$Fr' = \frac{u_0}{\sqrt{g\eta_g h_0}} = 0.78 \tag{2-61}$$

$$\eta_g = \frac{\gamma' - \gamma_0}{\gamma'} = \frac{\rho' - \rho_0}{\rho'} \tag{2-62}$$

式中:u_0、h_0 分别为潜入点的流速及水深;η_g 为修正重力系数;γ'、ρ' 分别为异重流的容重和密度;g 为重力加速度;Fr' 为异重流的弗劳德数。

但是当 $J_0 < 0.001\,875$ 时,异重流潜入后做均匀流运动的水深可能大于水库水深,此时潜入不成功。因此,条件式(2-61)并不是异重流形成的充要条件,而只是必要条件。异重流做均匀运动,其速度为

$$V'_n = \sqrt{\frac{8}{\lambda'}\eta_g g h'_n J_0} \tag{2-63}$$

式中:J_0 为底坡;λ' 为异重流的阻力系数;有关参数下标"n"表示异重流做均匀运动时的值。式(2-63)可写成

$$\frac{V'_n}{\sqrt{\eta_g g h'_n}} = \sqrt{\frac{8}{\lambda'}J_0}$$

假定潜入后,异重流及时转为均匀流,$u_0 = u'_n$,$h_0 = h'_n$,以及 $S_0 = S'_n$,则由式(2-61)及式(2-63)得

$$\sqrt{J_{0.k}\frac{8}{\lambda'}} = 0.78 \tag{2-64}$$

此处，$J_{0.k}$ 表示潜入点条件恰满足均匀流的条件下的底坡。当阻力系数 λ' 取为 0.025 时，$J_{0.k} = 0.001\,875$；当 $J_0 > J_{0.k}$ 时，表示异重流潜入后的水库水深 $h > h_0 = h'_n$，故潜入成功，此时潜入条件，取式（2-61）即可。但是若 $J_0 < J_{0.k}$，则由式（2-61）及式（2-63）得

$$h_0 = \left(\frac{1}{0.608\eta_g g}\frac{Q^2}{J_0 B^2}\right)^{\frac{1}{3}} \tag{2-65}$$

$$h'_n = \left(\frac{\lambda'}{8\eta_g g}\frac{Q^2}{J_0 B^2}\right)^{\frac{1}{3}} \tag{2-66}$$

此处，λ' 为异重流做紊流运动的阻力系数，注意到式（2-65）与式（2-66）有

$$\frac{h'_n}{h_0} = \left(\frac{0.608\lambda'}{8J_0}\right)^{\frac{1}{3}} = \left(\frac{J_{0.k}}{J_0}\right)^{\frac{1}{3}} > 1$$

这是因为此时 $J_0 < J_{0.k}$，即 $h'_n > h_0$，也会大于潜入后的水深，意味着浑水会到达水面，从而潜入不成功。此时，潜入条件应按异重流均匀流动的条件，即潜入点的水深为

$$h = h'_n = h_0\left(\frac{J_{0.k}}{J_0}\right)^{\frac{1}{3}} > h_0 \tag{2-67}$$

这表明，若异重流在 h_0 处潜入，则它作为均匀流运动的水深大于 h_0，潜入不成功。此时，浑水作为明流继续向下运动，直到 h'_n 小于水库水深后再潜入。这样异重流潜入的水深条件为

$$h = \begin{cases} h_0 & (J_0 \geqslant J_{0.k} = 0.001\,875) \\ h_n & (J_0 < J_{0.k}) \end{cases} \tag{2-68}$$

　　如果直到坝前，仍不能满足水库水深小于 h'_n，则此时从总体看浑水不能潜入形成异重流。当然，在局部地区及干支流交汇处可能出现局部浑水潜入的异重流的现象。

　　综上所述，异重流的潜入条件为

$$h = \begin{cases} h_0 = \left(\dfrac{1}{0.608\eta_g g}\dfrac{Q^2}{B^2}\right)^{\frac{1}{3}} & (J_0 \geqslant J_{0.k} = 0.001\,875) \\ h'_n = \left(\dfrac{J_{0.k}}{J_0}\right)^{\frac{1}{3}} h_0 & (J_0 < J_{0.k} = 0.001\,875) \end{cases} \tag{2-69}$$

或者以修正弗劳德数表示

$$Fr' = \begin{cases} Fr_0' = \dfrac{u_0}{\sqrt{\eta_g g h_0}} = 0.78 & (J_0 \geqslant J_{0.k} = 0.001\,875) \\[4mm] Fr_n' = \dfrac{u_n}{\sqrt{\eta_g g h_n}} = \sqrt{\dfrac{8}{\lambda'}J_0} = 0.78\sqrt{\dfrac{J_0}{J_{0.k}}} & (J_0 < J_{0.k} = 0.001\,875) \end{cases}$$

(2-70)

对于三门峡水库与小浪底水库,三角洲前坡异重流潜入段的底坡 J_0 均小于 $J_{0.k}$。据 2001 年异重流潜入资料,底坡 J_0 为 0.000 8,2002 年约为 0.001 36,2003 年约为 0.001 1,2004 年约为 0.001 5,水库淤积前的底坡约为 0.001 1。因为潜入时各种坡降均可能出现,但是应在这些数据之间。如取它们的平均值,则 $J_0 = 0.001\,1$。考虑到此值与天然条件下的底坡很相近,也可直接采用天然底坡 $J_0 = 0.001\,1$。这样按式(2-70)的第二式,潜入点的弗劳德数为

$$Fr' = 0.78\sqrt{\dfrac{J_0}{J_{0.k}}} = 0.78\sqrt{\dfrac{0.001\,1}{0.001\,875}} = 0.597$$

而根据文献[27]所列(见表 2-28)计算的潜入点的弗劳德数 Fr' 分别为 0.74 和 0.36,均小于 0.78。可见,已出现明显的潜入点下移。若按这两个资料平均,则弗劳德数为 0.55。此值与我们按式(2-70)计算的 0.597 很相近。不仅如此,在文献[28]中,根据 2001~2006 年 18 次异重流资料(表 2-29),得到潜入点平均弗劳德数 $Fr'^2 = 0.284$,即 $Fr' = 0.533$,与表 2-28 的结果非常接近,也与式(2-70)计算的结果基本符合。

表 2-28 Fr' 计算值

时间	潜入点位置	异重流深 （m）	平均流速 （m/s）	平均含沙量 （kg/m³）	Fr'
2006-06-25 T14:30	HH27 断面下游 500 m	6.6	1	34	0.74
2006-06-28 T07:06	HH25	3.97	0.4	34.8	0.36

此外,在文献[29]中,引用了三门峡水库异重流潜入点较为典型的修正弗劳德数,见表 2-30。可见,这两次的资料仍然小于 0.78,并且这两次数据是 12 次资料的平均结果。由于坡降小,同样发生了潜入点下移,表中两者的平均值为 0.565。

表2-29 2001～2006年异重流潜入点附近弗劳德数计算

测验日期 （年-月-日）	浑水厚度 h_0 （m）	总水深 h （m）	V （m/s）	S （kg/m³）	$\dfrac{\Delta\gamma}{\gamma'}$	按浑水厚度计算		按总水深计算	
						$\sqrt{\dfrac{\Delta\gamma}{\gamma'}gh_0}$ （m/s）	Fr'^2	$\sqrt{\dfrac{\Delta\gamma}{\gamma'}gh}$ （m/s）	Fr'^2
2001-08-24	3.2	3.8	0.98	141.0	0.082	1.60	0.38	1.74	0.32
2001-09-03	2.7	6.2	0.27	57.4	0.035	0.96	0.08	1.46	0.03
2002-07-15	4.0	6.2	0.19	4.0	0.003	0.31	0.37	0.39	0.24
2003-08-02	5.0	7.0	0.92	169.0	0.096	2.17	0.18	2.57	0.13
2003-08-02	4.2	6.5	1.06	83.1	0.050	1.43	0.55	1.78	0.35
2003-08-04	4.7	6.9	0.92	53.4	0.033	1.23	0.56	1.48	0.38
2003-08-27	4.8	7.9	0.65	46.6	0.029	1.16	0.31	1.49	0.19
2004-07-06	6.1	7.6	1.35	75.0	0.045	1.64	0.68	1.83	0.54
2004-07-06	3.4	5.7	1.07	94.0	0.056	1.37	0.61	1.77	0.37
2004-07-08	6.3	11.8	1.26	62.3	0.038	1.53	0.68	2.09	0.36
2004-07-08	8.0	12.8	0.95	135.0	0.078	2.48	0.15	3.14	0.09
2004-07-09	5.1	9.4	0.95	57.8	0.035	1.33	0.51	1.80	0.28
2004-07-10	4.0	6.0	0.59	49.3	0.030	1.09	0.29	1.33	0.20
2005-06-29	2.9	3.6	0.70	46.7	0.029	0.90	0.60	1.00	0.49
2005-06-29	5.0	5.1	0.57	51.9	0.032	1.24	0.21	1.26	0.21
2006-06-25	5.6	10.3	0.66	27.6	0.017	0.97	0.46	1.31	0.25
2006-06-25	6.6	8.8	1.00	34.0	0.021	1.17	0.74	1.35	0.55
2006-06-28	4.0	6.0	0.40	34.8	0.022	0.91	0.19	1.12	0.13

表2-30 三门峡水库异重流潜入点修正弗劳德数 Fr'

年份	观测资料次数	Fr' 变化范围	平均 Fr'
1961	5	0.29～0.90	0.59
1962	9	0.37～0.90	0.54

2.7.4 异重流的畅流排沙[27,29,30]与浑水水库排沙

小浪底水库在初期运用阶段,由于泄流建筑物口门较高,而排沙孔又经常关

闭,故异重流很少有典型的畅流排沙。所谓异重流的畅流排沙,是指出库流量与进库流量相应(考虑传播时间后),但是要小于进库流量。流量的减少是由于异重流向两岸缓流地区及支流扩散和在运行中析出清水所致,而含沙量减少是由于异重流在运行过程中的淤积所致。除异重流畅流排沙外,还有异重流的浑水水库排沙。当异重流形成后,并运行到坝前,由于泄流建筑物底坎高,或者泄水建筑物闸门关闭,则异重流在坝前聚集,形成浑水水库,并且浑水水面不断上升。此时,开启排沙建筑物的闸门(包括打开排沙孔),则浑水水库中的浑水将大量排出。一方面,在浑水水库中泥沙沉降很慢,排沙时间会较来水时间推迟和拉长,含沙量也较进库为大,但流量往往小很多,致使排沙比难以很大;另一方面,当浑水水库水面很高时,也可通过明流少量带出,但这种排沙数量很少。下面就有关小浪底水库异重流畅流排沙及浑水水库排沙的特点等进行分析,以便今后有效的利用。本节异重流排沙实际资料摘自文献[27]、[29]、[30]。

2.7.4.1　异重流畅流排沙

小浪底水库较典型的异重流畅流排沙有 3 次,2001 年排沙中的 8 月 22 ~ 25 日和2004 年 7 月 7 ~ 10 日以及 2003 年的 8 月 2 ~ 14 日。异重流畅流排沙的特点如下。

(1)前期水库无明显的浑水。以 2001 年资料为例,在异重流畅流排沙之前的 8 月 20 ~ 21 日,尽管来水含沙量大,流量也大,但是出库含沙量为零(见图 2-19、表 2-31[7]),而从传播时间由进库至出库为 1 ~ 2 d,洪峰仅持续 2 d,不可能形成浑水水库。

(2)出库含沙量小于或接近进库含沙量,但属于同一量级,并且进出峰形相似。至于流量,也可能相近,也可能出库远小于进库。例如,表 2-31 的 2001 年 8 月 22 ~ 25 日为异重流畅流排沙,它的出库平均含沙量为 125 kg/m^3,为进库含沙量 353 kg/m^3 的 35.5%,含沙量排沙比是很高的。此次进库平均流量为 818 m^3/s,出库流量仅 127 m^3/s,故排沙比并不大,仅为 0.055。其次从图 2-19[30]看出,进出流量的峰形很相似,说明它是属于畅流排沙。

(3)当入库水沙均很大时,异重流畅流时含沙量排沙比大体为 0.066 ~ 0.355,视出入流量大小、含沙量高低、泥沙粗细而定。例如,前述 2001 年例子,含沙量排沙比已达 0.355。再如,2004 年 7 月 7 ~ 10 日,为畅流排沙(见表 2-31),进库沙量为 0.382 × 10^8 t,出库沙量为 0.053 3 × 10^8 t,而由于出库流量大,排沙比为 0.140。进库含沙量为 87.8 kg/m^3,出库仅 5.82 kg/m^3,含沙量排沙比仅为 0.066。

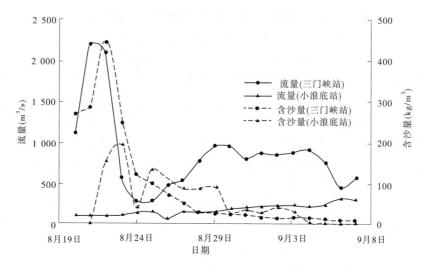

图 2-19　异重流时段进出库水沙过程

表 2-31　小浪底水库异重流排沙资料

年	月-日	水量 （×10⁸ m³）		平均流量 （m³/s）		沙量 （×10⁸ t）		含沙量 （kg/m³）		排沙比	出库含 沙量比	运用 方式
		进库	出库	进库	出库	进库	出库	进库	出库			
2001	08-20~08-21	2.86	0.182	1 660	106	0.811	0	284	0	0	0	
	08-22~08-25	2.83	0.439	818	127	0.998	0.054 9	353	125	0.055	0.355	
	08-26~09-03	6.13	1.40	788	180	0.165	0.073 9	26.9	52.8	0.448	1.960	
	09-04~09-07	2.32	0.946	671	274	0.026 2	0.001 22	11.3	1.20	0.047	0.110	
	08-20~09-07	14.14	2.97	8.61	181	2.00	0.13	141	43.8	0.065	0.031	
2002	06-23~06-27	5.34	3.05			0.79	0	148	0	0	0	调水
	06-28~07-03	4.90	3.86	945	733	0.24	0.01	49.0	2.6	0.042	0.053	调沙
	07-04~07-15	9.40	27.0	906	2 604	1.81	0.32	192	11.9	0.177	0.062	
	06-20~07-15					2.857	0.328			0.115		
2003	08-27~09-05	21.73	1.90	2 515	220	2.676	0.046	123	24.2	0.017	0.197	
	08-02~08-14	9.743	2.760	867	246	0.832	0.003	85.4	1.09	0.003 5	0.012	调水
	09-10~09-20	17.88	15.94	1 881	1 677	0.234	0.681	13.1	42.7	2.910	3.260	调沙
	08-27~09-20	49.84	21.25	2 219	1 308	3.399	0.84	68.2	39.5	0.247	0.580	
	09-06~09-18	29.27	18.25	2 006	1 509	0.693	0.740	28.6	40.5	1.070	1.42	
2004	06-19~07-06	6.53	29.71	445	2 023	0	0	0	0			人工
	07-07~07-10	4.35	9.17	1 259	2 653	0.382	0.053 4	87.8	5.8	0.140	0.066	塑造
	07-07~07-14					0.385	0.054 8			0.142		异重流
	08-22~08-31					1.711	1.423			0.832 (0.525)		

（4）若来水来沙少,异重流畅流排沙时,则出库沙量小,含沙量低。如表 2-31 所示,2003 年 8 月 2～14 日进库平均流量为 867 m³/s,出库流量为 246 m³/s,进库含沙量为 85.4 kg/m³,出库含沙量为 1.09 kg/m³,排沙比 0.003 5,含沙量排沙比 0.012。显然,从水库减淤角度考虑,此种排沙不宜采用。

2.7.4.2 异重流浑水水库排沙特点

（1）由于在洪峰过程中进库流量常大于出库流量,且深孔开启很少,因此洪峰到达坝前常形成浑水水库。小浪底水库排沙大多数以浑水水库为主。例如,2002 年浑水水库就非常明显,浑水面最高达 198 m（见图 2-20）[30]。

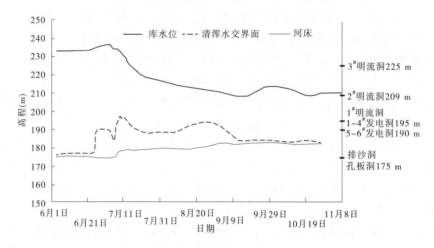

图 2-20 2002 年坝前浑水面变化（桐树岭站）

（2）浑水水库排沙时,出库含沙量及流量与进库值没有明显的关系,但是在峰后浑水水库排出的含沙量大都大于进库含沙量,如表 2-31 所示,2001 年 8 月 26 日至 9 月 3 日,出库含沙量均大于进库含沙量,其平均出库含沙量为进库含沙量的 1.96 倍。再如,2002 年 6 月 23 日开始形成浑水水库（见图 2-20）,但是以后的出库含沙量均大幅度小于进库含沙量,与进库含沙量没有对应关系。这次浑水水库排沙少的原因是在 7 月 4～15 日调水调沙前的 6 月 28 日至 7 月 3 日来水来沙均很少,总沙量仅 0.24×10⁸ t,虽然形成了浑水水库,但浓度较低。调水调沙期间来的沙量虽大（1.81×10⁸ t）,尽管浑水水库进一步抬升,但是由于浑水来不及密实（泥沙沉降）,加之 7 月 10 日排沙孔完全关闭,故排出的含沙量很低,为 11.9 kg/m³,仅为进库的 0.062。此外,后面将要提到,出库水量远大于进库水量,也是含沙量低的原因之一。

（3）若出库流量远大于进库流量，此时排出大量清水，致使水库排出的含沙量低。如前述表 2-31 中 2002 年 7 月 4～15 日，出库流量为进库流量的 2.87 倍，而出库含沙量仅为进库含沙量的 0.062 倍。

（4）浑水水库排沙较之异重流畅流排沙时间长，包括出库含沙量大于进库的时间也长，如表 2-31 中 2001 年 8 月 26 日至 9 月 3 日出库含沙量为进库的 1.96 倍。另外，从表 2-31 可以看出，2003 年 9 月 10～20 日出库含沙量为进库含沙量的 3.26 倍。

2.7.4.3　异重流畅流与浑水水库结合后的排沙效率最高

两种排沙结合最有利的情况是连续两次洪峰接踵而至，前一次洪峰提供沙源，将其在浑水水库中储存，以便下一次排沙用；或者在洪峰之前利用调水调沙使三门峡水库和小浪底水库三角洲上产生冲刷，带来大量泥沙形成浑水水库。后一次洪峰提供水动力，将两次入库泥沙一次排出，以减少水量，加大出库含沙量。例如，2002 年（见表 2-31）就是典型的两次洪峰组成：6 月 27 日至 7 月 3 日，7 月 4～15 日。7 月 4 日调水调沙试验开始，排沙洞打开，此时浑水面已达 189 m，至 7 月 10 日排沙洞关闭。在 7 月 4～9 日异重流排沙是畅流与浑水水库的结合。7 月 4～15 日进沙 1.81×10^8 t，排沙出库 0.32×10^8 t，排沙比达 0.177。而入库含沙量为 192 kg/m³，出库含沙量为 11.9 kg/m³，出库含沙量比为 0.061。再如，2003 年 8 月 2 日小浪底水库坝前出现浑水水库（见表 2-31[29]），至 9 月 3 日浑水面达到最高值 204 m。9 月 6～18 日进行了调水调沙试验，充分发挥了浑水水库的排沙作用，出库含沙量一直很大。期间进库泥沙 0.693×10^8 t，出库泥沙 0.740×10^8 t，排沙比达 1.07；平均出库含沙量为 40.5 kg/m³，相当于进库含沙量的 1.42 倍。其中 9 月 10～20 日排沙效果更好。此次排沙比及含沙量比大的原因是前期（8 月 27 日至 9 月 5 日）水库进沙多，达 2.676×10^8 t，浑水水库储沙多，排沙期间，进出水量均很大，动力强。前次洪水主要提供沙源，本次洪水主要提供水量，这是浑水水库排沙与异重流畅流排沙结合的典型。期间 8 月 27 日至 9 月 20 日，进沙 3.399×10^8 t，出沙 0.84×10^8 t，排沙比 0.247。进库含沙量 68.2 kg/m³，出库含沙量 39.5 kg/m³，含沙量比 0.580，是历次排沙比很高的一次。

浑水水库结合异重流排沙效率最高的是 2004 年 8 月 22～31 日的排沙结果。此次入库沙量 1.711×10^8 t，估计小浪底水库三角洲洲面冲刷 1.00×10^8 t，即潜入点总来沙是 2.71×10^8 t，出库沙量为 1.42×10^8 t，异重流排沙比达 0.525，这是从潜入点起算的；如按一般算法从进库统计，则排沙比达 0.832。

2.7.5　异重流分组排沙比及含沙量沿程变化

2001年以来具有代表性的各次异重流及浑水水库排沙比的汇总见表2-32。由表2-32可见,除2001年外,只要调水调沙,底孔打开,排沙比是较稳定的,大都为0.15~0.30。从分组排沙比看,细沙排沙比为0.35~0.45,中沙0.050~0.100,粗沙0.015~0.055,变化范围均较窄。

下面对异重流排沙时的泥沙分选及含沙量衰减作一简单分析。小浪底水库异重流和浑水水库排沙时不同粗细泥沙的分选应按式(2-53)进行。为此直接由表2-26插值,当 $\eta = 0.260$ 时,相应于 $D < 0.025$ mm、$0.025 \leqslant D < 0.05$ mm、$D \geqslant 0.05$ mm的出库级配分别为0.786、0.177、0.037。注意到进库级配分别为0.449、0.284、0.267,则各组泥沙排沙比按下式计算

$$\eta_l = \frac{SP_{4.l}}{S_0 P_{4.l.0}} = \frac{S_0(1-\lambda)P_{4.l}}{S_0 P_{4.l.0}} = (1-\lambda)\frac{P_{4.l}}{P_{4.l.0}} = \eta_l \frac{P_{4.l}}{P_{4.l.0}} \qquad (2-71)$$

计算结果见表2-32中最后一行。可见,除中沙排沙比差别大外,其余粗沙与细沙均符合较好。差别的原因主要是实际的进库级配与表2-26中的并不完全一致。

表2-32　小浪底水库各次异重流及其分组排沙比

年份	时期（月-日）	排沙比				说明
		< 0.025 mm	0.025 ~ 0.05 mm	> 0.05 mm	全沙	
2001	08-20 ~ 09-07				0.065	
2002	07-04 ~ 07-14	0.448	0.047	0.017	0.177	
2003	08-02 ~ 08-14				0.003 5	底孔未开
2003	08-27 ~ 09-20				0.247	
2004	07-07 ~ 07-14	0.365	0.033	0.015	0.142	人工异重流
2004	08-22 ~ 08-31				0.832	来沙按进库值计算
					(0.525)	来沙按潜入点的值计算
2005	08-22 ~ 08-31	0.403	0.066	0.056	0.308	按潜入点入库
2006	06-15 ~ 06-29	0.616	0.115	0.046	0.308	
实测平均		0.458	0.065	0.034	0.260	
计算排沙比		0.455	0.162	0.036		

根据文献［30］研究证实，畅流排沙可以按韩其为导出的不平衡输沙公式估算

$$\eta = \frac{S}{S_0} = \sum P_{4.l.0}\mathrm{e}^{-\frac{\alpha\omega_l L}{q}} \tag{2-72}$$

当 $\alpha = 0.25$，$L = 50$ km，单宽流量 q 分别为 20 $\mathrm{m}^3/(\mathrm{s \cdot m})$、10 $\mathrm{m}^3/(\mathrm{s \cdot m})$、5 $\mathrm{m}^3/(\mathrm{s \cdot m})$时，得到的排沙比 η 分别为 0.386、0.182 和 0.074，基本包含了异重流畅流排沙的效果。

2.8　黄河调水调沙的效益

本节内容基于作者的研究成果[31,32]，对黄河调水调沙效益进行了全面研究。2002 ~ 2006 年黄河调水调沙的收益主要表现在：①加大了入海泥沙量，使下游含沙量加大 73.3%，达到了三门峡水库初期运用冲刷的水平。②冲刷降低了洪水水位。下游河道总冲刷量 13.23×10^8 t，仅为三门峡水库初期运用冲刷量的 57.2%，而 3 000 m^3/s 水位降低在高村以上相近，在艾山以下小浪底运用的水位降低明显好于三门峡初期运用的；特别是利津，前者水位下降 1.00 m，后者抬高 0.01 m。③进入下游河道流量在 2 500 m^3/s 以上，保证了全河冲刷；同时尽可能避免了中、小流量，未出现山东河段的回淤。从而使全河造床流量均匀加大。④不仅消除了小浪底工程论证和初设阶段对"冲河南、淤山东"的担心，而且使山东河段冲刷比例增加。较之三门峡水库运用初期，艾山至利津的冲刷量及冲刷比例均有明显增加。当然，调水调沙的最根本效益，是利用水动力普遍扩大了河槽，使平滩流量增加 1 800 ~ 2 000 m^3/s，改善了近 900 km 的河道，流量1 800 ~ 4 000 m^3/s 时洪水不上滩，有巨大的防洪效益，这在世界治河史上是没有的。

数次调水调沙已有明显的效果，这表现在冲刷加大了下游河道过水断面面积，增加了平滩流量；利津含沙量也达到了相应流量的平均水平，河道洪水位有所降低。更主要的是，通过调水调沙的实践，进一步揭示了其巨大潜力，调水调沙有可能成为根治黄河的主要手段之一。

2.8.1　扩大了断面，加大了平滩流量

调水调沙的最大效果不在于多输送一些泥沙入海，而在于大流量冲刷了河道，使平滩流量大幅增加（见表 2-33[33]），大大减少了对滩区农田的淹没，避免

和减小了小浪底水库中小洪水蓄水时带来的防洪风险。

表2-33　2002年后下游河道平滩流量变化情况　　（单位:m³/s）

时间	花园口	夹河滩	高村	孙口	艾山	泺口	利津
2002年汛初	3 600	2 900	1 800	2 070	2 530	2 900	3 000
2003年汛初	3 800	2 900	2 420	2 080	2 710	3 100	3 150
2004年汛初	4 700	3 800	3 600	2 730	3 100	3 600	3 800
2005年汛初	5 200	4 000	4 000	3 080	3 500	3 800	4 000
2006年汛初	5 500	5 000	4 400	3 500	3 700	3 900	4 000
累计增加	1 900	2 100	2 600	1 430	1 170	1 000	1 000

（1）冲刷明显扩大了河槽断面,加大了平滩流量。从表2-33可以看出,2002年汛初即调水调沙前,最小平滩流量高村为1 800 m³/s。经过调水调沙至2006年汛初,最小平滩流量已达3 500 m³/s(至2007年已加大到3 800 m³/s)。平均而言,各站平滩流量增加了1 000～2 600 m³/s。这是非常大的效益。造床流量的扩大,包括了横断面的冲深与展宽。典型断面变化如图2-21～图2-24[33]所

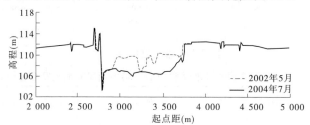

图2-21　马峪沟断面变化

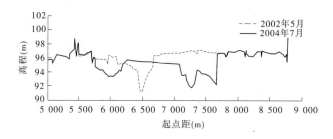

图2-22　老田庵断面变化

示,它们代表宽断面的情况。从表 2-34[33] 可以看出,东坝头以上主槽展宽明显,前三次调水调沙展宽 55 m 以上,但冲深均小于 0.64 m。高村以下基本是冲深,主槽大都冲刷 1.00 m 左右。这明显反映了两种河型在冲刷过程中的差别:游荡型河段有游荡本性,在冲刷过程中总伴有展宽;窄深河段基本是冲深。

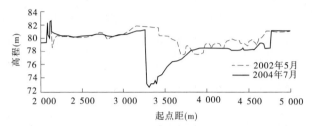

图 2-23　丁庄断面变化

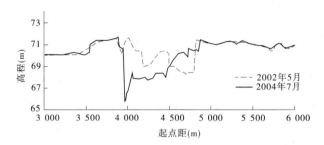

图 2-24　油房寨断面变化

表 2-34　前三次调水调沙试验前后下游各河段断面特征变化统计

河段	2002 年 5 月河宽（m）	2004 年 7 月河宽（m）	河宽差值（m）	河底高程升降（m）
白鹤—官庄峪	1 049	1 193	144	-0.58
官庄峪—花园口	1 288	1 658	370	-0.38
花园口—孙庄	906	961	55	-0.64
孙庄—东坝头	1 284	1 532	248	-0.44
东坝头—高村	605	635	30	-1.12
高村—孙口	484	458	-26	-1.06
孙口—艾山	521	500	-21	-0.62
艾山—泺口	494	486	-8	-0.90
泺口—利津	396	397	1	-1.00

（2）若不调水调沙，不排泄大流量，不仅主槽断面难以扩大，而且冲刷主要限于河南河段。在小浪底水库蓄水后至调水调沙前，按细水长流运用，冲刷仅限于夹河滩以上。事实上，由表 2-35 可见，在调水调沙之前的 1999 年 10 月至 2002 年 5 月，高村以下是淤积的。高村以上冲刷了 3.42×10^8 t，高村以下淤积了 0.42×10^8 t。花园口至高村的冲刷集中在花园口至夹河滩。下面将指出，与此相应夹河滩以下水位是抬高的。

表 2-35　小浪底水库运用后下游河段冲淤量

时段		冲淤数量（ $\times 10^8$ t）				
		花园口以上	花园口— 高村	高村— 艾山	艾山— 利津	利津以上
1999-10 ~ 2002-05		−1.78	−1.64	0.24	0.18	−3.00
1999-10 ~ 2006-10	汛期	−2.28	−2.38	−1.37	−2.47	−8.50
	非汛期	−2.35	−3.04	0.05	0.61	−4.73
	合计	−4.63	−5.42	−1.32	−1.86	−13.23
2002-05 ~ 2006-10		−2.84	−3.78	−1.56	−2.04	−10.22

高村以下的淤积使得高村的平滩流量最小，仅为 1 800 m³/s。可见：一方面，小浪底水库在淤积，进入下游河道泥沙大量减少；另一方面，高村以下河道是淤积的，夹河滩以下水位却在抬高，这正是细水长流运用造成"冲河南、淤山东"的难堪的局面。必须指出的是，小浪底水库原定蓄洪流量为 8 000 m³/s，如果河槽断面不扩大，当发生 1 800 ~ 8 000 m³/s 的洪水时，从以人为本考虑，为保护滩区人民生命和农田，就可能蓄水。蓄水后如果再来了大流量怎么办？这种调度会给小浪底水库防洪运用带来很大的风险，而调水调沙解决了这个防洪瓶颈。通过调水调沙，利用水动力普遍加大黄河下游近 900 km 的平滩流量，而且全河过水能力均匀，水流顺畅，有巨大的防洪效益，这在世界治河史上都是没有的。

2.8.2　调水调沙加大了冲刷入海的沙量

据实测资料[33]分析，1999 ~ 2006 年下游河道包括调水调沙的实际排沙比为 $\lambda_2 = 3.89$。由三门峡水库运用 20 年的资料结合理论研究得到的关系[29]分析，当小浪底水库实际排沙比 $\eta_1 = 0.160$ 时，下游河道排沙比则为 $\eta_2 = 3.42$。可见，包括调水调沙后，小浪底水库运用的排沙比超过了三门峡水库运用的水平，加大了入海沙量。若单纯从调水调沙考虑,也可得到同样结论。截至 2006 年的五次调水调沙,进入下游河道的沙量为 1.22×10^8 t,利津入海沙量为 3.83×10^8 t,下游河道共冲刷 2.73×10^8 t。调水调沙期间小浪底入库沙量 6.545×10^8 t,排沙比为 0.204 [14]。由式(2-37) $\eta_2 = f(\eta_1)$ 关系算出下游河道排沙比为 $\eta_2 = 2.79$,故利津输沙量为 3.40×10^8 t,小于实测输沙量(3.83×10^8 t)。这说明与三门峡水库运用相比,确实加大了入海沙量。

根据黄河水利委员会设计院整理的黄河下游多年平均资料[4],当 $Q = 2\,000 \sim 2\,500$ m³/s 的 10 场洪水(合计 102 d),三黑小含沙量为 8.93 kg/m³,利津含沙量为 21.8 kg/m³,冲起含沙量为 12.87 kg/m³。五次调水调沙平均,三黑小含沙量为 5.94 kg/m³,利津含沙量为 19.28 kg/m³,冲起含沙量为 13.34 kg/m³。调水调沙出利津的含沙量虽然稍小,但冲起的含沙量稍多;而冲起的泥沙颗粒是较粗的。可见,也是属于同一水平,说明调水调沙已达到相应流量出口含沙量的要求。至于所谓排走 1 t 沙量需要约 100 m³ 水以上的说法,以证实排沙效果较低,是不符合实际的,与利津含沙量达到 19.28 kg/m³(52 m³ 水排 1 t 沙)的实测资料相违背。

小浪底水库运用 7 年[15]进入下游河道的总水量为 $1\,553 \times 10^8$ m³,总沙量为 4.58×10^8 m³,总冲刷量为 13.23×10^8 t,每排 1 t 沙耗水 87.2 m³。而五次调水调沙利津总水量为 191.8×10^8 m³,冲刷量为 2.764×10^8 t,利津输沙量 3.677×10^8 t,每排 1 t 沙耗水 52 m³。显然调水调沙还是加大了冲刷,与小浪底水库运用 7 年相比,减少了耗水。何况上述 7 年总冲刷效果也包含了调水调沙,如果除去五次调水调沙,则未调部分总水量约为 $1\,362 \times 10^8$ m³,输沙 15.0×10^8 t,故排走 1 t 沙耗水 91 m³,效率远低于调水调沙的 52 m³。

调水调沙前 1999 年 11 月至 2002 年 5 月,进入下游河道水量为 447×10^8 m³,相应的沙量为 0.32×10^8 t,利津以上冲刷为 3.04×10^8 t,即出利津的沙量为 3.36×10^8 t,若水量基本不变(或引水含沙量与干流相同),则出利津的含沙量仅为 7.52 kg/m³。即按原设计细水长流,排走 1 t 沙耗水量为 133 m³。可见,调水调沙的效果是显著的。

2.8.3　降低了下游河道洪水位

调水调沙使黄河下游全河段出现冲刷,水位也相应降低,其特点如下:

第一,1999 ~ 2002 年,除花园口水位有所降低外,夹河滩以下五站均是同流量水位抬高,2002 年以后,水位流量关系才开始降低。这可以从图 2-25 ~

图 2-32 及表 2-36[15,34] 中看出。从表 2-36 中不同时间 2 000 m³/s 各站水位变化看,调水调沙前 2002 年较之小浪底水库运用前的 1999 年 5 月,除花园口水位下降 0.48 m 外,其余六站均是抬高的,特别是高村、孙口、艾山、泺口四站水位抬高 0.41~0.54 m。这说明 1999~2002 年,按设计小流量细水长流冲刷,夹河滩到艾山水位不仅没有降低,反而有所抬高。只有 2002 年调水调沙以后出现大流量冲刷,同流量水位降低才迅速向下游发展。

表 2-36　流量 2 000 m³/s 的水位变化情况

时间		花园口	夹河滩	高村	孙口	艾山	泺口	利津
水位(m)	1999 年 5 月	93.67	76.77	63.04	48.07	40.65	30.23	13.25
	2002 年	93.19	76.93	63.45	48.54	41.19	30.65	13.50
水位变化(m)		-0.48	0.16	0.41	0.47	0.54	0.42	0.25
水位(m)	1999 年 7 月	93.49	76.77	63.03	48.07	40.84	30.24	13.26
	2006 年	92.10	75.62	61.74	47.42	39.97	29.37	12.41
水位变化(m)		-1.39	-1.15	-1.29	-0.65	-0.87	-0.87	-0.85

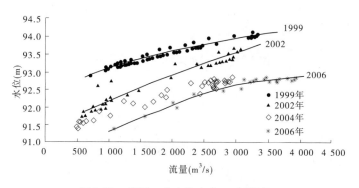

图 2-25　花园口水文站水位—流量关系

第二,从图 2-25~图 2-30 可以看出,花园口从 1999~2006 年同流量水位降低约 1.5 m。其他各站从 2002~2006 年水位降低情况:夹河滩 1.0~1.5 m、高村 1.2~1.5 m、孙口 0.8~1.0 m、艾山 1.0~1.2 m、利津 0.8~1.0 m。可见,2002 年后水位才大幅度降低。

第三,除孙口外,其他五站 2006 年在流量 3 000 m³/s 以上时,水位—流量关系迅速平缓,同高程流量迅速加大。这正是河流加大造床流量的效果。

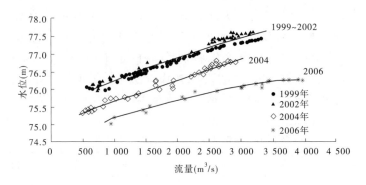

图 2-26　夹河滩水文站水位—流量关系

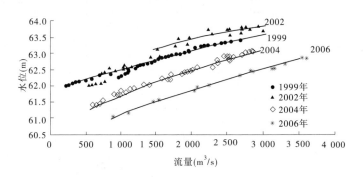

图 2-27　高村水文站水位—流量关系

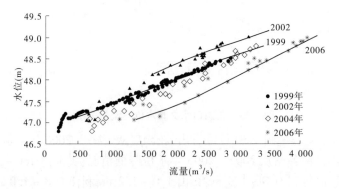

图 2-28　孙口水文站水位—流量关系

第四,需要指出的是,1960 年 9 月至 1964 年 10 月三门峡水库淤积

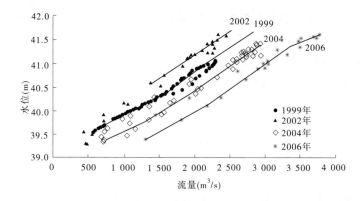

图 2-29　艾山水文站水位—流量关系

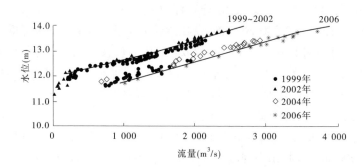

图 2-30　利津水文站水位—流量关系

45.0×10^8 t,下游河道冲刷 23.12×10^8 t,但是至 1964 年汛后 $Q = 3\,000$ m³/s 的洪水位降低并不多,见表 2-37[15,34]。从表 2-37 中可以看出花园口降低 1.32 m,夹河滩降低 1.32 m,高村降低 1.32 m,孙口降低 1.56 m,艾山降低 0.76 m,利津水位反而抬高 0.01 m。而小浪底水库在初期运行 7 年,水库淤积 23.28×10^8 t,下游河道冲刷 13.23×10^8 t,$3\,000$ m³/s 流量水位由图 2-26 ~ 图 2-31(见表 2-37)知:花园口降低 1.3 m,夹河滩降低 1.4 m,高村降低 1.3 m,孙口降低 0.85 m,艾山至少降低 1.0 m,利津降低也接近 1.0 m。尽管三门峡水库清水下泄期下游河道冲刷量较小浪底水库运用 7 年大 74.8%,但是其 $3\,000$ m³/s 的水位降低仅与小浪底水库初期运用下游高村以上各站水位降低相近;在山东河段,小浪底初期运用效果更好,尤其是利津站两者差距是很大的。原因是由于三门峡初期运用,是自然蓄水和滞洪,流量不稳定,变幅大,冲刷主要表现在岸滩崩塌,而主槽冲深占的比例小,加之中小流量的回淤,故水位降低少。而小浪底初期运用调水调沙时,控制了流量,使冲刷发生在主槽中,同时还避免天然条件下洪峰涨落过程中造成淤积的中小流量,从而使全河道贯通,故水位降低多。

表 2-37　三门峡水库运用初期与小浪底水库运用初期下游河道水位变化对比　　（单位:m）

时期	花园口	夹河滩	高村	孙口	艾山	利津
三门峡水库运用初期	− 1.32	− 1.32	− 1.32	− 1.56	− 0.76	+ 0.01
小浪底水库运用初期	− 1.30	− 1.40	− 1.30	− 0.85	− 1.00	− 1.00

2.8.4　调水调沙使山东河段冲刷比例大幅度增加

(1)在小浪底工程论证期间,大家颇为担心出现"冲河南,淤山东"。三门峡水库初期运用(1961~1964 年),下游河道无控制的冲刷,使上段游荡河段冲刷多,下段山东河段冲刷少。艾山至利津冲刷量仅占冲刷总量的 9.13%(见表 2-2),而且流量为 3 000 m^3/s 时,艾山水位降低少,利津水位未降低。尽管小浪底水库运用初期下游河道仅冲刷 13.23 × 10^8 t,仅及三门峡水库初期运用时冲刷量的 57.2%,但是艾山至利津冲刷 1.86 × 10^8 t[33],占其全部冲刷量的 14.1%。这两个数值均大于三门峡水库初期运用的数值。同样,艾山、利津水位降低数值也是如此,特别是利津水位。

(2)据前面研究[4],当流量小于 2 000 m^3/s 时,山东河段是淤积的,而当流量大于 2 500 m^3/s 时,山东河段是冲刷的。更雄辩的资料可见表 2-38。这是据文献[13]中列出的资料汇总的。从表 2-38 中可以看出如下几点:第一,汛期来水为中等含沙量(20~80 kg/m^3)时,不同流量各河段冲淤差别很大。当流量为 1 000~2 000 m^3/s 时,全河是淤积的,共淤积 8.41 × 10^8 t;当流量大于 3 000 m^3/s时,全河是冲刷的,共冲刷 9.31 × 10^8 t。这两级流量是全下游河道冲淤主体。流量为 2 000~3 000 m^3/s 时仅淤积 1.02 × 10^8 t。所有冲淤抵消后,仅淤积 0.12 × 10^8 t。第二,山东河段艾山至利津汛期中等含沙量水流明显冲刷的流量在 2 000~2 500 m^3/s 以上。若人为地去掉汛期中等含沙量时 1 000~2 000 m^3/s 的水沙,全河将由平衡转为冲刷 18.29 × 10^8 t。第三,从汛期含沙量小于 20 kg/m^3 的中小流量看(见表 2-38),尽管花园口以上冲刷 23.13 × 10^8 t,花园口至高村流量在 600 m^3/s 以上也是冲刷的,总冲刷量为 6.91 × 10^8 t,但是高村至艾山除流量大于 1 500 m^3/s 外,其余全是淤积,总淤积量为 3.91 × 10^8 t。而艾山至利津全部淤积,共淤积 10.00 × 10^8 t。由此明显看出,随着流量加大,挟沙能力加大,冲刷距离不断伸长,但是非汛期冲刷是不可能发展到艾山以下的。与此类似,表2-38 中列出的汛期平水期 1 000 m³/s 以下流量情况,也是花园口以上冲、以下淤。可见,要加大山东河道冲刷的比例,必须尽可能减少中小流量。否则,大流量冲刷后,中小流量又大量回淤,最后很可能造成"冲河南,淤山东"。

表2-38 1960~1996 年不同水沙下游河道冲刷情况

时期	流量级 (m³/s)	各河段的冲淤量(×10⁸ t)				
		三黑小—花园口	花园口—高村	高村—艾山	艾山—利津	全河段
汛期 平水期	0~1 000	-0.96	0.10	0.18	0.10	-0.58
非汛期 含沙量小于 20 kg/m³	0~400	-0.54	0.17	0.09	0.01	-0.27
	400~600	-1.56	0.39	0.41	0.68	-0.08
	600~800	-4.07	-0.70	1.50	1.38	-1.89
	800~1 000	-5.29	-2.65	1.90	2.36	-3.68
	1 000~1 500	-7.01	-3.16	1.21	3.75	-5.21
	>1 500	-4.66	-1.56	-1.21	1.82	-5.61
	合计	-23.13	-7.51	3.90	10.00	-16.14
汛期 含沙量 20~80 kg/m³	1 000~1 500	1.54	0.45	0.13	0.36	2.48
	1 500~2 000	3.97	1.88	0.20	-0.12	5.93
	2 000~2 500	0.89	0.73	0.02	-1.00	0.64
	2 500~3 000	0.47	1.58	-0.45	-1.22	0.38
	3 000~4 000	0.80	-0.79	-1.36	-1.91	-3.26
	>4 000	-2.61	-1.75	-0.70	-0.97	-6.03
	合计	5.06	2.10	-2.16	-4.86	0.14

(3)小浪底水库调水调沙期间,不仅放泄了大流量,人造了洪峰,加大了山东河道冲刷,而且平时除满足用水外,尽可能减少和避免中等流量如 800~2 000 m³/s 造成的山东河道回淤,从而使其冲淤比例加大,全河冲刷均衡,水位降低相近,显出全河贯通,尾部出海段通畅。

2.8.5 调水调沙的其他效益

通过水库泄水加大调水调沙的流量时,使小浪底变动回水区产生强烈冲刷(见图2-31[30])。图 2-31 表示一次降水时变动回水区冲刷了纵剖面上长约

40 km、深 10 ~ 15 m 的一块面积,按河宽 300 m 估计,冲刷下移泥沙量约 1.5×10^8 t。可见,大幅降低坝前水位,产生溯源冲刷,减轻淤积翘尾巴的作用是很大的。

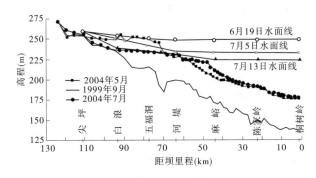

图 2-31　2004 年调水调沙期间小浪底库区纵剖面及沿程水面线

调水调沙降低水位运用,有利于异重流和人工异重流的产生并促使其排出库外,特别是当坝前已形成浑水水库后,排沙效果更好。如 2004 年 8 月,浑水水库排沙达 1.42×10^8 t,排沙比高达 83.3%。2003 年 9 月异重流排沙出库 0.74×10^8 t,使平均含沙量达 40.5 kg/m³。异重流排走的这些沙大部分为细颗粒,容易通过下游河道入海。如 2003 年 9 月 6 ~ 18 日,平均出库流量为 1 690 m³/s,通过区间加水,花园口平均流量为 2 390 m³/s,平均含沙量为 31.15 kg/m³,利津站平均流量为 2 330 m³/s,平均含沙量为 44.45 kg/m³。即小浪底水库出库沙量为 0.74×10^8 t,花园口沙量为 0.856×10^8 t,利津沙量为 1.207×10^8 t,除小浪底排出的沙量外,河道冲起的含沙量为 17.2 kg/m³。此值接近相应流量在冲刷条件下的含沙量,也接近前述五次调水调沙时利津平均含沙量（19.2 kg/m³）。由此可见,异重流排出的细颗粒沙量,消耗水流的能量是非常小的。

由于下游河道得到冲深,因此对某些河段的二级悬河形势也有所缓解。

2.9　黄河调水调沙的巨大潜力

本节根据作者研究成果[35],揭示了黄河调水调沙的巨大潜力。黄河调水调沙在防洪治河、减淤方面已发挥了很大作用,但是仍有巨大潜力有待发挥,这表现在两方面:一方面是现阶段尚有可进一步发挥的空间,另一方面是今后的巨大潜力。现阶段尚可发挥的余地有:①塑造洪峰加大了输沙能力,特别是扩大河槽;如果水量稍多,还有适当扩充的余地。②减少了中小流量,避免冲刷后的回淤及"冲河南、淤山东",但 800 ~ 2 000 m³/s 尚有减少的空间。③保证必要的平滩流量,不能单靠冲刷,要维持一定的洪峰;蓄水量稍丰,适当扩大平滩流量是有可能的。④尽管黄河下游河道有多来多排及多淤的特性,但平衡输沙才是输沙能力最大的。当然,全部都按平衡输沙是不可能的,如何安排是值得具体研究的。在今后的巨大潜力方面,需要特别强调的是,今后中游水沙调控体系建立后,调水调沙又有巨大潜力。这种潜力若能充分发挥,可使下游河道做到基本不淤。最后提及了发挥这种潜能的条件。

7 年来,8 次黄河调水调沙对防洪、治河、减淤已发挥了很大的作用,具有很大的效益,已如前述。需要进一步强调的是,由于黄河水沙调控体系尚未完全建成,因此调水调沙的潜力目前尚未充分发挥。

过去有一句名言,在一定程度上能形象地概括黄河的泥沙问题,这就是"水少沙多,水沙不搭配"。而调水调沙的目的就是解决水沙不搭配的问题。它通过改变水沙过程,使其适应黄河下游河道的特性,尽可能多地输走来沙,同时使下游各河段均衡健康地发展。从这个角度看,目前以小浪底水库和下游河道为中心(包括三门峡水库、万家寨水库等)的水沙调控体系,在调水调沙方面,虽然已发挥了很大作用,但是限于水沙调控体系目前尚未完全建成(如碛口和古贤水利枢纽,特别是古贤水利枢纽),调水调沙的巨大潜力无法充分发挥。在古贤水利枢纽建成的条件下,调水调沙潜力充分发挥后,有可能使黄河排走全部来沙。

2.9.1　现阶段调水调沙作用尚有进一步发挥的余地

现阶段的调水调沙已较充分利用了黄河下游输沙与演变的特性及规律,从而取得了好的效益,以下从四个方面说明如何利用它们来调水调沙,进而指出还可以进一步发挥的余地,以及某些需注意之处。

2.9.1.1　制造洪峰,尽可能发挥下游河道输沙能力

由于洪峰的输沙能力很大,因此可以通过人造洪峰,发挥其潜在的输沙能力。前面 2.2 节的研究已指出黄河下游有巨大的输沙能力。表 2-39 统计了全部 36 年资料[3](实际为 35.8 年或 13 073 d),得到三黑小总来水量为 14 408 × 10⁸ m³,年平均径流量为 402 × 10⁸ m³,总来沙量为 385.56 × 10⁸ t,年平均沙量为 10.77 × 10⁸ t,平均含沙量为 26.76 kg/m³,全下游河道淤积 36.32 × 10⁸ t。若去掉其中 20 次高含沙量洪水造成的淤积 37.22 × 10⁸ t,则河床冲刷 0.90 × 10⁸ t。

从这个资料可看出:第一,如果没有高含沙量洪水,黄河下游无论在洪峰期还是在全年做到不淤是不难的。第二,汛期水量 7 826 × 10^8 m³,占 36 年全部水量的 54.3%;相应来沙量 338.63 × 10^8 t,减去淤积的 39.34 × 10^8 t,排走的泥沙为 299.29 × 10^8 t,占全部来沙的 77.6%。可见,只要有适当的人造洪峰,完全可以利用剩下的 45.7% 的水,排走其余 22.4% 的沙量。事实上,此时若按前述 377 次洪峰期利津站的流量 2 468 m³/s 和含沙量 36.3 kg/m³ 制造洪峰,则仅需水量 2 378 × 10^8 m³,尚剩 14 408 − 7 826 − 2 378 = 4 204(× 10^8 m³)的清水。若去掉 1960 年 9 月 15 日至 1964 年 10 月的资料,按上述估计,则尚有清水 2 789 × 10^8 m³。

表 2-39　历年水沙及冲淤统计

时期	季节	天数 (d)	三黑小来水来沙		来水来沙日平均		冲淤(× 10^8 t)			
			水量 (× 10^8 m³)	沙量 (× 10^8 t)	流量 (m³/s)	含沙量 (kg/m³)	三门峡—高村	高村—艾山	艾山—利津	全河段
1960-09-15 ~ 1996-06	汛期	4 352	7 826	338.63	2 080	43.27	46.93	2.84	−10.43	39.34
	非汛期	8 721	6 582	46.93	874	7.13	−28.62	8.42	17.18	−3.02
	全年	13 073	14 408	385.56	1 276	26.76	18.31	11.26	6.75	36.32
1964-11 ~ 1996-06	汛期	3 813	6 518	321.5	1 978	49.3	62.22	6.56	−6.51	62.27
	非汛期	7 752	5 628	40.8	840	7.25	−23.14	9.20	15.80	1.86
	全年	11 565	12 146	362.3	1 215	29.8	39.08	15.76	9.29	64.13

小浪底水库调水调沙制造了 2 500 ~ 3 000 m³/s(3 500 m³/s)的洪峰,大幅度加大了输沙能力。据下一节分析,调水调沙除直接加大冲刷外,还有增值作用,产生进一步冲刷。目前,需要注意的是,由于下游河道床沙粗化明显,d_{50} 已增大 1 倍以上,冲刷河槽的效率会有所降低,因此在可能的条件下,应研究是否加大小浪底水库的排沙(包括异重流)。这是因为水库冲起泥沙在下游河道输送,较之下游河道冲刷的容易带走,且含沙量要大。当然,若从减少滩区淹没考虑,在水量可能的条件下加大流量以扩大主槽,使平滩流量达到 4 500 m³/s 以上也是有可能的。

2.9.1.2　避免中小流量,以防止"冲河南、淤山东"

要使黄河下游上、下河段均衡健康地发展,必须避免中小流量(如 800 ~ 2 000 m³/s),以防止冲刷河南段,淤积山东段。

黄河下游游荡型河段与弯曲型河段的输沙规律是不一样的。实测资料及前面的研究也从理论上得到证实,大体以花园口站流量约 2 500 m³/s 分界,小于此值时河南河段挟沙能力大于山东河段的挟沙能力,故"冲河南、淤山东";大于此值则相反,河南河段小于山东河段的挟沙能力,形成"冲山东"。山东河段较为窄深,主槽宽度仅为游荡型河段的 1/3 左右。因此,在同样淤积面积的条件下,山东河段承受能力很低。在小浪底初设阶段,如何避免"冲河南,淤山东"成了颇为关心的焦点之一。通过调水调沙尽可能减少了 500 ~ 2 000 m³/s 流量的出现,从而避免了"冲河南、淤山东"。表 2-38 的数据表明,对于非汛期($S < 20$ kg/m³),$Q < 600$ m³/s 冲刷仅在花园口以上,600 ~ 1 000 m³/s 可以发展到高村,大于 1 500 m³/s(小于 2 000 m³/s)才发展至艾山。可见,在 400 ~ 2 000 m³/s 流量下,山东河段艾山至利津均是淤积的。这还是在来水含沙量很低、全河累计处于冲刷的情况。

另外,从上述 36 年非汛期冲淤看,"冲河南,淤山东"是最为典型的。冲淤数据显示(见表 2-39),高村以上游荡型河段冲刷 28.62×10^8 t,高村至艾山淤积 8.42×10^8 t,艾山至利津淤积 17.18×10^8 t。即河南河段冲刷 28.62×10^8 t,山东河段淤积 25.6×10^8 t。从整个河道看,冲淤抵消尚需冲 3.02×10^8 t,似乎并不太差。但是从部位看则非常糟糕,特别是窄河段的艾山至利津段淤积 17.18×10^8 t,而大于 36 年该段的累计淤积量。幸亏这个期间的汛期,艾山至利津段冲刷 10.43×10^8 t,才使累计淤积量降至 6.75×10^8 t。更值得注意的是,这种输沙浪费了大量的水量。该期间全部非汛期来水 $6 582 \times 10^8$ m³,来沙 46.93×10^8 t,加上冲刷 3.02×10^8 t,则全部输走的沙量为 49.95×10^8 t,含沙量为 7.59 kg/m³。若按 377 次洪水利津资料做标准,输走 46.93×10^8 t 来沙,则需用水 $1 341 \times 10^8$ m³,仅为非汛期水量的 20.9%。

由此可见,要避免"冲河南、淤山东",必须减少 800 ~ 2 000 m³/s 中小流量。这是调整水沙搭配的另一项重要措施。目前阶段的调水调沙效益很好,超过了三门峡水库清水下泄阶段,主要就是减少了中小流量,基本消除了它们的回淤和对山东河道的淤积。其实,1960 ~ 1964 年下游河道洪峰是很大的,远远超过了调水调沙期间的人造洪峰,而效果不好的原因是没有避免洪水后中小流量的回淤和山东河道的淤积。

目前值得注意的是,从 1999 ~ 2006 年小浪底年平均出库资料[15]看,控制中小流量看来还有余地。例如,对山东河段淤积最不利的 800 ~ 2 000 m³/s 的流量共有 60 d,其水量有 59.7×10^8 m³。而大于 2 000 m³/s 的流量仅 15 d,水量仅 33.9×10^8 m³。可见,加大 2 500 m³/s 以上流量、减少 800 ~ 2 000 m³/s 的流量还是有空间的。

2.9.1.3　保证必要的平滩流量,必须有一定的洪峰

加大黄河下游的平滩流量,不仅是输沙的要求,更是按以人为本的原则,减少滩区淹没所需要的。否则,小浪底水库为滩区蓄洪太多,带来下游流域防洪风险。因此,保证必要的平滩流量正是调水调沙制造洪峰的重要根据,也是搭配好下游河道水沙关系的措施之一。

文献[10,33]指出,黄河下游河道洪水期的造床作用巨大,塑造横剖面的第二造床流量主要由连续5 d的最大洪峰流量决定,并且无论是花园口、高村还是艾山、利津,当5 d的平均流量为4 000 m^3/s时,它恰好就是第二造床流量。当5 d的平均流量小于4 000 m^3/s时,第二造床流量大于5 d的平均流量;反之,则相反。由于调水调沙均超过5 d,因此由它的平均流量就可推出其第二造床流量。当然,第二造床流量只是在平衡条件(指较长期河床变形平衡,不是指短期的输沙平衡)下平滩流量的期望值。在大的冲淤过程中两者是有差别的。冲刷时平滩流量大于第二造床流量,淤积时平滩流量小于第二造床流量。当然,平滩流量跟随第二造床流量有一个滞后过程。目前调水调沙后,最小平滩流量大约达到3 800 m^3/s,按调水调沙的平均流量2 800 m^3/s估计第二造床流量,则冲刷的影响大约加大了1 000 m^3/s。这表明现在的平滩河槽靠冲刷支持,已有相当比例。如果来水稍丰,则调水调沙的平均流量还可加大,如能加到3 500 ~ 4 000 m^3/s,即第二造床流量达到3 700 m^3/s,加上冲刷,有可能使最小平滩流量达到4 500 m^3/s以上。这样,对滩区的淹没会进一步减少,而且有相当显著的防洪效益。

2.9.1.4　如何利用"多来多排及多淤",从整体上加大输沙能力

"多来多排及多淤"是黄河下游河道的重要特性之一。"多来多排"的机制在本章第2.5节已详细论述。多来多排的原因有两个方面:一是不平衡输沙向平衡过渡,有一个含沙量S向挟沙能力S^*调整的过程,致使淤积时$S > S^*$,而冲刷时$S < S^*$;二是挟沙能力(更确切地说是平衡含沙量)的多值性,即淤积时平衡挟沙能力大,冲刷时平衡挟沙能力小。这两种原因均导致淤积时含沙量相对大,输沙能力大;冲刷时含沙量相对小,输沙能力小。例如,表2-40统计资料[35]表明,当利津流量基本相近(平均流量2 035 ~ 2 570 m^3/s),冲刷时含沙量为22. 55 kg/m^3,平衡时为36. 82 kg/m^3,而淤积时为69. 78 kg/m^3。可见,从输沙多而言,应首选淤积时的情况。但是若要维持河床平衡,淤积后必然要冲刷;而此时则要花费较高的代价。这样就存在一个问题,如何安排水沙关系,使排沙总量最大,同时河床累计不冲不淤。现在仍以上述资料为基础进行分析。从表2-40

中看出,当三黑小来水含沙量为 20~80 kg/m³ 时,利津含沙量为 36.82 kg/m³,全河段仅淤 0.12×10⁸ t,接近平衡。如果将其校正到完全平衡输沙,则需要将淤下的 0.12×10⁸ t 的沙也冲走,故此时挟沙能力为 $S^* = 113.32×10⁸×10³$ kg/3 074×10⁸ m³ = 36.86 kg/m³。相应的平均流量为 2 235 m³/s,而若全部按平衡输沙,则其平均流量为 2 319 m³/s,于是由挟沙能力公式

$$S^* = 0.000\,113\,\frac{Q^{0.087\,2}}{\omega^{0.92}}$$

知,当沉速不变时,利津全部水量 5 783×10⁸ m³ 的挟沙能力为 $S^* = \left(\dfrac{2\,319}{2\,235}\right)^{0.872} ×$ 36.82 kg/m³ = 38.02 kg/m³,故利津输沙量为 219.83×10⁸ t。

由于这个资料实际有较高含沙量水流的输沙,从表面上看,这似乎占了便宜,其实不然。按照表 2-40,包括三种输沙在内,实际利津输沙量仅为 203.99×10⁸ t,较之估计的平衡输沙量 219.87×10⁸ t,少 15.88×10⁸ t,并且对河道,后者不是淤 2.69×10⁸ t,而是冲 13.21×10⁸ t。可见平衡输沙效果好。尚需注意的是,若淤下的沙要冲走,以维持河道平衡,则耗水量更大。从表 2-40 进一步看出,经过 $S>80$ kg/m³ 的较高含沙量,虽然排沙多,但通过 1 m³ 的水,河床要淤 109.36 kg/m³ – 69.78 kg/m³ = 39.58 kg/m³ 泥沙。

表 2-40　冲淤状态对输沙能力的影响

三黑小含沙量范围 (kg/m³)	天数 (d)	利津水量 (×10⁸ m³)	实测输沙量 (×10⁸ t)		实测平均含沙量 (kg/m³)		河床冲淤 (×10⁸ t)	利津平均流量 (m³/s)	水沙改变(一)		水沙改变(二)		
			三黑小	利津	三黑小	利津			利津水量 (×10⁸ m³)	利津输沙量 (×10⁸ t)	利津水量 (×10⁸ m³)	利津输沙量 (×10⁸ t)	淤积估计 (×10⁸ t)
<20	937	2 080	21.82	46.90	10.88	22.55	−26.96	2 574	3 392	76.49	1 709	38.54	−22.39
20~80	1 592	3 074	123.99	113.20	37.41	36.82	0.12	2 235	1 391	51.22	3 074	113.20	0.12
>80	358	629	78.30	43.89	109.36	69.78	29.53	2 035	1 000	69.78	1 000	69.78	47.00
合计	2 887	5 783	224.11	203.99	37.14	35.27	2.69	2 319	5 783	197.49	5 783	221.50	24.73

若要维持河床平衡,需要用表 2-40 中 $S<20$ kg/m³ 的水来冲刷。后者通过 1 m³ 的水能冲刷 11.67 kg/m³ 泥沙。因此,将 39.58 kg 的淤沙冲走,需要 $\dfrac{39.58\ \text{kg}}{11.67\ \text{kg/m}^3} = 3.392$ m³ 的水。设将 $S>80$ kg/m³ 的水量加大 1 000×10⁸ m³,则

需要 $3\ 392 \times 10^8\ m^3$ 的 $S < 20\ kg/m^3$ 的水才能冲走而维持平衡。具体计算结果如表 2-40 中的"水沙改变(一)"栏。可见,尽管加大了 $S > 80\ kg/m^3$ 的洪水,似乎总输沙量会更大,但是由于回归平衡,因此导致利津总输沙能力的进一步降低。由实际的 $203.99 \times 10^8\ t$,降至 $197.49 \times 10^8\ t$,即减少了 $6.50 \times 10^8\ t$。若是与全部平衡时输沙量比较,则输沙量减少了 $22.67 \times 10^8\ t$。

附带指出,黄河下游多来多排特性是否没有可利用之处? 不能利用是指从维持平衡考虑。若接收淤积,则另当别论。事实上,在表 2-40 中"水沙改变(二)"栏列出了不计冲淤的调整,估计的利津输沙量为 $221.52 \times 10^8\ t$,已大于平衡时的输沙量,但是河床却淤了 $24.73 \times 10^8\ t$。需要说明的是,在估算淤积时,三黑小来水量是按表 2-20 中其与利津水量之比,再由改变的利津水量推出,而三黑小的沙量则由表 2-20 中的含沙量所改变的水量得到。至于引走及支流加入沙量,也按三黑小改变前后的水量放大。多来多排的这种利用正是在自然条件下黄河的历史事实。

对于调水调沙而言,一般应按接近平衡输沙时的原则安排。当然,若要冲刷扩大平滩流量则另当别论。按尽可能接近平衡输沙的原则运行,在一定时间后应由小浪底出库更多的泥沙。

2.9.2　今后调水调沙的巨大潜力[35]

在古贤水利枢纽建成后,黄河水沙调控体系基本形成,此时调水调沙会发挥其巨大潜力。中下游调的水量不仅会有一定增加和保证,更主要的是它与小浪底、三门峡水库配合,可以冲刷库内泥沙,能使下游河道接近饱和输沙,从而加大输沙入海的能力,有可能使其做到基本不淤。下面据历史资料和不同的来水来沙量,进行潜力的框算,以说明其可能性。

1) 对 1960 ~ 1996 年实测资料的"调整"

通过调水调沙,完全有可能使 1960 ~ 1996 年黄河下游做到不淤。要做到这一点,需有不同的调配方式。这里举出一种简单的调配方式。先采用 377 次普通洪水的输沙结果,即来水来沙(三黑小)为 $6\ 982 \times 10^8\ m^3$ 和 $260 \times 10^8\ t$,利津输出水量 $6\ 721 \times 10^8\ m^3$,沙量 $244.2 \times 10^8\ t$,而河道尚冲 $3.58 \times 10^8\ t$。进入下游河道的平均流量为 $2\ 490\ m^3/s$,含沙量为 $37.3\ kg/m^3$,出利津的流量 $2\ 468\ m^3/s$,含沙量为 $36.3 \times 10^8\ t$。进出差值包括引水(引沙)及支流汇入,特别是引走的影响大。

表 2-41 按上述 377 次洪水的标准,即按上述平均来水流量和平均含沙量标

准进行了框算。可见,调水调沙的水量 10 349 × 10^8 m^3,占全部进库水量 14 408 × 10^8 m^3 的 71.8%,即能输走全部来沙 386 × 10^8 t。36 年全部调水调沙的时间是 4 811 d,即每年 134 d,其余 231 d 每天有平均流量 569 m^3/s 而没有排沙任务。当然,调水调沙的平均流量并不意味着每天按这个流量放泄,而必须有较大一些的洪峰和一定的起伏变化,以利冲刷。

表 2-41　调整实测资料以充分发挥调水调沙潜力的设想方案

分类	时期	调水调沙期、枯水期、全年	三黑小三站					利津站					三利段冲淤量（× 10^8 t）
			水量（× 10^8 m^3）	沙量（× 10^8 t）	天数（d）	平均流量（m^3/s）	平均含沙量（kg/ m^3）	水量（× 10^8 m^3）	沙量（× 10^8 t）	天数（d）	平均流量（m^3/s）	平均含沙量（kg/ m^3）	
实际系列调整	1960-09-15 ~ 1996-06	调	10 349	386	4 811	2 490	37.3	9 879	352	4 633	2 468	36.3	0
		枯	4 059	0	8 262	569	0		0				
		全年	14 408	386	13 073	1 276	26.7		352				
	1964-11 ~ 1996	调	9 705	362	4 511	2 490	37.3	8 953	325	4 198	2 468	36.3	0
		枯	2 441	0	7 054	401	0		0				
		全年	12 146	362	11 565	1 216	29.5		325				

2)1964 年 11 月 ~1996 年实测资料的"调整"

由于前述资料中有 1960 年 9 月 15 日 ~1964 年 10 月三门峡水库下游冲刷的有利条件(来沙少),因此去掉这一段资料较有保证。对其余资料的调整亦见表 2-41。从表 2-41 可见,以来水 12 146 × 10^8 m^3 的 79.9% 的水量 9 705 × 10^8 m^3,排走了 362 × 10^8 t 来沙。调水调沙的总时间为 4 198 d,平均每年 142 d,其余 223 d 平均流量为 401 m^3/s,没有排沙任务。此时对利津而言,通过它的实测沙量为 261.09 × 10^8 t,加上要避免淤积的 64.12 × 10^8 t,则应排走的沙量为 325 × 10^8 t,需水仅 8 953 × 10^8 m^3。调水调沙总时间 4 198 d,平均每年仅 133 d。

3)不同来水来沙条件下调水调沙前景设想

不同来水来沙条件下,调水调沙的设想方案如下:采用调水调沙的水量均为全年的 75%,以利津平均流量 2 468 m^3/s 排走含沙量 36.3 kg/m^3 为标准。虽然来水来沙与利津的不尽相同,但平均而言,差别显然较小,加之手头无这项资料,故假定其相同。以利津做标准,条件更严格一些。在表 2-42 中对 5 种年径流量计算了调水调沙效果。可见,当用 75% 的水量可能排走的沙量也是很大的。它们的差别在于径流量小时,不仅输走的沙量少,而且枯季水量少、平均流量小。

表 2-42　不同来水来沙时充分发挥调水调沙潜力的设想方案

分类	时期	利津站					三门峡— 利津段冲 淤量 (×10⁸ t)
		水量 (×10⁸ m³)	沙量 (×10⁸ t)	天数 (d)	平均流量 (m³/s)	平均 含沙量 (kg/m³)	
不同来水来沙的设想	调	360	13.06	169	2 468	36.3	0
	枯	120	0	196	709	0	0
	全年	480	13.06	365	1 522	27.2	0
	调	300	10.89	141	2 468	36.3	0
	枯	100	0	224	517	0	0
	全年	400	10.89	365	1 268	27.2	0
	调	225	8.17	106	2 468	36.3	0
	枯	75	0	259	335	0	0
	全年	300	8.17	365	957	27.2	0
	调	150	5.44	70	2 468	36.3	0
	枯	50	0	295	196	0	0
	全年	200	5.44	365	634	27.2	0
	调	75	2.72	35	2 468	36.3	0
	枯	25	0	330	88	0	0
	全年	100	2.72	365	317	27.2	6

从表 2-42 中可以看出,如按来水来沙量,来水 480 ×10⁸ m³,用 75% 的水,即 360 ×10⁸ m³ 水量,按平衡输沙条件可排走泥沙 13.06 ×10⁸ t,此时调水调沙的天数为 169 d,不排沙的天数 196 d,平均流量 709 m³/s。若是特枯年,来水 100 × 10⁸ m³,75% 的水还可排走 2.72 ×10⁸ t 沙,调水调沙天数为 35 d;没有排沙任务 330 d,平均流量 88 m³/s。

现在的问题是按照表 2-42 中设想的不同径流量可排走的沙量与实际来沙量的差距如何? 是否彼此能接近? 若可排走的沙量远小于来沙量,则说明通过调水调沙也可以有相当效果,但是难以解决排走全部来沙。设想的不同径流量可排走的沙量与实际资料对比见表 2-43。从表 2-43 中可见,对于 1999 年以前资料,花园口站 5 个时段中有 3 个时段 75% 的水可排走沙量大于实际来沙量 (1974 ~ 1980 年、1981 ~ 1985 年、1986 ~ 1999 年),只有两个时段小于来沙量,并且全部总计也是可排走沙量大于来沙量。值得注意的是,小于来沙量的时段,均是水量大的时段,此时只要再加大调水比例(使其超过75%)就是可以解决的。事实上,只需将1950～1959年调水调沙水量加大到84.6%,将1965～1973年调水调沙水量加大到87.4%,即可将全部来沙排走。此时前者调水调沙期为176 d,其余189 d,平均流量为422 m³/s,后者调水调沙期为172 d,其余193 d平均流量为318 m³/s。尚需说明的是,1999年11月～2006年10月花园口来沙是指没有小浪底水库的情况。

至于利津站,全部可排走沙量均大于或非常接近实际输沙量。这些说明按377次洪水排沙资料和采用75%的水量调水调沙是有可能解决黄河下游河道不断淤高的问题的。

表2-43　75%水量可调沙量与实际输沙量的比较

时期	花园口站			利津站		
	平均年水量 (×10⁸ m³)	平均年沙量 (×10⁸ t)	可输走沙量 (×10⁸ t)	平均年水量 (×10⁸ m³)	平均年沙量 (×10⁸ m³)	可输走沙量 (×10⁸ t)
1950～1959	448	14.24	12.53	445	12.21	12.11
1965～1973	423	13.82	11.83	389	10.66	10.56
1974～1980	437	10.10	12.20	341	8.40	9.28
1981～1985	507	9.00	14.08	394	8.81	10.69
1986～1999	276	6.83	7.72	151	3.98	4.08
1950～1959 及 1965～1999	394	10.62	11.02	320	8.37	8.71
1999-11～ 2006-10	222	3.98	6.21			

2.9.3　充分发挥调水调沙潜力的条件

前面指出,若要充分发挥调水调沙的潜力,用75%来水排走全部来沙,需要有一定条件,主要有两个方面:观念转变;相应的可行性研究和工程配套设施。

(1)观念转变。尽管调水调沙取得了巨大的经济社会效益,但是社会上以及在部分水利工作者中,限于以往的经验,对于调水调沙尚不够理解,有的颇有微词。因此,促使一些观念转变是很必要的。这包括:①充分认识黄河下游河道的两面性,并尽可能利用其有利的一面,如堆积性与洪水时的巨大输沙能力、游荡多变与平衡的趋向性、多来多排多淤及挟沙能力的多值性、"冲河南、淤山东"或者相反等。②在掌握了黄河输沙和演变规律后,充分利用黄河两面性有利的一面,在相应的工程条件下,改变水沙搭配不好的问题,而人为地加以控制。几年的调水调沙实践,证实了在一定条件下,可将原来小浪底水利枢纽中防洪减淤任务的减淤上升一个台阶,起到改善河道的作用,并且从远景看,通过研究和试验,调水调沙有可能使下游河道基本做到相对平衡,或者几乎没有淤积,再上升一个台阶。

(2)配套工程的实施。要大规模调水调沙,目前的水库工程远不配套。调水调沙的最大困难是调沙,为此要有大的水库蓄水、蓄沙、冲沙。因此,更有效的调水调沙,至少要有两个大的水库,特别是需要制造较高含沙量的洪水时,尤其如此。如上库提供水,下库提供沙,制造 $30 \sim 40 \ \mathrm{kg/m^3}$ 含沙量洪水,并且顺利向下输送是不难的。这已被调水调沙期间三门峡水库及小浪底水库三角洲洲面上的冲刷所证实。为此要争取古贤水库上马。当然,在古贤水库上马前,也应想方设法在可能的条件下利用现有水库,扩大调水调沙的规模。

2.10　对调水调沙理解的几个误区和
对有关质疑的讨论

作者曾对调水调沙的一些议论、质疑和不同意见进行仔细分析,发现其中有一些误区和不符合实际的看法。对这些问题提出一些看法,澄清有关认识,讨论有关质疑是很必要的[36]。

由于黄河输沙和变形的复杂性,加之调水调沙和清水冲刷改变了原来河道的一些规律,从而使调水调沙一些深刻的机理难以被理解,因此出现了一些不同的看法和议论,这是完全正常的。但是有不少看法是认识上的误区。本书对这些误区进行了讨论,力求透过现象揭示本质:对第一个误区"小浪底水库造成下游河道冲刷基本是清水下泄作用,与三门峡水库初期运用并无什么差别",笔者进行了深入分析,得到不论冲刷总量、冲淤部位、利津含沙量、洪水位降低、滩槽冲淤差别,小浪底运用结果均较三门峡为优,显现出调水调沙的效果;对第二个误区"小浪底水库初期运用坝前水位超高太多,对水库淤积与下游河道冲刷均有不利影响",本节指出,在以人为本的要求下,尽可能不淹滩地,是小浪底水库调整运用方式的根本原因;对第三个误区"调水调沙作用很小,冲刷 $2.764 \times 10^8 \ \mathrm{t}$,只占 7 年总冲刷量的 20.9%",本节认为调水调沙不单是洪水冲刷,而且包括了峰后中等流量的回淤。且从泥沙搬家的角度分析了调水调沙的冲刷量是可以增值的,指出主槽冲刷、洪水位降低以及平滩流量加大均会增加以后的冲刷,认为调水调沙的作用远不止 20.9%。

2.10.1　三门峡水库初期运用对下游河道的效果与小浪底水库的对比

有人认为小浪底水库的调水调沙作用不大,与三门峡初期运用的单纯清水冲刷并无差别。事实究竟如何?

2.10.1.1　冲刷总量对比

1960 年 9 月 15 日 ~ 1964 年 10 月三门峡水库淤积 45.0×10^8 t,下游河道冲刷 23.11×10^8 t,冲淤比为 0.513[2]。小浪底水库 1999 ~ 2006 年共淤积 23.28×10^8 t,下游河道冲刷 13.23×10^8 t,冲淤比为 0.568。小浪底水库的冲淤比要大。据黄河水利委员会最近统计数字认为主槽冲淤比达 0.63。

2.10.1.2　冲淤部位

按照文献[15]、[4]资料统计了三门峡水库初期运用 1961 ~ 1964 年及小浪底水库初期运用 1999 年 11 月 ~ 2006 年 10 月资料,黄河下游各段冲刷资料如表 2-44 所示。从表 2-44 可以看出:第一,两水库运用初期,冲刷主要集中在高村

表 2-44　三门峡与小浪底水库初期运用下游河道冲刷对比

水库名称	运用时期	冲淤量($\times 10^8$ t)					艾山—利津段冲刷比例
		花园口以上	花园口—高村	高村—艾山	艾山—利津	利津以上	
三门峡	1961 ~ 1964 年	− 6.06	− 8.98	− 4.56	− 1.62	− 21.22	0.076 4
	1961 ~ 1964 年汛期	− 6.96	− 8.05	− 3.85	− 3.92	− 22.78	0.173
	1961 ~ 1964 年枯水期	0.90	− 0.93	− 0.70	2.30	1.57	
	1961 ~ 1962 年	− 3.79	− 6.04	− 2.53	− 0.84	− 13.20	0.063 6
小浪底	1999 年 11 月 ~ 2006 年 10 月	− 4.63	− 5.42	− 1.32	− 1.86	− 13.23	0.141
	1999 年 11 月 ~ 2006 年 10 月汛期	− 2.28	− 2.38	− 1.37	− 2.47	− 8.50	0.290
	1999 年 11 月 ~ 2006 年 10 月枯水期	− 2.35	− 3.04	0.05	0.61	− 4.73	

以上,这是游荡型河道特性使冲刷发生摆动展宽造成冲刷量大所致。第二,三门峡水库运用时,艾山—利津仅冲刷 1.62×10^8 t,仅占总冲刷的 7.64%;而小浪底水库运用时,该河段冲刷 1.86×10^8 t,占总冲刷的 14.1%,较之三门峡的几乎大

一倍。值得注意的是,小浪底水库运用时该河段的绝对冲刷量也大于三门峡的。第三,两者汛期,艾山—利津河段冲刷所占的比例也是小浪底水库运用时的大,为三门峡水库的 1.68 倍。另外,注意到三门峡水库 1961~1962 年全下游河道冲刷量为 13.20×10^8 t,与小浪底几乎相等,但是艾山—利津冲刷量为 0.84×10^8 t,仅为小浪底 1.86×10^8 t 的 45.2%。可见,小浪底水库下游河道冲刷均匀,真正是全河贯通。

2.10.1.3　利津含沙量对比

三门峡水库运用初期,进入下游的水量为 $2\ 322 \times 10^8$ m³,沙量为 23.32×10^8 t,下游河道冲刷为 23.11×10^8 t,则输走的含沙量为 20.0 kg/m³。当引水的含沙量与黄河相同时,这就是出利津的含沙量。而在小浪底运用期,进入下游的水量为 $1\ 553 \times 10^8$ m³,出库沙量为 4.58×10^8 t,下游河道冲刷 13.23×10^8 t,故利津含沙量为 11.5 kg/m³。尽管含沙量小于三门峡水库的 20.0 kg/m³,但是两者的流量差别大,故不能得出小浪底水库排沙效果差。事实上,按上述水量,三门峡运用时进入下游河道的平均流量为 $1\ 893$ m³/s,而小浪底水库运用时平均流量为 703 m³/s。根据前面的公式(2-5),将 $\omega^{0.92} = 0.003\ 00$ (m/s) 代入有

$$S^* = 0.000\ 113 \frac{Q^{0.872}}{0.003\ 00}$$

则前者的挟沙能力为 27.1 kg/m³,后者为 11.4 kg/m³。于是小浪底水库下游冲刷已达到它的挟沙能力,而三门峡则没有达到。可见,小浪底水库的排沙效果好。若扣出调水调沙冲刷的 2.764×10^8 t,则小浪底水库出利津的含沙量将降至 9.72 kg/m³,同样也小于其挟沙能力。这说明小浪底水库下游河道冲刷效果好,完全是调水调沙的作用。

2.10.1.4　洪水位降低对比

在表 2-45 中列出了三门峡水库及小浪底水库初期运用水位降低对比。其中,小浪底水库运用期水位降低由文献[31]统计,三门峡水库的由文献[4]算出。从表 2-45 可看出如下几点:第一,尽管三门峡水库 1961~1964 年初期运用下游河道冲刷总量较之小浪底水库 1999 年 11 月~2006 年 10 月运用时的大 60.3%(见表 2-44),但两者的水位下降在艾山以上彼此相近,艾山以下小浪底水库运用期的降低要多,特别是利津和罗家屋子。三门峡水库运用期,罗家屋子水位抬高 0.80 m,而小浪底水库运用期,尽管没有河口水位,但是利津—河口冲刷 0.495×10^8 t,所以河口水位不可能抬高。显然,三门峡水库运用期下游冲刷并未将全河拉通,尾部段水位反而抬高。第二,三门峡水库 1961~1962 年下游

河道的冲刷量为 13.20×10^8 t(见表 2-44),与小浪底水库 1999 年 10 月~2006 年 11 月的相同,但是两者水位下降差别大。在夹河滩以下,三门峡水库运用时水位下降平均仅为小浪底水库的 1/3 左右。第三,三门峡水库运用 1960 年 10 月~1961 年 7 月下游河道水位在高村以上降低,高村以下抬高,反映出"冲河南、淤山东"。此时,相应的河道冲刷若是按 1960 年 9 月 15 日至 1962 年 3 月 19 日,约 8 个月冲刷 9.76×10^8 t(见表 2-21)的一半估计,约为 4.88×10^8 t。而小浪底水库在 1999 年 10 月~2002 年 5 月调水调沙前,下游河道铁谢—河口冲刷总量 4.059×10^8 t,与三门峡水库的相近。"冲河南,淤山东"也是类似的,只是小浪底水库在此期间运用时,夹河滩以下水位全部抬高,不仅河段较三门峡水库的范围长,而且抬高的幅度大(见表 2-45)。这表明如果不调水调沙,在小浪底水库运用时平均流量小,"冲河南、淤山东"的现象较之三门峡的更为严重。

表 2-45　三门峡水库及小浪底水库初期运用流量 3 000 m³/s 时水位变化情况

（单位：m）

水库名称	时间	黄河下游各站水位变化									
		铁谢	官庄峪	花园口	夹河滩	高村	孙口	艾山	泺口	利津	罗家屋子
三门峡	1960-10 ~ 1961-07	-0.52	-0.43	-0.26	-0.09	-0.01	+0.11	+0.14	+0.19	+0.34	+0.30
	1960-09-15 ~ 1962-10	-0.99	-0.90	-1.49	-0.61	-0.38	-0.55	-0.30	-0.31	+0.16	-0.05
	1960-09-15 ~ 1964-10	-2.81	-2.07	-1.30	-1.32	-1.33	-1.56	-0.75	-0.69	+0.01	+0.80
小浪底	1999-10 ~ 2002-05		-0.45	+0.15	+0.25	+0.35	+0.25			+0.10	
	2002-05 ~ 2006-04		-0.90	-1.55	-1.55	-1.20	-1.25			-1.10	
	1999-10 ~ 2006-05		-1.35	-1.40	-1.30	-0.85	-1.00			-1.00	

注:"-"表示下降,"+"表示抬升。

2.10.1.5　滩槽冲淤的差别

三门峡水库 1960 年 9 月 15 日~1964 年 10 月运用,下游河道总冲刷过程中由于流量较大,主流摆动游荡发生了大量塌滩,其比例达46%[34]。而小浪底水库这种现象少[15]。据第三次调水调沙试验结果看,仅在白鹤—高村主槽宽度有所增加,其值为30～370 m,平均约为170 m,仅占原河宽1 026 m的16.5%。由文献[33]知,在高村—利津不仅河宽均无增加,而且略有减少。另外,从首次调水调沙看,全断面冲刷 0.362×10^8 t,二滩淤积 0.200×10^8 t,河槽冲刷 0.562×10^8 t。而在河槽冲刷的 0.562×10^8 t中,主槽冲刷 1.063×10^8 t,嫩滩淤积 0.501×10^8 t。资料表明,二滩与嫩滩均为淤积,结合这两组数据可见,小浪底水库调水调沙较之三门峡运用期间塌滩是很少的,原因很简单,调水调沙中尽量使水不上滩。这一点与三门峡水库运用期间的蓄水与自由滞洪是不一样的。

综上所述,由于小浪底水库初期运用进行了调水调沙,控制了流量,减少了下游河道(山东河道)产生淤积的流量,加大了山东河道冲刷的流量,并且限制了水流基本不上滩,因此使其对下游河道冲刷的上述五个方面的效果均优于三门峡的。

2.10.2　小浪底水库实际运用与论证和设计时的差别

小浪底水库在实际运用中,由于情况变化,原来认识与实际情况存在差距,因此结合调水调沙和实际情况的考虑,对原有运用方式作了一些修改,是完全正确的。对于这些改变,有人不理解,提出了一些质疑,诸如,初期蓄水位过高,使水位拦沙过多,使淤积部位上延,没有按"拦粗排细"进行等。另外,出现新的情况是从以人为本出发的,小浪底水库运用必然要考虑滩区安全,从而使水库拦洪流量从原规划的8 000 m^3/s 及以上大幅下降。而在小浪底开始运行时最小平滩流量仅1 800 m^3/s,若因保滩区而蓄水,来了大洪水,就有很大风险。这是黄河下游防洪的一个瓶颈,保大堤(流量8 000 m^3/s)与保滩地矛盾。下面分析上述几个问题,以说明小浪底水库实际运用是完全正确的。

2.10.2.1　调水调沙,扩大河流主槽是保滩的首选,也是最有效措施

显然,在保滩区与保大堤不发生矛盾,即中小洪水时,可以通过蓄水保滩区,但会增加小浪底水库的淤积,而且减少下游河道冲刷,如按1 800 m^3/s 以上蓄水,必然是"冲河南,淤山东"。而对于大洪水,则只能保大堤,滩区无法顾及。此时,除非加大调水调沙的力度和规模,以扩大造床流量,提高主槽的过洪能力,否则无其他措施可行。黄河水利委员会及时调整了小浪底水库运用方式,把迅速扩大下游河道的造床流量作为最主要的目标之一。7年的调水调沙实践证明了这样做是完全正确的,目前已能在行洪3 800～4 000 m^3/s 条件下,做到滩区

不上水,这一点,河南、山东两省滩区的人民是举双手赞成的,说明调水调沙是一项重大的民生水利措施,而且是在不加任何工程的条件下做到的。这种利用水动力扩大了近 900 km 的河槽,使平滩流量加大 1 000 ~ 2 000 m³/s,在世界治河史上是没有的。从而使小浪底工程的主要兴利目标由防洪减淤,升华到防洪减淤和改善下游河道。

按照迅速扩大造床流量的目标,水库必须在避开防洪风险的条件下,加大蓄水量,使泥沙在库内多淤一些和加大下游河道的冲刷流量,从而加快扩大断面的进程。

2.10.2.2　小浪底水库实际运用坝前水位是否过高

小浪底水库实际运用的坝前水位的确较设计值过高,一般要高 10 ~ 25 m,因而有人不理解。当然,这首先是贯彻前述以人为本,将迅速扩大主槽、减少中小洪水上滩作为小浪底工程兴利主要目标所决定的。由于不够理解,因此对抬高库水位在技术上提出了诸多疑点。诸如:①加大了水库淤积,缩短了水库拦沙减淤运用的寿命和下游河道减淤的效益;②设计水库主汛期排沙比应控制在 50% ~70% ;③水位升高改变了初设中水库为锥体的设想,而形成了三角洲淤积,致使泥沙以淤在有效库容和变动回水区为主;④库水位抬高,加速了淤积上延,会影响到三门峡水库电站尾水;⑤加速了异重流向支流倒灌,形成了倒锥体,以致拦门沙,影响支流库容的应用;⑥低水位蓄水才能做到"拦粗排细",避免对下游河道冲刷无效的细颗粒淤积。这些问题,有的与水位升高有关,难以避免;有的则是可以调整的;有的是认识上的误区。下面分别予以讨论。

第一,关于库水位高降低了排沙减淤效率及减少水库寿命的问题。首先,在文献[23]中指出,小浪底水库下游河道冲刷量最大值为 46.11×10^8 t,在水库排沙比 $\eta_1 = 0.171\ 5$ 处,此时 $\eta_2 = 3.23$,这表明要使下游河道冲刷量很大,必须将大量泥沙拦在水库中。其次,水库减淤比也有极大值,在 $\eta_1 = 0.70$ 处。此时,黄河下游河道处于不冲不淤,故减淤效果最好,减淤比(减淤量与水库淤积量的比值)为 0.827。而减淤年限也有极大值,仍在 $\eta_1 = 0.70$ 处。因此,并不是水库排沙比 η_1 很大,减淤比就很大。事实上,据文献[29],如按质疑提出的 $\eta_1 = 0.90$,若年来沙量为 15.6×10^8 t,自然条件下游河道淤积量为 3.87×10^8 t 时,则下游河道年淤积量为 3.33×10^8 t,水库淤积年限为 129 年,尽管此时每年河道年均淤积减少了 0.54×10^8 t,但是河道始终仍在大量淤积。可见,一方面泥沙在水库中不断淤积,另一方面下游河道也在不断淤积,水库的淤积并未交换到下游河道冲刷,特别是近期毫无改善河道效果,此时水库寿命延长至 129 年,又有什么实际意义?

第二,是否能按有的建议将水库排沙比 η_1 控制在 $0.50 \sim 0.70$。此时,下游年排沙比 η_2 为 $1.32 \sim 1.00$。按最近 7 年水库来沙情况,即令 $\eta_1 = 0.5$,下游河道仅能冲刷 0.634×10^8 t。显然,这种冲刷太慢,7 年冲刷量也仅 4.44×10^8 t $\sim$ 0,或其平均 2.22×10^8 t,远小于 1999 年 10 月 $\sim$ 2006 年 10 月下游河道冲刷量 13.23×10^8 t,而前者还处于"冲河南,淤山东"的难堪局面。

不仅如此,按照初设排沙比的要求,小浪底水库实际蓄水位不是高了,而是低了。按初设中的计算结果(见表 2-46[15]),当坝前水位为 205 m 时,3 年水库淤积量为 23.95×10^8 t,排沙比 $\eta_1 = 0.130$。实际上,小浪底水库 7 年运用,尽管坝前水位很高,但是实际排沙比为 0.16,就是说要满足设计的排沙比 $\eta_1 = 0.130$,还应再抬高水位,这说明实际运用水位不是高了,而是低了。由表 2-46 可知,小浪底水库初设冲淤比为 $6.89/23.95 = 0.288$。三门峡水库 4 年冲淤比为 $23.11/45.0 = 0.513$,而小浪底水库 7 年运用冲淤比为 $13.23/23.28 = 0.568$,若按公式(2-36)计算,前面已经得到下游河道冲刷量为 11.1×10^8 t(表 3-23 中 3 号资料),故冲刷比为 $11.1/23.13 = 0.480$。因此,无论从哪方面看初设的冲淤比还是太小,不能满足加大下游河道冲刷量的要求。由于加大冲刷比,必须抬高坝前水位,使淤积加大,出库含沙量降低,从而加大下游河道冲刷量。由此可见,从冲淤比看,小浪底水库水位也不是高了,而是低了。其实从水库排沙比看,已经很小了,抬高水位作用很小,原因在于表 2-46 中计算的冲刷量不可靠。

表 2-46　小浪底水库不同起始运行水位库区及下游河道淤积量

时间	起始水位 (m)	年序 (年)	水库淤积量		水库排沙比(%)	下游淤积量 ($\times 10^8$ t)		下游减淤量 ($\times 10^8$ t)	拦沙减淤比(%)
			$\times 10^8$ m³	$\times 10^8$ t		无小	有小		
1～3 年	200	3	18.42	23.95	13.0	10.21	-6.89	17.1	1.4
	205	3	19.89	25.86	10.7	10.21	-6.95	17.16	1.51
	220	3	19.91	25.88	5.9	10.21	-7.50	17.71	1.46
	230	3	19.91	25.88	5.9	10.21	-7.50	17.71	1.46
	245	3	19.91	25.88	5.9	10.21	-7.50	17.71	1.46

第三,质疑者认为水库为锥体淤积,看来并不符合实际。在图 2-32[15] 中给出了小浪底水库不同时期三次淤积纵剖面,不论水位高低均为三角洲。其中,2001

年主汛期平均水位为 209.8 m,2006 年主汛期平均水位为 227.4 m,均是较低的。虽然 2001 年水位与初设考虑的 210 m 完全一致,但是仍然为三角洲淤积体。

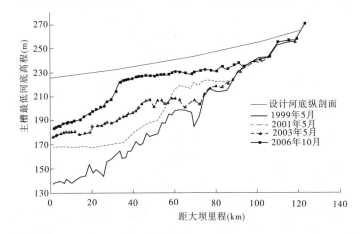

图 2-32　小浪底库区淤积纵剖面形态

　　第四,水库水位高,自然会加速淤积上延,长期这样发展,可能会影响三门峡水库电站的尾水位。但是调水调沙后,坝前水位变幅很大,也有大幅度下降的。典型的例子是 2003 年 10 月,三角洲顶点位于距坝 72.06 km 处,顶点高程为 244.4 m。到 2004 年 5 月,经一个枯季淤积,顶点位置未变,但高程升至 244.86 m。但是至 2004 年 7 月,经过汛期低水位平均为 226.8 m 运行,三角洲面发生大量冲刷,三角洲收缩,顶点距坝仅 48 km,缩短了 34 km,顶点高程仅为 221.07 m,下降了 23.69 m。更形象的情况可见图 2-33[15]。从图 2-33 中看出,冲刷长度约 30 km,厚度约 20 m,同时形成了一个新的三角洲。可见,对于年内坝前水位变幅大的水库,变动回水区(三角洲及其尾部段)冲淤调整的幅度也是很大的。在一定条件下,甚至能使整个形态基本适应于新的水位,而与前期水位关系不大。这就是说,在一定条件下水位下移,三角洲整体也会跟着下移,基本保持原有形态。有关机理可见文献[22]。

　　此外,尚需要提到的是,变动回水区的这种冲刷常常会产生明流浑水和异重流(或异重流浑水水库),从而逢调水调沙时,可以将其排出库外。例如,2004 年 8 月 22~31 日,入库沙量为 1.71×10^8 t,加上在此期间上述三角洲洲面冲刷约 1.2×10^8 t,估计其中约 1.0×10^8 t 泥沙形成异重流[9]。这样在潜入点异重流总沙量为 2.71×10^8 t,排出库外达 1.42×10^8 t,排沙比达到 0.525。若从进库算起,则排沙比为 0.832,这是小浪底水库运用以来排沙效益最大的。

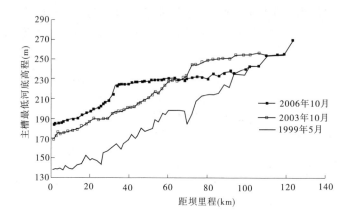

图 2-33　小浪底各个时期库区淤积纵剖面形态

第五,加速了异重流向支流倒灌的问题。支流库容大小除本身特性外,还与支流入口的位置有很大关系。支流汇口靠水库下游,它的壅水就高,库容大;反之较小。因此,若水库的泥沙淤积部位靠上,虽然使库区上段支流倒灌淤积,但是支流库容毕竟小,下段的支流库容还能很好地利用;反之,可能使水库下段支流倒灌先淤,支流库容损失的绝对量可能并不小。

第六,至于拦粗排细,据文献[36]在 2.7 节中已详细阐述。又有在水库排沙比 λ_1 在 0.2 左右才有明显效果。当水库排沙比大时,如排沙比达 50%,则拦粗排细的效果不很明显,对下游河道冲刷的影响很小;而当 $\eta_1 = 0.70$ 时,则基本无效果。

2.10.3　调水调沙与水库下游清水作用分析

本章的前面部分对小浪底水库初期运用下游河道冲刷的效益作了较全面的分析,不少地方强调了调水调沙的作用。但是由于对黄河下游复杂特性掌握不全面,调水调沙与一般水库下游清水冲刷的差别了解不够清楚,因此有人对其评价往往只从冲淤总量上比较,认为至 2006 年,调水调沙下游河道冲刷仅为 2.764×10^8 t,而自 1999 年 11 月~2006 年 10 月,全部冲刷为 13.23×10^8 t,即调水调沙冲刷占 20.9%,而不调水调沙的清水冲刷占 79.1%。单纯从总冲刷量看,调水调沙效果似乎有限。于是认为调水调沙效果不大,甚至可有可无。笔者认为,这种看法是很片面的。2.764×10^8 t 仅仅是制造洪峰期间加大冲刷的量,而不是全部调水调沙的效益。再说即使从冲刷量看,也远不止 2.764×10^8 t。

(1)调水调沙冲刷量不单是造峰的冲刷量。如果不调水调沙，只能细水长流，考虑水流不上滩，把出库流量控制在 1 800 m^3/s 以下，河道冲刷量会有明显减少，不仅仅减少 2.764×10^8 t。这里举出两个历史资料来分析。第一，1960 年 9 月 15 日 ~ 1996 年全部非汛期(共 8 768 d)[3] 资料统计，三黑小来水 $6\,582 \times 10^8$ m^3，来沙 46.93×10^8 t，全下游冲刷 3.02×10^8 t，即平均来水流量 910 m^3/s，平均含沙量 7.13 kg/m^3，排出沙量 49.95×10^8 t。假定支流引水含沙量与干流相同，则出利津含沙量估计为 7.59 kg/m^3。另外，小浪底水库运用 7 年来，来水量 $1\,553 \times 10^8$ m^3，来沙量 4.58×10^8 t，下游河道冲刷 13.23×10^8 t，排出沙量 17.81×10^8 t。其平均来水流量 703 m^3/s，出利津的含沙量估计为 11.47 kg/m^3。由于 36 年的非汛期资料较之 1999 ~ 2006 年全年流量大，水力因素强，且冲刷少，因此如果不调水调沙，小浪底细水长流的单纯清水冲刷，其出利津含沙量不应超过 36 年非汛期的。即使取 36 年利津含沙量，如果不调水调沙，不突破大流量限制，则估计小浪底水库 7 年利津输沙量也只有 $1\,553 \times 10^8$ m^3 × 7.59 kg/m^3 = 11.79×10^8 t，去掉来沙量(4.58×10^8 t)，则仅能冲 7.21×10^8 t。那么除直接调水调沙冲刷 2.764×10^8 t 外，尚有多余冲刷量($17.81 - 11.79 - 2.764$) × 10^8 t = 3.256×10^8 t。第二，上述 36 年内非汛期低含沙($S < 20$ kg/m^3)水流共 5 388 d[3]，三黑小来水 $3\,996 \times 10^8$ m^3，平均流量 858 m^3/s，来沙 8.23×10^8 t，平均含沙量 2.06×10^8 m^3，流量在 800 ~ 2 000 m^3/s(超过2 000 m^3/s 极少)的水量为 $2\,712 \times 10^8$ m^3，占总来水量的 67.9%。小浪底水库运用 7 年，平均来水流量 703 m^3/s，来水含沙量 2.95 kg/m^3，而流量在 800 ~ 2 000 m^3/s 的水量为 59.7 × 10^8 m^3 × 7 = 418×10^8 m^3，占总来水量的 26.9%。可见，两者的来水含沙量相近，但是小浪底运用后的平均流量小，大流量少，不调水调沙，下游流量按不超过 1 800 m^3/s 控制，则下游河道冲刷情况不应超过上述 36 年的冲刷水平。而 36 年非汛期低含沙量水流下游河道总冲刷量为 16.14×10^8 t。按冲刷量与来水量成正比，则小浪底水库不调水调沙下游河道冲刷量为 1 553/3 996 × 16.14 × 10^8 t = 6.27×10^8 t。

从上面两个资料可以看出，如果不调水调沙，按下泄流量不超过 1 800 m^3/s 控制，则下游河道 7 年冲刷量大体为 6.02×10^8 ~ 6.27×10^8 t，相当于调水调沙(包括 1 800 m^3/s 以上非调水调沙)的冲刷量为 6.96×10^8 ~ 7.21×10^8 t。

(2)调水调沙期在横剖面内的有效冲淤量，不只是 2.764×10^8 t。事实上，2002 年首次调水调沙后实现了泥沙横向搬家，超额地扩大了主槽，如表 2-47 和图 2-35 所示。

从表 2-47[33] 和图 2-35 可以看出如下三点。第一,首次调水调沙后,尽管白鹤—河口全河段净冲刷量仅为 0.362×10^8 t,但是各部位的变化却很大。例如,河槽冲刷 0.562×10^8 t,但滩地(二滩)却淤积 0.200×10^8 t,主槽冲刷 1.063×10^8 t,而嫩滩淤积 0.501×10^8 t。因此,代数和的冲刷量并不能反映河槽与主槽的冲刷效果。第二,从全断面总冲刷量来看,虽然仅为 0.362×10^8 t,但是扩大主槽的冲刷量却是 1.063×10^8 t,几乎为全断面总冲刷量的 2.94 倍,即主槽发生了"超额"冲刷(超过全断面的冲刷量)。显然,这对冲刷引起的水位降低和挟沙能力加大起到了重要作用,后者会引起新的冲刷,包括加大非调水调沙期的冲刷,或减少其淤积。第三,平滩流量的加大,这主要由河槽冲刷来反映,应是冲刷 0.562×10^8 t 的作用,也大于全断面冲刷量 0.362×10^8 t。

表 2-47　首次调水调沙试验下游各河段滩槽冲淤量[28]　(单位：$\times 10^8$ t)

河段	全断面	二滩	嫩滩	主槽	河槽
白鹤—高村	−0.191	0.044	0.357	−0.590	−0.235
高村—艾山	0.054	0.156	0.102	−0.204	−0.102
艾山—河口	−0.225	0	0.042	−0.267	−0.225
白鹤—河口	−0.362	0.200	0.501	−1.063	−0.562

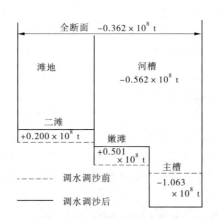

图 2-34　首次调水调沙下游河道滩槽冲淤示意

(3)横断面冲淤调整,冲刷使断面变为窄深,减小了河相系数,加大了挟沙能力。表 2-48 是根据文献[33]的数据估计的河相系数变化和挟沙能力变化。挟沙能力变化是按公式(2-1)

$$S^* = \frac{K}{\omega^{0.92}} \frac{J^{1.255} Q^{0.251}}{n^{2.508} \xi^{0.501}}$$

ω、J、n、Q 相同时计算的,即采用

$$\frac{S^*}{S_0^*} = \left(\frac{\xi_0}{\xi}\right)^{0.501}$$

表 2-48 表明,不论是游荡型河段,还是弯曲型河段,河相系数均减小,而挟沙能力估计加大到 1.16 倍和 1.17 倍。

表 2-48　河相系数变化和挟沙能力变化情况

河段	河宽(m)		河底高程变化（m）	2 000 m³/s 流量时水位降低值（m）	平滩水深估计(m)		河相系数变化 $\dfrac{\xi_0}{\xi}$	$\dfrac{S^*}{S_0^*}$ 估计
	2002 年 5 月	2004 年 7 月			冲刷前	冲刷后		
白鹤—高村	1 026	1 195	− 0.63	− 1.02	1.40	2.03	1.34	1.16
高村—利津	474	460	− 0.90	− 0.90	2.68	3.58	1.36	1.17

　　(4)调水调沙改善了纵向冲淤部位,使冲刷沿程均匀,非细水长流可比。如不调水调沙,流量大于 1 800 m³/s 蓄水,就会"冲河南,淤山东"。例如,1999 年 11 月~2002 年 5 月,下游河道虽然冲刷了 3.00×10^8 t,但是只在高村以上冲刷了 3.42×10^8 t,高村以下淤积了 0.42×10^8 t。或者说这是冲刷时间短的情况,如果冲刷时间长,就会向下延伸。事实上,由于游荡型河道河宽大,提供的沙多,因此冲刷向下发展是很慢的。河型的差别,反映出流量 2 000 m³/s 是河南河段挟沙能力小于山东河段的,如果上游输来的粗颗粒与本河段细颗粒交换少,泥沙沉速难以变细,冲刷向下发展就很困难,致使非汛期和中小洪水常常是"冲河南,淤山东"。1960 年 9 月 15 日~1996 年 6 月,全部非汛期(11 月至翌年 6 月)资料显示,三黑小至花园口 36 年中仅有 6 年淤(三门峡水库库内冲刷时小水带大沙造成),其余全部冲刷,总冲刷量为 18.49×10^8 t;花园口至高村有 8 年淤积,其余全为冲刷,总冲刷量为 10.13×10^8 t;高村至艾山,有 7 年冲刷,其余全是淤积,总淤积量为 8.42×10^8 t;艾山至利津全部淤积,总淤积量为 17.18×10^8 t。冲淤抵消,全河尚冲 3.02×10^8 t。但是河南河段冲刷 28.62×10^8 t,山东河段淤积 25.6×10^8 t。这是最典型的"冲河南,淤山东"。长期"冲河南,淤山东"将导致山东河道萎缩,水沙出海受阻,河流无法畅通,不仅山东河道水位抬高,而且河

南河道水位降低也会削弱,完全打破了黄河下游河道在天然条件下彼此和谐相处的格局。三门峡水库运用期间,下游河道冲刷部位很不理想,明显反映出"冲河南、淤山东",致使水位下降没有小浪底水库运用期好。

(5)河道纵剖面泥沙搬家,使有效冲刷量大于实际冲刷量。冲积性河道在洪水时常常是窄河段冲得多,宽河段淤积多或冲得少,将河流纵向各段向均匀、平衡方向调整。因此,调水调沙这种大流量调整纵剖面冲刷的数量会远大于冲淤代数和的冲刷数量。这与前面提到的横剖面调整时主槽冲刷量是净冲刷量为冲刷量代数和的2.94倍类似。例如,在窄河段的冲刷实际可能是 $x + 2.764 \times 10^8$ t,在宽河段的淤积可能是 x,两者抵消后,冲刷只有 2.764×10^8 t,而最有效的窄断面冲刷常常不止 2.764×10^8 t。正是这种宽淤(或少冲)窄冲,导致下游河道过水断面的加大沿程很均匀,宽断面冲深浅,窄断面冲深多,致使上、下河段造床流量变得很均匀。这些现象如表2-49所示,它是根据文献[33]得到的。

表2-49　调水调沙下游各站平滩流量增加情况　　　（单位:m³/s）

时间	花园口	夹河滩	高村	孙口	艾山	泺口	利津
2002 年	3 130	3 120	2 960	2 800	2 670	2 650	2 500
2006 年	3 970	3 930	3 900	3 870	3 850	3 820	3 750
增加值	840	810	940	1 070	1 180	1 170	1 250

从表2-49中可以看出:第一,黄河从上至下由宽变窄,平滩流量逐渐加大,反映出窄断面冲得多,宽断面冲得少;第二,经过冲刷,平滩流量沿程均匀变化,为3 750 ~ 3 970 m³/s。可见,从加大平滩流量来看,调水调沙的作用,也远不是清水冲刷的 2.764×10^8 t 所能做到的。

综合上述五点,可见调水调沙的实际冲刷量远不是调水调沙期间的冲刷量,而是要大得多。估计它的直接冲刷量和影响后期冲刷量(或少淤)当在 7×10^8 t 左右。当然从防洪和治河考虑,扩大平滩流量则是更重要的。

参 考 文 献

[1] 韩其为. 黄河下游输沙能力的表达[J]. 人民黄河,2008(11):1-2.

[2] 韩其为. 黄河下游输沙及冲淤的若干规律[J]. 泥沙研究,2004(3):1-13.

[3] 韩其为. 黄河下游巨大的输沙能力与平衡的趋向性[J]. 人民黄河,2008(12):1-3.

[4] 黄河水利委员会勘测规划设计研究院. 黄河下游冲淤特性研究[R]. 郑州:黄河水利委员

会勘测规划设计研究院,1999.

[5] 韩其为. 第一造床流量及输沙能力的理论分析[J]. 人民黄河,2009(1):1-4.

[6] 韩其为. 小浪底水库初期运用及黄河调水调沙研究[J],泥沙研究,2008(3):1-18.

[7] 陈绪坚,韩其为.黄河下游造床流量的变化及其对河槽的影响[R].北京:中国水利水电科学研究院,2007.

[8] 韩其为. 水库不平衡输沙的初步研究[Z]. 黄河泥沙研究协调小组编印,1973:145-168.

[9] 韩其为. 论挟沙能力级配[C]//第六届全国泥沙基本理论研讨会论文集(第一册). 郑州:黄河水利出版社,2005.

[10] 韩其为,江恩惠,陈绪坚.黄河下游第二造床流量研究[J].人民黄河,2009,31(2):1-4.

[11] 韩其为,江恩惠. 小浪底水库淤积及黄河下游河道冲淤规律研究[R]. 北京:中国水利水电科学研究院,2007.

[12] 胡春宏,郭庆超. 塑造黄河下游中水河槽措施研究[R]. 北京:中国水利水电科学研究院,2005.

[13] 赵业安,周文浩,费祥俊,等.黄河下游河道演变若干基本规律[M].郑州:黄河水利出版社,1998.

[14] 黄河水利委员会黄河水利科学院,水利部黄河泥沙重点实验室.黄河下游造床流量的物理意义及计算分析[R].郑州:黄河水利科学院水利部黄河泥沙重点实验室,2007.

[15] 黄河水利委员会.小浪底拦沙初期运用分析评估报告[R].郑州:黄河水利委员会,2007.

[16] 韩其为,关见朝.挟沙能力多值性及黄河下游多来多排特性分析[J].人民黄河,2009(3):1-4.

[17] 沙玉清. 泥沙运动引论[M]. 北京:中国工业出版社,1965.

[18] 侯晖昌. 河流动力学基本问题[M]. 北京:水利电力出版社,1982.

[19] 曹汝轩,邓贤艺,钱善琪,等. 水流挟沙能力双值关系研究[R]. 西安:西安理工大学,1999.

[20] 韩其为. 扩散方程边界条件及恢复饱和系数[J]. 长江理工大学学报:自然科学版,2006(3):7-19.

[21] 韩其为,陈绪坚. 恢复饱和系数的理论计算方法[J]. 泥沙研究,2008(6):8-16.

[22] 韩其为.水库淤积[M].北京:科学出版社,2003.

[23] 韩其为. 小浪底水库淤积与下游河道冲刷的关系[J]. 人民黄河,2009,31(4):1-3.

[24] 毛继新,王崇浩,韩其为. 三峡水库下游河道(宜昌—大通)冲刷计算研究[G]//长江三峡工程泥沙问题研究(1996~2000年第七卷). 北京:知识产权出版社,2002.

[25] 涂启华. 对小浪底水库运用的建议与研究意见,2006.

[26] 国际泥沙培训中心. 泥沙信息参阅[J]. 2007(1).

[27] 韩其为,李淑霞.小浪底水库的拦粗排细及异重流排沙[J].人民黄河,2009(5):1-5.

[28] 徐建华,李晓宇,李树森. 小浪底水库异重流潜入点判别条件的讨论[C]//异重流问题学术研讨会文集. 郑州:黄河水利出版社,2006.

[29] 黄河水利科学研究院. 2004 年黄河调水调沙小浪底水库异重流排沙设计专题报告[R]. 郑州:黄河水利科学研究院,2004.

[30] 黄河水利科学研究院. 小浪底水库历年异重流排沙分析[R]. 郑州:黄河水利科学研究,2004.

[31] 韩其为. 黄河调水调沙的效益[J]. 人民黄河,2009(5):6-9.

[32] 韩其为. 论黄河调水调沙[J]. 天津大学学报,2008(9):1015-1026.

[33] 黄河勘测规划设计有限公司. 小浪底水库调水调沙运用情况[R]. 郑州:黄河勘测规划设计有限公司,2007.

[34] 潘夏娣,李勇,等. 三门峡水库建设后黄河下游演变[M]. 郑州:黄河水利出版社,2006.

[35] 韩其为. 调水调沙的巨大潜力[J]. 人民黄河,2009(6):1-4.

[36] 韩其为. 对调水调沙理解的几个误区和有关质疑的讨论[J]. 人民黄河,2009(6):5-9.

第 3 章　对三门峡水库泥沙问题的若干研究

3.1　三门峡水库处理泥沙的经验教训

对三门峡水利枢纽的失误及改建成功的讨论、评价已有大量的文章,本章仅从泥沙淤积角度进行浅述。本章所引用的一些历史资料主要是根据文献[1]汇编的各种文件、文章,以及后来有关三门峡水库改建和淤积的各种研究成果。

3.1.1　三门峡水库规划决策的主要失误

3.1.1.1　以不切合实际的 100×10^8 m³ 防洪库容为目标,追求高坝大库一次解决洪水威胁

尽管三门峡水库是按综合效益设计的,但是其最主要的任务是防洪。根据提出的千年一遇洪水,水库下泄流量不超过 6 000 m³/s,需要防洪库容 72×10^8 m³;加上出现下大洪水(伊洛河与沁河洪水),下泄流量控制在 10 000 m³/s,则尚需 28×10^8 m³,两者之和为 100×10^8 m³[2]。为了在 50 年内均满足 100×10^8 m³ 防洪库容,显然总库容中要加上其间的淤积。当正常蓄水位为 360 m 时,初步设计中 50 年的淤积量是 336×10^8 m³[2],则要求总库容为 436×10^8 m³,正常蓄水位则要接近 355 m。加上其他的因素,所以三门峡水库正常蓄水位选择 360 m。

当正常蓄水位为 360 m[2] 时,总库容为 640×10^8 m³,防洪库容 100×10^8 m³,装机容量 110.5×10^4 kW,库面积 3 500 km²,淹没耕地 350 万亩(1 亩 = 1/15 hm²,下同),迁移人口 89 万人。其中,渭河库容 220×10^8 m³,淹没了关中平原的大量良田。可见这样做的代价太大了。导致决策失误的指导思想不仅仅是希望一次解决黄河下游的洪水问题,更重要的是防洪指导思想不是“以泄为主,蓄泄兼筹”,而是以蓄为主。其实,按照原设计,加大水库拦蓄洪水数量,限制下泄洪水不超过 6 000 m³/s,违背了大水出好河的规律,将会缩小平滩面积及降低平滩流量,对河道与防洪并不利。导致这个决策失误的原因很多,包括控制黄河下游洪水和修建水利工程的迫切心态,科技水平的限制,技术上苏联专家的压倒地

位,领导对重大工程决策缺乏经验,对移民安置采取了强制政策,淡化了后者的深远影响和难度。

3.1.1.2 当时对在水库淤积的现象和规律缺乏认识,没有对决策发挥必要的支撑作用,而形成一些误解

对泥沙在水库中的淤积现象和规律缺乏认识,表现在如下几点。

(1)泥沙在水库中的淤积是从回水末端由上至下传播的。同时,淤积要抬高水位,抬高的水位会引起再淤积,从而又形成淤积向上游发展,即淤积的翘尾巴。对于这一点,当时认识很不够,例如具有代表性的发言称"当三门峡水库水位不超过340 m时,(西安)决不可能受到影响;当水库水位达到350 m时,西安市城区和咸阳市也不可能受到影响。目前的问题是,当水库水位达到350 m时,距西安市城区10多 km的北郊草滩镇一带是否受到影响?""如果按照上述措施,渭河和黄河干流的含沙量能够逐渐减少,水库和渭河口的淤积不严重,渭河在西安处的水位就不至于受到回水影响,因水库而引起的浸没问题也将不会发生。"[3]

三门峡水库实际运行资料表明,其淤积翘尾巴是很严重的,远大于当时的一些估计,从1960~1999年,三门峡水库汛期平均运行水位305.3 m(年平均最高运行水位324.03 m),枯季平均运行水位314.4 m(年平均最高运行水位329.69 m)[4],远低于初设水位。但是,渭河的淤积末端已接近咸阳,河底高程已达380 m。这与原来的认识相差甚远。事实上,促使三门峡工程改造最关键的因素就是水库淤积翘尾巴对西安的威胁。

(2)对水库淤积部位及库型对淤积的影响缺乏认识。

水库淤积部位,即水库淤积在库内纵、横向的分布对水库淤积速度、影响的表现是不一样的。例如,纵向淤积的分布就影响着水位抬高的分布,在淤积接近平衡时水库尾部段就如此,它受制于水库建库前河道的坡降与淤积平衡坡降之比。渭河淤积翘尾巴严重,就是因为它的下游属于冲积河道,淤积平衡坡降与原坡降差别小。从淤积分布的横向看,主要是受"淤积一大片,冲刷一条线"规律的影响,使宽断面相对淤积(相对于总淤积面积占断面面积之比)大。这表明湖泊型水库会加大淤积,最后保留的面积很小,这种情形对湖泊型水库是不利的。而正常蓄水位为340~350 m的三门峡水库就是典型的湖泊型水库,这正是其泥沙淤积多的原因。如果选择峡谷型水库则是另外一种情况。

在三门峡水库改建议论阶段,林一山(1965年)就拟向中央提出若在八里胡同修坝,会使淤积量占总库容的比例很小,并且提出了能够长期保留库容的想法。

小浪底水库是一个更典型的例子,正常蓄水位为275 m,总库容为126.5 ×

10^8 m³,防洪库容为 40.5×10^8 m³,拦沙库容为 75.5×10^8 m³,装机 180×10^4 kW,淹没耕地和迁移人口均很少,而初、中期仍采取蓄水运用。

（3）对水库淤积过程、淤积数量缺乏具体研究,大都以一年平均淤积量来表征,往往只是一个粗略估计。致使有一些问题各说各的,无法达成共识。

例如,介绍初步设计的文献[2]称:对关键性的泥沙问题,在技术经济报告中,已引起极大注意,因为黄河泥沙携带量非常大,水库很快淤满,使一切要求都不能达到。但是由于这个问题在国外未充分研究,同时更缺乏肯定的输沙能力,空间条件对悬移质移动机制作用,以及沉积物颗粒密度和河床推移质资料。对于这个问题,专门请了苏联列宁格勒著名泥沙专家 И. И 列维教授、М. А 德米捷也夫教授协助研究。但是,列宁格勒全苏水工研究所的两个试验只能分别反映淤积后坝前冲刷形态为漏斗,以及泄空冲刷只能在淤面上冲刷出边坡很陡的一段深槽,可能由于泥沙固结。异重流的排沙最后也是简单地按汛期 $d > 0.01$ mm 细颗粒来量与通过深水孔水量 P 和通过水电站的水量 W 之比的乘积成比例。这个量约为 2.6×10^8 t,占全年来沙总量的20%。

显然,这些粗浅甚至似是而非的看法不能作为黄河上大型水利枢纽设计的依据。

（4）应用的来沙量偏小,对水土保持减沙的效果估计太大,对异重流排沙比例也明显失真。初步设计采用的来沙量为 13.6×10^8t[2],实际应为 16.2×10^8t。

据谢家泽报告[3]称,当时对水土保持减沙的效果有几种估计:陕西省提出1960年减少40%,1962年减少60%,1967年减少80%或85%;黄河水利委员会提出1967减少30%～40%,50年后减少70%～80%;苏联列宁格勒设计院提出1967年减少20%,50年后减少50%。可见,苏联列宁格勒设计院估计的减沙量是最少的。那时对水土保持效果普遍强调,认为"在优越的社会主义制度基础上,肯定能突破1967年减少20%,50年后减少50%"的目标。据水电部党组1958年报告[4],"三门峡设计方案假定,至1967年减少泥沙20%,1977年减少50%。一般认为这样的估计显然偏低了,陕西省估计到1962年减少39%,1967年减少75%,这样的估计也可能偏高,也可能实现。由于实际资料不够,这个问题可以不再争下去"。最后初步设计采用苏联列宁格勒设计院提出的1967年减少20%,50年后减少50%[2]。有人认为将水土保持效益估计过高是苏联专家的意见,看来未必符合实际。

需要指出的是,不少人认为"宏观决策失误的根本在于对水土保持作用估计错误"[3]。其实这不是主要的,事实上,在三门峡水库1960年9月至1962年

3 月蓄水运用期间[5]，汛期最高水位仅 332.58 m，平均水位 324.02 m，潼关以下淤积 14.3×10^8 m³，潼关以上淤积 3.2×10^8 m³，即全水库淤积约 19.2×10^8 t，占来沙总量的 93.2%，特别是潼关河床累计升高了 4.5 m，当时已感到无法承受，遂改为降低水位滞洪排沙。当时，水库坝前水位远低于设计水位，淤积量尚不足 20×10^8 t。可见，并不是淤积量大反映出了淤积的严重性，而是淤积部位较原设想的要向上很多、潼关河床淤积厚度很大，即翘尾巴反映出了淤积的严重性，那么，按初步设计 50 年淤积 336×10^8 m³，则每年平均淤积 6.72×10^8 m³。三门峡水库实际淤积量为 17.5×10^8 m³，相当于设计 2.6 年淤积。也就是说，从淤积量看，若按从最深点向上平淤考虑，则初步设计淤积 2.6 年也不会有什么问题，水位也不会有什么抬高，是可以承受的。因此，对淤积部位认识的错误，才是决策失误的主要原因之一。

初设对异重流的排沙效益估计也是与实际不符合的。实测资料表明，"1960～1964 年，到达坝前的异重流排出的沙量约占这些洪水进库总沙量的26.5%，但这是就整个时期而言，异重流排沙量仅占同期总进库沙量 10% 左右。"[6]这个数据包括了 1962 年改为滞洪运用，有利异重流排出的情况。若按1960 年 9 月至 1962 年 3 月蓄水运用，受底孔开启及爬高的影响，出库总沙量仅占来沙总量的 5.9%[5]。可见，异重流实际排沙量约占全年总沙量不足 6%，而不是 20%。

（5）对黄河下游河道特性缺乏认识，从而尽可能减少下泄洪水。

初步设计提出的 100×10^8 m³ 的防洪库容，就是限制三门峡水库下泄洪峰流量不超过 6 000 m³/s。前面已指出这一点不仅不符合河道防洪的基本原则"以泄为主，蓄泄兼筹"，更主要的是将下游河道安全泄量估计过小，不符合黄河的"大水出好河"的规律。没有大洪水冲刷，主槽就会缩窄。即使在当时已有专家提出黄河下游河南段安全泄量为 15 000 m³/s。按这样大流量的河槽，若最大只泄 6 000 m³/s，即使河槽处于冲刷状态，但是从局部看仍会有冲有淤，也会塌滩，而且游荡段水深浅，河槽并不是固定的，经过长期演变，最后河槽会与不大于6 000 m³/s 的来水相适应。这样，就出现了一个奇怪的现象，拦沙多，下游河道河槽会不断缩小，泄洪能力就降低。从输沙看，平衡输沙是效率最高的。可见，从接近平衡输沙及"大水出好河"两点考虑，就能松绑 100×10^8 m³ 防洪库容和质疑尽量多拦沙的思路。

3.1.2　对当时的各种不同意见的看法

1957 年对三门峡水利枢纽组织了讨论，根据讨论的综合意见[7]、专家发言摘要[8]，以及某些专家发言的记录，现提出几点看法。

（1）大部分专家虽然对初步设计方案提出了某些质疑、补充，但是对正常蓄水位方案是基本肯定的，或认为是比较妥当的。他们认为360 m 高程以下，库容很大，可以充分调节水量，发挥综合利用效能。同时，对于上游水土保持效果难以乐观和对下游河道在水库建成后所引起的影响缺少把握时，利用较大库容拦沙，延长水库寿命是必须考虑的[7]。

正是由于对水土保持减沙效果远没有把握，对水库淤积的速度及部位缺乏认识，拦沙与排沙对下游河道冲淤的影响各执一词，加之确定防洪标准的指导思想以拦占上风，就形成了反对的意见和不同的看法，但没能阻碍初步设计的通过和实施，这是当时科技水平限制的表现。当然，经过讨论，为减少初期移民数量，在满足国民经济最低限度的要求下，压缩初步运用水位则是一种大多数人的意见。这可能对后来中央决定压低正常水位有一定影响。

对于不同意见难以接受，与苏联专家的压倒地位有关，例如当时温善章提出了一个很有潜力的低方案设想，尽管装机和灌溉水量有所减少，但防洪库容能基本保证，泥沙淤积很少，特别是能大幅度减少移民和投资，比较符合当时的社会经济条件、科技水平和摸索前进的实际。但是四位苏联专家[9]认为这是"一个狭隘利用三门峡水利枢纽的新方案，而不是什么对苏联列宁格勒水电设计分院设计方案的补充和意见"。意思是两个方案不可比，而且武断地提出该方案50年淤积量为360 m 方案的5/8，即淤 212.5×10^8 m³。这样，就简单地把他的意见压下去了。温善章提出的方案最高蓄水位为 335 m，总库容约 100×10^8 m³，按他的调度原则，是不会淤积 200×10^8 m³ 以上的[9]。

（2）有一部分专家是基本肯定，部分否定，或者肯定的比较具体，否定的是观点上的。而其观点往往虽能引起注意，却很难被采纳。典型的例子如一位教授的发言[10]分为两个部分。第一部分认为初步设计中确定正常蓄水位方法是不全面的，而他提出的区域经济水利规划理论较好，经用正常蓄水位 345 m 比较，按初步设计中的方法，调节洪水和调节灌溉与航运仅为 90×10^8 m³ 库容；而按他的方法，则可得到 170×10^8 m³ 库容。因此，他建议的方法得到的经济坝高应较现行方法得到的 360～370 m 为低。这一部分花了很大篇幅，但未涉及反对三门峡工程的修建。在第二部分，他提出了一些观点和建议，如批评"有坝万事足，无泥一河清"；库尾泥沙淤积会抬高水位；"出库清水却又使下游的防护发生困难"；若不是调节水流，"那些故意把泥沙留在库内的设计思想是错误而且有害的"；"设法怎样刷沙出库将是河沙问题研究方面的必然趋势"；"上述两种措施都要求在坝底留有容量相当大的泄水洞"。显然,这些观点和建议是值得注意的。但是,由于缺乏具体的内容和针对性,也看不出明确反对三门峡枢纽工程,故难以引起重视。

(3)在很明确地反对三门峡枢纽初步设计,而且提出具有建设性方案的人中当属温善章[11]和叶永毅[12]。温善章提出一个方案,以代替初步设计的 360 m 方案。其正常蓄水位为 335 m,汛期来水不超过下游安全泄量时,能有 90×10^8 m^3 的防洪库容。坝前维持最低死水位(300 ~ 305 m)汛后蓄水,以便下游灌溉所需。同时有 80% ~ 85% 的年份能满足灌溉和航运的要求,只是发电量要减少 45×10^8 m^3,而迁移人口仅 10 万 ~ 15 万人,不及 360 m 方案的 11% ~ 17%,投资仅为 2.0 亿 ~ 3.5 亿元。

叶永毅提出的方案为[12]:汛期(7 ~ 10 月)只拦洪不蓄水,当 $Q \leqslant 6\,000$ m^3/s 时全部由泄水孔排出;大于 6 000 m^3/s 时,只泄 6 000 m^3/s,估计此时淤积量平均为 2.8×10^8 m^3,相当于来沙量的 25%,考虑到水土保持在 10 年后能使来沙量减少 20%,50 年减少 50%,则 50 年的淤积量仅 94×10^8 m^3,加上 90×10^8 m^3 的防洪库容,则千年一遇洪水仅需库容 184×10^8 m^3,相当于水位 342.5 m,远低于正常蓄水位 350 m 或 360 m。同时,这个方案能满足 3 000 ~ 4 000 亩灌溉水量,20 万 ~ 25 万 kW 保证出力。

上述两个方案都颇具建设性。其中温善章的方案尽管数据较粗略,但从后来三门峡实际运行看,若以他提出的方案为基础,经进一步研究、调整、补充,再加上对水库运用方面的摸索,基本可以实现。事实上,从三门峡水库修建后实际运行看[13],1960 ~ 1999 年,汛期平均坝前水位为 305.3 m,最高 320.24 m,汛后 314.4 m(最高 329.69 m)。按照 1960 ~ 2006 年 47 年资料[13],三门峡潼关以下淤积 36.48×10^8 t,潼关以上(包括龙门至潼关、渭河、北洛河)淤积 52.60×10^8 t,水库总淤积 89.68×10^8 t,年平均淤积 1.9×10^8 $t^{[13]}$。

可见,按照温善章方案的架构大体上是可以承受的,而且如在 305 m 以下,泄量能达到下游安全泄量(如 10 000 m^3/s),则淤积会较现状为少。他的方案没有得到足够重视,是很可惜的。显然,限于当时的科技水平,以蓄水为主的防洪观念和尽可能减少下游河道泥沙的指导思想,加之苏联专家在技术上的压倒性地位,以及领导决策操之过急,让他们接受这个方案,并停下来研究、实施也是很难做到的。

3.1.3　三门峡水利枢纽工程的改建是成功的

三门峡水利枢纽工程的改建是成功的,改建后 12 年内水库淤积是平衡的。

周恩来总理对三门峡工程的问题及时听取意见,调查了解,决定先后两次改建。经过两次改建后,达到了很好的效果。改进期间的 1969～1973 年[14],汛后就使潼关以下库区冲刷了 $3.95×10^8$ m^3,潼关高程由 328.63 m 降至 326.64 m,即降低了 2 m。而在以后运行的 1974～1985 年的 12 年中,从各方面看,水库淤积均达到了平衡。

3.1.3.1　1974～1985 年水库淤积达到了平衡[12]

(1)1974～1985 年,三门峡水库潼关以下仅淤 $0.59×10^8$ t,即平均每年淤积 $492×10^4$ t,而且主要淤积部位在滩上。这相当于冲积河道洪水期的河漫滩淤积,可见其主槽是平衡的。同时还应指出,从冲淤部位看,淤积发生在黄淤 30 断面以下,共淤 $0.86×10^8$ t;黄淤 30 断面以上冲刷 $0.28×10^8$ t。这表示此种淤积不应对潼关高程产生影响。

(2)各段淤积分别为:小北干流冲刷 $0.21×10^8$ t,渭河下游冲刷 $0.39×10^8$ t,北洛河淤积 $0.10×10^8$ t。三门峡全水库淤积 $0.090×10^8$ t,即年淤积 $75×10^4$ t。

(3)在此期间(按起止时刻为汛后),潼关高程由 326.64～326.64 m。非汛期(即起止时刻为汛前)下降 1.17 m,总体而言高程未变。

3.1.3.2　上述平衡对应的条件

上述平衡对应的条件如下:进库水量为 $401×10^8$ m^3(汛期 $236×10^8$ m^3),沙量 $10.56×10^8$ t(汛期 $8.9×10^8$ t),平均含沙量 26.2 kg/m^3(汛期 38 kg/m^3),坝前汛期平均水位 305.5 m(最高 318.33 m),枯季平均水位 316.76 m(最高 324.90 m)。

上述资料充分说明三门峡水库淤积达到了平衡,并且这些平衡所对应的条件是能够达到的。可见,三门峡水库泥沙淤积并不是一个无底洞。自然也证实了三门峡工程的改进是成功的。至于 1986 年以后,三门峡水库继续淤积,特别是继续翘尾巴,主要是由干支流水量减少,而含沙量反而增加或减少太小所致。

3.1.4　三门峡水利枢纽在泥沙处理方面的经验教训

三门峡枢纽工程在缺乏经验,追求蓄洪、拦沙、发电、灌溉的高指标的指导思想下决策失误、仓促上马,引发了严重的问题和付出了相当大的代价。但是及时改建、改变运用方式,是成功的。对它的功过已有不少文章论述[1]。历史表明,在投入运行的 50 年内,三门峡水利枢纽发挥了显著甚至巨大的防洪、防凌、拦沙减淤、灌溉、供水以及发电方面的效益,特别是在 330 m 以下,淤积后仍具有约 $31×10^8$ m^3 的防洪库容,足以解决百年一遇的洪水问题。同时,315 m 以下泄量可达 9 443 m³/s,保证了防洪调度的灵活性。文献[15]对三门峡水利枢纽进行了后评估,其经济评价结果表明,"按照 12% 和 7% 两种社会折现率计算,枢纽经济现值(ENPV)均大于 0,1956 ~ 1995 年期间,三门峡枢纽效益费用比(EBCR)按社会折现率 12% 计算为 1.005,按社会折现率 7% 计算为 1.289,均大于 1","故总体评价为,三门峡枢纽经济上是合理的,且具有稳定的经济合理性"。当然,这是在移民处于长期生产和生活水平低下,以及淤积对渭洛河及关中平原影响等未予考虑的条件下得到的。

三门峡水库处理泥沙的实践促进了黄河上游水库淤积和水库下游河道冲刷的研究,掌握了一些规律,明确了处理黄河泥沙的一些原则,澄清了一些争议。下面谈几点笔者的看法。

(1)拦沙减淤的重大效益。

三门峡水库在 1960 年 9 月至 2001 年 10 月的 41 年中,总淤积 70.45 × 10⁸ m³,当干容重为 1.3 t/m³ 时,折合 92 × 10⁸ t。这个数字已与小浪底水库拦沙库容 100 × 10⁸ t 相近。这就是三门峡水库的最大防洪效益甚至比它的防洪库容更重要的原因。它大体上相当于在减淤比为 0.70 条件下,减淤下游河道 64.4 × 10⁸ t。如果没有三门峡水库,下游河道淤下此值,按河长 750 km,平均淤积宽度为 2 000 m,则淤积厚度为 3.36 m,估计此值影响水位抬高 2.0 m 左右,这是很大的效益。

下面从下游河道水位的实际变化,分析和估计三门峡水库减淤导致水位降低的原因。

首先,分析黄河下游水位抬高的特性。根据文献[13]的实测资料对三门峡水库减少水位抬高进行了估计(见表 3-1)。从表 3-1 中可看出如下几点。

第一,在天然条件下,1950 ~ 1960 年游荡型河段年抬高 0.12 m 是有代表性的。第二,由于在 1950 ~ 1960 年时段,洪峰流量大,有 5 年均有大的洪峰,致使山东缩窄河段输沙能力相对较大,加之河南河段淤积使来沙减少,故该河段淤积较慢,难以代表正常的水位抬高。第三,1986 年至以后,三门峡水库减淤积影响已较小,接近天然条件,此时主要受来水来沙影响,致使水位抬升又较大,为 0.09 ~ 0.15 m,平均大于 0.10 m。第四,1965 ~ 1973 年,水位年抬高 0.17 ~ 0.29 m,平均值为 0.23 m。水位抬高最快,其原因主要不是受上游来水来沙的影响,上游来水[13] 426 × 10⁸ m³,来沙 16.3 × 10⁸ t,平均含沙量为 38.3 kg/m³,分别为多年平均值的 92%、104%、103%。这是因为三门峡水库泄流能力低削减了洪峰,同时洪峰时水库拦沙,峰后排沙,造成小水带大沙,加速了下游河道淤积。此时段,下游河道年淤积最多,而且已变成以主槽淤积为主,由天然条件下的 23% 增至 67%。于是平滩流量迅速减少,如花园口平滩流量仅 2 600 ~ 3 500 m^3/s。第五,从表 3-1 中的数据看,在天然条件下,黄河下游(包括山东河段)水位年降低应不小于 0.10 m。

表 3-1　黄河下游各时段同流量(3 000 m^3/s)水位抬高值[13]

站名	实测年水位抬高(m)						实测水位总抬高(m)			三门峡枢纽减少水位抬高(m)
	1950 ~ 1960 年	1961 ~ 1964 年	1965 ~ 1973 年	1974 ~ 1980 年	1981 ~ 1985 年	1986 ~ 1999 年	1961 ~ 1999 年	1950 ~ 1999 年	1965 ~ 1999 年	
裴峪		-0.54	0.17	-0.05	-0.16	0.10	-0.38		1.78	5.06
官庄峪		-0.52	0.22	-0.02	-0.09	0.09	0.57		2.65	4.11
花园口	0.12	-0.33	0.21	0.02	-0.11	0.10	1.56	2.68	2.88	3.12
夹河滩	0.12	-0.33	0.22	0.02	-0.14	0.14	1.78	2.98	3.33	2.90
高村	0.12	-0.33	0.26	0.06	-0.07	0.12	2.77	3.07	4.09	1.91
孙口	0.22	-0.39	0.25	0.05	-0.04	0.14	2.06	4.20	3.62	1.84
艾山	0.06	-0.19	0.25	0.04	-0.06	0.14	3.43	4.03	3.67	0.47
泺口	0.03	-0.17	0.29	0.04	-0.04	0.15	3.91	4.23	4.03	-0.01
利津	0.02	0.002	0.18	0.02	-0.14	0.12	2.75	2.95	2.83	1.15

从表 3-1 可以得出,在天然条件下,黄河下游游荡型河段水位年抬高 0.12 m,而山东河段年抬高 0.10 m,可认为三门峡水库对黄河下游河道的影响可持续到 1999 年(即 39 年),2000 年以后主要是小浪底水库的作用。这样 39 年内 3 000 m^3/s 下无三门峡水库调节,黄河下游游荡型河段水位应抬高 39 × 0.12 = 4.68(m)。此值减去表 3-1 中 1961 ~ 1999 年的实际水位抬高则是三门峡水库减少水位抬高的效果。对于山东河段,按 39 年计,水位应抬高 3.9 m,这样估计的三门峡水利枢纽减少黄河下游各站水位抬高值同样列在表中最后一栏。可见,减少水位抬高大都在 1 ~ 4 m,而且减少的值由上至下递减。

综上所述,三门峡水库减少下游淤积和下游水位抬高的效果是很大的,特别对游荡型河段。

(2)黄河中游水利枢纽拦沙的合理程度。

黄河中游水利枢纽开发的主要目标必须是防洪减淤,减淤也是为了下游河道防洪。从三门峡水利枢纽规划设计看,其开发的目标也是强调防洪减淤,这一点并不算错,但其指导思想不符合实际甚至错误,如防洪标准过高,追求高坝大库,不了解水库淤积,对淹没不重视和对移民处理不当等。尽管决策失误,但是其减淤效果是巨大的,这一点前面已提到。从三门峡水利枢纽的实践看,中游水库拦沙(减淤)到什么程度合适?是不拦沙,多拦沙,还是按一定比例的拦沙?

从目前我国控制水库淤积的理论和技术措施看,为了下游防洪需要修建不拦沙只滞洪的水库是可以做到的。不仅如此,按照现在掌握的水库淤积规律,若选择峡谷河段,只滞洪,不发电,则可以做到淤积极少,甚至可以忽略。事实上,如泄水建筑物尽可能布置在河底,当洪水消落时,由于坡降不断加大,直至恢复到峡谷河段天然坡降,滞洪期的淤积最后可以逐步冲出,使水库做到基本不淤。但是,这对下游不仅没有减淤效果,而且会淤积更多,因为洪水后冲出的泥沙就会变成小水带大沙。正如表 3-1 中 1965 ~ 1973 年资料显示,黄河下游淤积严重,年平均抬高水位约 0.23 m,较之多年平均要大 1 倍以上。可见,虽然有防洪库容,但是下游河道水位会抬高得更快,到时甚至会抵消防洪库容的作用。加之黄河中游干流坝址少,修成单一目标的滞洪水库不考虑综合利用,也是不允许的。

若拦沙很多,如 80% ~ 90%,首先会加快水库淤积,对缩短平衡时间是不利的;其次大量淤积下泄清水,如果缺乏必要的控制,一般来说对下游河道并不有利。如三门峡水库 1960 ~ 1964 年,下泄清水和大幅度滞洪使下游河道游荡段(除冲深外)大量塌滩[13],其塌滩面积约 300 km²,花园口至东坝头二滩河宽度由 2 563 m 展至 3 633 m;东坝头至高村由 2 340 m 展至 3 610 m[13]。显然,河道展宽只能增加其不稳定性,以至游荡。如果下游河道长期径流量减小,衰退明显,平滩流量减少很多,要求通过冲刷扩大主槽面积,又当别论。此时,在控制流量不上滩的条件下,控制下泄清水流量,以加大河槽冲刷,扩大平滩流量则是必需的。小浪底水库 2002 年开始调水调沙后,按洪水不漫滩控制下泄,使最小平滩流量从 1 800 m³/s 扩大至近 4 000 m³/s,取得了很大效果。可见,在一定控制条件下,清水下泄对减淤和改善河道是有利的,拦沙比例要从上下游和远近结合考虑。

若从下游河道输沙效果考虑,效率最高的是平衡输沙,或接近平衡输沙。如文献[16]已从理论和实际资料证实,对于黄河下游而言,欲使其接近平衡输沙,水库拦沙比以 30% 较为适宜。这一点在本书第 2 章 2.6 节已专门论述。

(3)黄河水库应尽量修建在峡谷地区。

黄河泥沙多,若水库具有宽阔库段甚至湖泊型宽段,则淤积量大,淹没大,移民多,不符合我国国情,而且最终保留的库容系数小。如图 3-1 所示为不同库型两个横断面的对比。最终保留库容系数是指最终保留库容与原始库容之比。另外,最终保留库容系数的大小还取决于淤积平衡比降与原河道比降之比。这个比值小,则原河道输沙能力富裕多,保留系数就大。如图 3-1 中纵剖面线 3 的平衡坡降较之纵剖面线 4 的小,从而使其最终保留库容大。

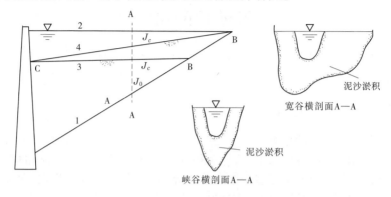

图 3-1　水库库形对保留库容系数的影响

需要特别强调的是,水库淤积平衡坡降与原河道坡降之比的大小还表示淤积向上游发展速度,即翘尾巴的快慢与淤积数量。图 3-1 中显示了淤积末端 B 随着平衡坡降的大小,其位置的上翘和尾部淤积的增加。

从泥沙淤积看,三门峡水利枢纽原设计的主要错误是库区位置不恰当,其库区主要在开阔段,包括渭河、关中平原以及小北干流等,有的库宽达数十千米。

黄河干流坡降 J_0 约为 3.5‰,而淤积平衡后的坡降 J_c 约为 2.2‰,可见 $\dfrac{J_c}{J_0} = 0.629$,属于两者相差不大的情况。事实上不论是黄河干流还是渭河,在自然条件下都属于冲积河段,本身富裕的挟沙能力就很小。坡降的减小还要依靠水库淤积后糙率的减小;反之,若当初坝址选在小浪底或八里胡同,在一定运用水位下,淤积末端和回水末端均可控制在三门峡附近或远在潼关以下。其原因是此时水库平均河宽一般不超过 1 km,而 $\dfrac{J_c}{J_0} \approx \dfrac{1}{3}$。事实上,三门峡水库 1960～1962 年蓄水运用淤积 15.3×10^8 t[13,17],潼关高程升高 2.6 m,已感到淤积无法承受,1962～1964 年改为自由滞洪,淤积仍十分严重。至 1964 年,累计淤积量已达 45.9×10^8 t,其中潼关高程又抬高 1.99 m,达到 328.09 m。但是若这样的淤积发生在小浪底水库,显然是可以承受的。目前,该库淤积已近 30×10^8 t,还继续蓄水运行。

至于三门峡水库处理泥沙方面的一些具体经验,后面将结合水库长期使用进行阐述。

3.2　三门峡水库的实践证实了水库长期使用的可行性

从水库淤积控制看,三门峡水库的实践是水库长期使用的一个典型实例。水库长期使用是我国水利工程方面的重大创新,在国际上已享有盛名。

3.2.1　水库长期使用的提出

在 19 世纪 20 年代,水库大都为单一目标的给水水库、灌溉水库和滞洪水库。水库规模小,经济效果不大,特别是有利于处理泥沙条件,淤积的严重影响并未暴露。例如,给水水库多采用简单的清淤或另辟通道导走浑水,而只拦蓄清水。灌溉水库则采用洪水期泄空冲刷排走部分淤积的泥沙。如西班牙 1594 年兴建的亚利干底灌溉水库(梯土坝),库容仅 $368 \times 10^4 \ m^3$,库区两岸陡峻,原始河床坡降大(2.3%),每 4～16 年采用泄空和迎洪冲刷一次,可将坝前 300 m 内淤积物全部冲走,300 m 以外的也能冲走一部分,已达到了平衡,共使用了 400 余年。修建在大河上的灌溉水库,采用汛期敞泄,基本不抬高坝前水位,按天然河道坡降排沙,汛后蓄水,能做到基本不淤。如埃及旧阿斯旺、阿尔及利亚的巴克哈德(Bak-hadd)等水库就如此。至于滞洪水库,则只是洪水期自由滞洪,洪水过后恢复天然河道冲走泥沙。如美国于 20 世纪初在俄亥俄州修建的 5 座滞洪水库,坝高 21～36 m,每年仅滞洪几天,运行 40 年后淤积极微,库容减少未超过1%。我国闹德海水库 1942 年建成,是日本占领期间,为保护下游铁路供其侵略运输而修建,水库完全是自由滞洪,峰后将泥沙冲出,修建后至 1950 年淤积已达到平衡,保留库容约占 70%。

但是 20 世纪 20 年代以后,由于兴建的水库由单一兴利目标变为综合利用,特别是要满足发电和航运的要求,必须全年抬高坝前水位,从而丧失了利用天然坡降排沙,汛期基本不壅水这一优势,使原来控制水库淤积的经验难以直接应用,水库淤积逐步严重。例如,美国在 20 世纪 20 年代以后开始兴建的综合利用水库库容为 $5\ 000 \times 10^8 \ m^3$,每年淤积损失库容 $12 \times 10^8 \ m^3$,其中 1935 年以前修建的水库完全淤废的占 10%,水库库容损失 1/2～1/3 的占 14%,水库库容损失1/4～1/2 的占 33%。日本水库库容大于 $100 \times 10^8 \ m^3$、坝高 15 m 以上的 265 座水库,已平均损失库容 20.6%,且有 5 座已经淤废。据 41 座苏联中亚地区灌溉发电水库统计,坝高 6 m 以下的淤满年限一般为 1～3 年,坝高 7～13 m 的淤满年限一般为 3～13 年。上述资料表明,直至 20 世纪 50 年代,水库淤积成为一个国际上公认的难题,以至于水库淤死是不可避免成了共识,而只能依靠多留淤沙库容,延长水库寿命。最终仍会淤废,维持径流发电。或者分期加高大坝或另择坝址改建。可见,三门峡水利枢纽泥沙问题规划和设计阶段处理不好,从技术上看也是受了当时科技水平的制约。问题是在水库淤积的问题尚未研究清楚,存在不少未知数的条件下就决策了。

三门峡水库的改建成功是经过科技人员不断摸索取得的。这不仅解决了水库本身的泥沙问题,而且在水库泥沙淤积方面积累了不少经验,对其他水库有一定的借鉴意义,它们更为我国提出在世界盛名的、长期使用水库提供了正、反两面经验和典型实例。

前面提到,直到 20 世纪 50 年代,水库淤积是不可避免的,仍是水利界的普遍看法。为了突破这种看法,既要有实际资料支持,又必须有思路创新和理论研究。到了 1962 年,我国北方一些水库已经开始摸索通过水库运用减缓水库淤积,并取得一定成效,为水库长期使用提供了一定支持。如陕西黑松林水库,1962 年起将原来"拦洪蓄水"运用,改为"空库迎洪",收到了明显效果。内蒙古红领巾水库改"拦洪蓄水"为"缓洪蓄水",一直未继续淤积。同时,更有淤积已经平衡的闹德海水库。这几个水库的实例,固然表明它们基本是靠天然坡降排沙,所以排沙效果好;同时也证明了山区河流挟沙能力有富裕,在滞洪期尽管损失了水流输沙能量,但是峰后仍有足够的能力输走大量甚至全部来沙。三门峡水库 1962 年也由"蓄水拦沙"改为"滞洪拦沙",但是由于泄流能力不够,水位降低受到限制,排沙效果由蓄水的 6.8% 增加至 40.2% 。这既表明坝前水位降低效果,同时也说明在壅水条件下排沙,是不能完全控制淤积的。这从反面证实了汛期降低水位,大坝必须有充分的泄流能力。

与我国北方水库减缓淤积研究相呼应,长江流域规划办公室于 1963 年按照毛泽东主席对三峡水利枢纽研究指示的精神,安排了水库长期使用的研究任务[17]。在吸取北方水库处理泥沙经验教训的基础上,唐日长[18]于 1964 年、林一山于 1966 年提出了水库长期使用的构想[19],即采用汛期降低水位排沙、汛后蓄水的运用原则,到淤积平衡后即能长期保留一部分库容。这样,就首次提出了对于综合利用水库可以不最终淤死的观点。接着由韩其为于 1971 年❶、1978

---

❶　韩其为,水库淤积 水库淤积与观测(第一篇).长江流域规划办公室,外国实习生培训队,1971年 8 月印.

年[21]❶发表和在黄河泥沙协调会议上交流了水库长期使用的系统理论研究,阐述了利用水库淤积规律证明在一定条件下可以使其最终保留相当部分有效库容而做到长期使用。其中包括水库长期使用的思路创新,水库长期使用的原理,技术上的可行性和经济上的合理性,以及其平衡形态和淤积过程的计算方法。他们的研究首先表现在思路的创新上[21,17]。水库淤积有一条基本规律,除河道容积外,水库有多余的库容就会产生淤积,而当水库淤满,变成了河道后,才可能排走全部来沙。因此,水库蓄水与排走全部来沙是矛盾的,不可能同时在一个水库内实现。这正是水库淤废是不可避免的看法的依据。这种看法僵化了这个矛盾。实际上,如果将全年分成两个时期:一个时期(汛后和枯水期)抬高水位为水库,另一个时期(汛期或洪峰期)降低水位为河道。为水库时可以调蓄水量,为河道时可以排走全部来沙。于是,水库蓄水与排走全部来沙就会在同一个水库的不同时期内实现。这就是水库长期使用的辩证法。它辩证地统一了蓄水与排沙、水库与河道。这种思路上的创新,同时也揭示了水库长期使用的原理。

至 1980 年,水库长期使用的可行性在中国河流泥沙界得到共识,表现在由夏震寰、韩其为、焦恩泽署名的文章[22]在第一次国际泥沙学术讨论会上发表。水库长期使用是北方水库处理泥沙的摸索、实践与长江方面的理论研究结合的产物。这方面进一步深入研究和总结性的文献可见[23]、[17]。三门峡水库的实践为此提供了支持与重要实例。它的贡献如下所述。

3.2.2　三门峡水库处理泥沙经验证实了水库长期使用的可行性

(1)尽管在三门峡水库运行前后,其他中小型水库已暴露了泥沙淤积的危害,但是该水利枢纽规划与设计中处理泥沙的失败才引起了全国的重视和领导人的担心。长江方面研究三峡水库长期使用正是在这种情况下开展的。不仅如此,受黑松林水库、红领巾水库特别是三门峡水库改变运用方式的影响,20 世纪 60 年代末到 70 年代,不少水库改变了运用方式以减缓淤积,如青铜峡水库(1974 年)、直峪水库(1975 年)、恒山水库(1975 年)等就是如此。

(2)三门峡水库的运用表明以小于天然坡降排沙是可以做到的。前面已指出,早期的一些水库在某些有利条件下,较好地处理泥沙,而做到不淤。但是它们基本上是按天然坡降排沙。经逐步摸索,三门峡水库改建后 1974～1985 年的资料证明,当汛期抬高水位近 20 m,至 305 m 时,仍能排走全部来沙。这就突破

---

❶ 韩其为.水库长期使用研究.长江水利水电科学研究院印.1978 年 8 月.

了汛期可以抬高水位排沙,为水库的长期综合使用提供了实例。

水库长期使用在技术上的可行性[21],确切地说就是淤积的平衡坡降要明显小于天然坡降。这一点对于一般水库都是满足的。其原因为在天然山区性的河道,其输沙能力是有富裕的;同时水库淤积后,由于床沙变细,糙率会明显减小,这两者都使修建水库后其平衡坡降明显减小。国内外一些资料表明,水库平衡坡降 J_c 与天然坡降 J_0 之比绝大多数为 0.50 ~ 0.70,即便是多沙河流,如三门峡水库的 $J_c/J_0 = 2.2 \times 10^{-4}/3.5 \times 10^{-4} = 0.628$,仍在一般数据之内。

(3)三门峡水库的淤积和翘尾巴虽然较为严重,但是总会有终结,总会达到平衡。水库长期使用要求经过一定时间后,淤积能达到平衡,不会无休止地上翘。其实这与 J_c/J_0 是否小于 1 是一个问题的两个方面[21]。如图 3-1 所示,只要 J_c/J_0 小于 1,坡降为 J_0 与 J_c 的两个剖面就会相交,淤积就会终止。前面已指出,三门峡水库在改建完成后的 1974 ~ 1985 年全水库年淤积仅 75×10^4 t,已达到平衡。此时,尾部段小北干流年冲刷 175×10^4 t,渭河年冲刷 325×10^4 t,北洛河年淤积 83×10^4 t。这些数字均在观测资料精度之内,说明翘尾巴已终止。以后的淤积是水沙变化引起的。关于这方面以下还要专门研究。

(4)三门峡水库的运用还证实,利用全年部分时间(汛期 7 ~ 10 月)而且是小于天然河道的坡降仍能排走全部来沙,这也是水库长期使用的基本条件[21]。这除要求 J_c/J_K 远小于 1 外,还要求来水来沙集中于汛期。这一条,我国的大多数河道均满足。我国绝大多数河流汛期来沙量占全年来沙总量的 75% ~ 90%[17],三门峡水库 1960 ~ 1999 年汛期来沙量占全年来沙总量的 82%,这是排沙很有利的条件。正因为能用部分时间排走全部来沙,不仅按前述将水库长期使用能够看成两个水库,形象地解释其原理,而且可以方便地研究其造床(冲淤)机制,即汛期排沙期的水库是按接近平衡的河道冲淤,其沙量是全年沙量,水量只是排沙期的水量,输沙接近平衡输沙;而汛后蓄水期是按水库淤积运行的,明显的不平衡输沙会发生明显淤积。这就是说,这种水库的造床期只是它的排沙期。

据文献[13]统计,三门峡水库 1974 ~ 1985 年汛期年均来沙量为 8.87×10^8 t,枯季年均来沙量为 1.61×10^8 t,汛期冲刷 1.27×10^8 t,出库沙量为 10.14×10^8 t,几乎与全年来沙量 10.48×10^8 t 相近,而枯季淤积 1.32×10^8 t,占其来沙量的 81.9%。即全年排沙 10.43×10^8 t,几乎将来沙全部排出。相应的汛期平均坝前水位为 305.50 m,枯季坝前水位为 316.76 m。这完全证实了当长期使用水库淤积平衡后就可将其看成由一个河道和一个水库组成[21,23],或具有河道和水库的双重身份,特别证实了当其为河道时,可以排走全年来沙,并且排沙期就是水库的造床期。

(5)三门峡水库资料说明长期使用水库,在枯季抬高水位有充分的潜力。长期使用水库主要靠排沙期排走全年来沙,蓄水期的排沙比很小。上述三门峡水库的例子说明,平均而言,该时期仅排走泥沙 0.29×10^8 t,占全年来沙量的2.77%。由此可以看出,若库区在峡谷河段,淹没也允许,则抬高蓄水期的水位到一定范围,泥沙淤积应不是一个问题。同时,也就启示了对于一些单纯滞洪的水库,若有需要汛后蓄一些水,可以增加相当效益[21]。事实上,我国的闸德海水库原为自由滞洪水库,峰后即变为河道。于 1970 年进行改建(底孔和中孔加闸),1973 年起每年汛后蓄水(抬高水位最高为 30 m),蓄水量达 5 000 $\times 10^4$ m^3,解决了下游春灌需水问题,而淤积并未有可见的增加。

(6)三门峡水库的实践证明,水库足够的泄流是保证其排沙期运用的关键。控制水库淤积的是排沙水位(汛限水位),但是实现该水位运用的则是泄流能力。否则,一般洪峰无法控制水位而产生滞洪。三门峡水库两次改建的目的就是加大泄流能力。如果泄流能力不足,不仅不能排沙,而且会加大水库淤积。更主要的是此时为了减少淤积,大都采用自由滞洪。自由滞洪是大洪水淤积的多,排的沙少;中小洪水淤积的少,排的沙多。而形成对下游河道很不利的“小水带大沙”,甚至对下游冲积河道还出现枯季含沙量也加大,从而加大了下游河道淤积。三门峡水库泄洪运用期(1964 ~ 1973 年)就如此。例如,三门峡水库 1969年和 1970 年下游河道淤积分别为 6.5×10^8 t 和 10.9×10^8 t[13],远大于建库之前1950 ~ 1960年淤积的 3.61×10^8 t,而且由于中小洪峰水流上滩少,泥沙淤在主槽的比例加大,使滞洪运用期主槽过流能力大幅度减小,花园口平滩流量就曾降至 2 600 ~ 3 500 m^3/s[13]。

最后应指出的是,国际上对国内水库长期作用的研究和应用方面的成就有很高的评价。加拿大 CIPM Yangtze Joint Venture 在三峡工程可行性研究报告(第五卷)中写到:“指出这一点是很重要的,平衡坡降和水库长期使用库容的理论在中国已经发展为一种成熟技术,三峡工程处理全部泥沙的策略就是建立在这个基础之上。世界上没有一个国家像中国一样在水库设计中有那样多的经验,致使调节库容和防洪库容能无限期的保持”。可见,水库长期使用的成就,毫无疑问地处于国际领先水平,这是我国水利工作者对水库淤积长期实地观测、运用摸索、理论研究的结果,其中就有三门峡水库的重要贡献。

3.3 对三门峡水库冲淤及潼关高程的几点研究❶

本节根据潼关高程控制及三门峡水库运用方式研究项目组的研究成果和三门峡水库2002年11月至2005年10月改变运用方式的原型试验,对潼关高程提出以下几点看法。首先,指出三门峡水库在1974～1985年为日历年,实际水文年为1973年10月～1985年10月,12年内曾经处于淤积平衡,并强调了其相应的来水来沙及坝前水位的条件;后来平衡被破坏,主要是来水来沙变化所致。其次,对近3年来三门峡水库汛期敞泄排沙的试验结果进行了较为深入的分析,指出在三门峡水库运用方式固定条件下,经过一定流量冲刷后,即使再来大流量也难以冲刷的事实,充分说明了水库冲刷与淤积并不是完全可逆的。这个情况在研究三门峡运用方式时应引起注意。最后,提及了数学模型对潼关高程研究的一点看法和对研究结果的一些见解。

3.3.1 1974～1985年三门峡水库淤积已达到(动)平衡状态

(1)文献[1]中表2[24]列出的1973年10月至1985年10月的12年资料显示,整个水库淤积处于平衡状态。表现在潼关以下淤积量为 0.59×10^8 t(可能淤在滩上,即使是平衡的冲积河道也会如此),小北干流淤积量为 -0.21×10^8 t,北洛河下游淤积量为 0.10×10^8 t,渭河下游淤积量为 -0.39×10^8 t,全库区淤积量为 0.09×10^8 t。

(2)这12年期间潼关高程未产生变化,即从1973年汛后的326.64 m至1985年汛后的326.64 m,增减值为零[24]。年内变化情况为:汛期潼关高程年平均下降0.55 m,非汛期潼关高程年平均抬升0.55 m。平均而言,汛后还原,高程维持不变。当然,12年期间,潼关高程有起伏。但是大家都知道所谓水库淤积的平衡本来就是指动平衡,并非毫无变化,这是指汛后。如以汛前论,潼关高程由1973年的328.13 m减至1985年的326.96 m,下降1.17 m,进一步说明了潼关高程在12年内确实未抬高。

(3)1973年7月21日至1985年10月27日代表潼关段横断面的黄淤40断面(见图3-2[24])没有趋向性变化,即平滩高程及平滩河宽没有趋势性的变化。

---

❶ 本节最早是在"潼关高程控制与三门峡水库运用方式研究"汇报会上的讨论发言,后发表在《人民黄河》2006年第1期,此次汇总仅补充一些资料。

（4）三门峡水库上述平衡状态对应的来水来沙条件见表 3-2[24]。全年平均水量为 401×10^8 m³，汛期为 236×10^8 m³，占全年总来水量的 59%；全年平均沙量为 10.5×10^8 t，汛期为 8.9×10^8 t，占全年来沙量的 85%；全年平均含沙量为 26.1 kg/m³，汛期为 38.0 kg/m³，此时潼关以下库区的平均坡降约为 2.00‰。

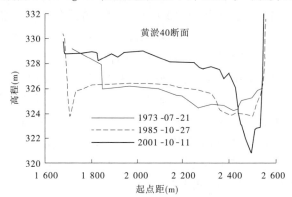

图 3-2　典型断面面积变化情况

表 3-2[24]　　三门峡水库不同时段来水来沙情况

项目	时段	多年平均		
		非汛期	汛期	运用年
水量（×10⁸ m³）	1973~1985 年	165	236	401
	1986~2001 年	140	114	254
沙量（×10⁸ t）	1973~1985 年	1.6	8.9	10.5
	1986~2001 年	1.8	5.4	7.2
含沙量（kg/m³）	1973~1985 年	10	38	26.1
	1986~2001 年	13	47	28

所述来水来沙系列与 1960~1973 年的 14 年的年均水量 411×10^8 m³ 基本一致，从长期历史系列看属于中水偏丰。但是从 1960 年以后看则属于较丰系列。

（5）上述平衡条件对应的水库运用情况如下[24]：非汛期最高坝前水位为 325.95 m，平均坝前水位为 316.76 m，大于 320 m 的年平均天数为 94.5 d，大于 322 m 的年平均天数为 65.5 d。汛期最高水位为 318.33 m，汛期平均水位为 305.50 m。

1974～1985 年,三门峡水库处于平衡状态,从而发挥了拦洪、防凌、春灌及部分发电效益。此外,至 1985 年,三门峡水库已累计拦沙 $56.28 \times 10^8 \text{ m}^3$,相当于 $76 \times 10^8 \text{ t}$ 的效益,这大体与小浪底水库拦沙库容的 3/4 相当,对下游河道防洪减淤发挥了重要作用。

承认这个时期三门峡水库曾经达到淤积平衡是很重要的。我们考虑今后的运用方式应是建立在三门峡水库冲淤变化多年经验及水库淤积理论基础之上的,多年经验中最重要的一条是:在一个阶段冲淤已达到了平衡(不言而喻是动平衡)。而后来水少了,含沙量大了,则要把潼关高程往下降,所以要改变运用方式,降低坝前水位。例如,对于改变运用方式,比较多的人赞成枯水 315 m(或最高不超过 318 m),汛期敞泄(或者加上小流量控制运用)。他们为什么感到基本可行,除数学模型研究成果外,相当一部分人是依据过去在较丰水的年份,三门峡水库淤积已基本达到平衡,现在水少了,含沙量大了,所以要将运用方式在过去的基础上进行调整。

3.3.2 近 10 多年水库动平衡遭破坏,使尾部段淤积及水位抬高主要与枯水系列有关

(1)从表 3-2[24] 可以看出,潼关站 1986～2001 年来水量仅为 1974～1985 年的 63.3%,含沙量则增加了 107.7%。据平衡坡降公式[17],当考虑糙率系数及沉降速度不变时,有

$$\frac{J}{J_0} = \left(\frac{Q_0}{Q}\right)^{0.2}\left(\frac{S}{S_0}\right)^{0.629}\left(\frac{\xi}{\xi_0}\right)^{0.4} = \left(\frac{W_0}{W}\right)^{0.2}\left(\frac{S}{S_0}\right)^{0.629}\left(\frac{\xi}{\xi_0}\right)^{0.4} \tag{3-1}$$

式中:Q 为流量;W 为水量;S 为含沙量;ξ 为河相系数;J 为平衡坡降,下标"0"表示 1974～1985 年的值,不加"0"表示 1986～2001 年的值。令 $\frac{Q}{Q_0} = 0.633$、$\frac{S}{S_0} = 1.077$、$\frac{\xi}{\xi_0} \approx 0.82$,则 $\frac{J}{J_0} = 1.0605$,即坡降加大 0.0605,则抬高潼关高程 $0.0605 \times 2.20 \times 10^{-4} \times 113 \times 10^3 = 1.50$(m)。可见,从 1985～2001 年汛末潼关高程抬高约 1.59 m,应主要归结为水沙的变化。

作为旁证,可从图 3-2[24] 中潼关河段典型断面黄淤 40 看出,由于流量减小,致使 2001 年断面平滩宽度减小 1/3 以上,过水面积也相应大幅度减小。按河宽减少 1/3,当水深不变时,河相系数之比约为 0.82。与此相应,滩面抬高约 2.0 m。

(2)渭河的情况也是类似的,但水沙减小的影响更大。据表 3-3[24] 可知,1991～2001 年年水量仅为 1960～1990 年年水量的 0.492,年含沙量则为 1.40。

渭河下游渭淤 9 断面形态见图 3-3[25]，华县断面平滩宽度如图 3-4[24]所示。如按平滩宽度由 700 m 缩小至 200 m，水深加大约 1/4，则河相系数约为以前的 2/3。这样按式(3-1)可得两者坡降之比为

$$\frac{J}{J_0} = 1.40^{0.629}0.492^{-0.2}0.667^{0.4} = 1.211$$

表 3-3[24]　　渭河华县站不同时段水沙统计

年份	汛期			运用年		
	水量 ($\times 10^8$ m³)	沙量 ($\times 10^8$ t)	含沙量 (kg/m³)	水量 ($\times 10^8$ m³)	沙量 ($\times 10^8$ t)	含沙量 (kg/m³)
1960~1973	47.9	3.96	83	85.1	4.40	52
1974~1990	47.2	2.71	57	72.5	3.00	41
1991~2001	21.4	2.15	100	38.5	2.50	65
1960~1990	47.5	3.27	6.89	78.2	3.63	46.4
1960~2001	40.7	2.98	73	67.8	3.33	49

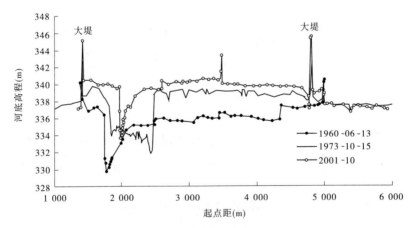

图 3-3[24]　　渭河下游渭淤 9 断面形态

则华县水位抬高约

$$\Delta H = 0.211 \times J_0 \times 57.5 \text{ km} = 0.211 \times 2.05 \times 10^{-4} \times 57.5 \times 10^3 = 2.5(\text{m})$$

这与 1991~2001 年流量为 3 000 m³/s 时华县实际的抬高 3~3.4 m(见图 3-4)[25]大体一致，但略小 22%。也与图 3-3[24]的渭淤 9 断面，1973~2001 年抬高约 3 m 不矛盾。

　　(3)由于平滩宽度和主槽过水面积大幅度减少，当流量加大时，反过来更能使

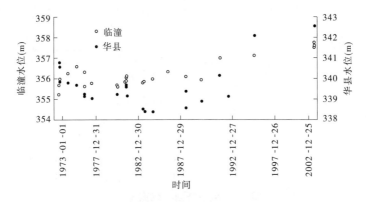

图 3-4　临潼和华县水文站($3\,000\ \mathrm{m^3/s}$)水位

漫滩流量加大,导致滩槽均淤,如渭河 1994～1997 年平均年来水量为 $26.97\times10^8\ \mathrm{m^3}$,为 1974～1990 年的 37.2%;含沙量为 $116.05\ \mathrm{kg/m^3}$,加大到 1974～1990 年的 283%。结果 4 年的淤积量达 $1.8\times10^8\ \mathrm{m^3}$,相当于渭河 1991～2001 年 12 年淤积总量 $2.52\times10^8\ \mathrm{m^3}$ 的 71.4%。这进一步说明了水沙对淤积的重大影响。

(4)由于渭河径流量大幅度减少,水流上滩机会减少,改变了过去泥沙以淤滩为主的现实,而大量地淤在主槽。表 3-4[24] 显示了 1991 年以后,由于径流量减少,约 80% 的泥沙均淤在主槽,使其平滩宽度大幅度减少。例如,图 3-3[24] 的渭淤 9 断面,图 3-5[25] 的渭淤 15 断面、渭淤 20 断面,图 3-6[25] 的渭淤 8 断面及图 3-7[25] 的华县水文断面就是如此,特别是 1994 年 4 月 27 日至 1995 年 9 月 25 日,华县水文断面更是大幅度淤积典型。当然 1995 年 8 月 7 日至 1995 年 9 月 25 日大幅度缩窄主槽,则是高含沙洪水的作用。

表 3-4　渭河临潼以下河段主槽体积变化

年份	河道冲淤量 W_s($\times10^8\ \mathrm{m^3}$)	平滩主槽冲淤量 ΔW_s($\times10^8\ \mathrm{m^3}$)	$\Delta W_s/W_s$(%)
1960～1973	10.34	0.78	7.5
1974～1990	0.19		
1991～2001	2.40	1.87	78
1973 年汛期	1.08	-0.71	
1977 年汛期	0.66	0.11	17
1994 年汛期	0.77	0.77	100
1995 年汛期	0.77	0.46	60

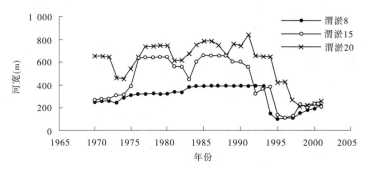

图 3-5　典型断面平滩宽度变化

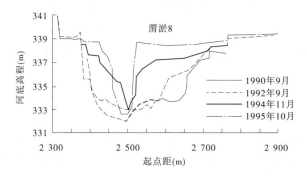

图 3-6　渭河下游淤积断面图(渭淤 8)

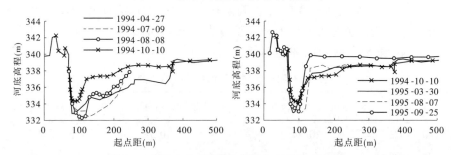

图 3-7　华县水文站断面(黄河水利科学研究院)

图 3-5[25] 进一步表明,渭河下游平滩宽度已由原来的 600~800 m,大幅度缩窄至 200 m,1969 年汛前潼关高程达到有史以来最高 328.71 m,1969 年 12 月至1973 年 11 月进行第二次改造后,潼关高程降至 326.64 m(1973 年汛后)。

(5)能进一步说明 1985 年以后三门峡水库淤积发展主要是受来水来沙影

响的尚有下述典型资料。

图 3-8[26] 绘出了潼关以下、渭河、小北干流累计淤积量以及潼关高程变化过程,可以看出 1985 年以后渭河、小北干流淤积继续增加,潼关高程也不断抬高,但是潼关以下水库的淤积却增加很少,而且平均坝前水位(见图 3-9[25])也基本没有抬高。这些充分说明了潼关高程的抬高与水库尾部段的淤积主要是水量减少、含沙量加大、平衡坡降加大所致。图 3-10[26] 显示汛期水量由 1985 年约 233×10^8 m^3 减至 2001 年约 61×10^8 m^3 时,潼关高程由 326.64 m 增至 328.23 m,明显地与水量减少密切相关。

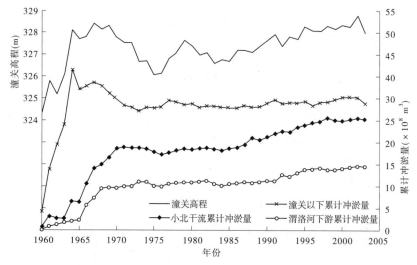

图 3-8　三门峡水库库区累计冲淤量与潼关高程变化

其次,1985 年以后三门峡水库各段淤积量的大小也具体显示了 1985 年以后尾部段的小北干流、渭河及北洛河淤积量较之潼关以下淤积大幅度增加(见表 3-5)。其中,小北干流的淤积由以前占潼关以下 0.677 增至 1985~2001 年的 2.68,渭河由以前的 0.359 增至 1.32。这些也具体表明,1985 年以后,淤积机制与以前是不一样的,主要反映了水沙过程改变引起的平衡坡降加大,使淤积上翘加大,尾部段淤积多。同时,从表 3-5 还可看出,1985~2001 年期间,经潼关以上淤积后,潼关以下基本接近平衡,年平均淤积量仅 0.148×10^8 t。

(6)渭河 2003 年洪水从另一方面证实了水沙对冲淤的重要作用。

2003 年渭河产生 5 次洪峰过程,使已经遭受主槽缩窄淤浅的河道在水流和泥沙冲淤方面发生了很大变化,主要反映在以下四个方面。

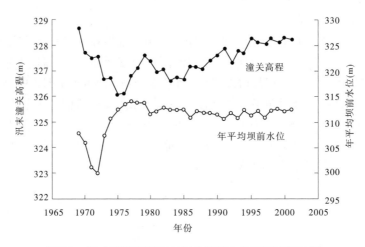

图3-9　汛末潼关高程和年平均坝前水位历年变化过程

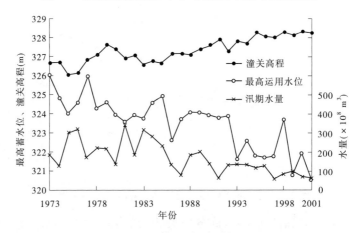

图3-10　潼关高程、年来水量和水库最高运用水位变化过程

　　第一,早期洪水由于主槽断面窄,大量洪水上滩,如 2003 年 7 月 31 日至 8 月 6 日的 7 d 内(见表 3-6[24]),龙门站径流量为 6.79×10^8 m³(洪峰 7 230 m³/s),华县站径流量为 0.87×10^8 m³(洪峰 3 853 m³/s),而潼关水量仅为 5.59×10^8 m³(洪峰 2 150 m³/s),即有 2.07×10^8 m³ 水量蓄在河槽中。由于华县至潼关、龙门至潼关距离均较短,洪水传播时间不到 1 d,因此这部分水量大部分滞留在边滩上。从洪峰看,滩地(河槽)削峰作用更显著(见表 3-6)。

表 3-5 不同时期三门峡水库各段淤积部位

时期	小北干流		渭河		北洛河		潼关以下		全库段	
	淤积量 ($\times 10^8$ m³)	和潼关以下淤积量的比值	淤积量 ($\times 10^8$ m³)	和潼关以下淤积量的比值	淤积量 ($\times 10^8$ m³)	和潼关以下淤积量的比值	淤积量 ($\times 10^8$ m³)	和潼关以下淤积量的比值	淤积量 ($\times 10^8$ m³)	和潼关以下淤积量的比值
1960-09~1985-10	18.25	0.677	9.68	0.359	1.38	0.051	26.97	1.00	56.19	2.08
1985-10~2001-10	6.73	2.68	3.32	1.32	1.61	0.641	2.51	1.00	14.17	5.64

表 3-6 2003 年洪峰特征统计

序号	日期	天数 (d)	站名	洪峰流量 (m³/s)	最大含沙量 (kg/m³)	水量 ($\times 10^8$ m³)	沙量 ($\times 10^8$ t)	平均流量 (m³/s)	平均含沙量 (kg/m³)	累计沙量 ($\times 10^8$ t)	累计水量 ($\times 10^8$ m³)
1	07-31~08-06	7	龙门	7 230	133	6.79	0.445	1 122	65.6	0.445	6.79
			华县	3 853	116	0.87	0.062	147	70.1	0.062	0.87
			潼关	2 150	84	5.59	0.297	921	53.3	0.297	5.59
2	08-25~09-15	22	龙门	3 150	150	20.80	0.525	1 094	25	0.920	27.59
			华县	3 540	664	24.72	1.500	1 300	61	1.562	25.59
			潼关	3 280	274	45.08	2.357	2 371	52	2.654	50.67
3	09-19~26	8	龙门	1 840	23.2	7.51	0.130	1 086	17	1.10	35.10
			华县	3 120	39.5	9.40	0.189	1 359	20	1.751	34.99
			潼关	3 530	41.7	16.64	0.458	2 408	28	3.112	67.31
4	10-01~09	9	龙门	1 540	8.15	7.79	0.043	1 001	5.5	1.143	42.89
			华县	2 740	33.9	13.74	0.369	1 767	27	2.120	48.73
			潼关	4 220	43.5	25.19	0.793	3 240	31	3.905	92.50
5	10-10~18	9	龙门	1 220	8.2	5.48	0.025	705	4.6	1.168	48.37
			华县	2 010	23.5	10.04	0.185	1 291	18	2.305	58.77
			潼关	3 710	32	19.78	0.461	2 544	23	4.366	112.28

第二,后期洪峰和前期滩地滞洪的水流流出,使潼关水量较之华县与龙门的来水量大幅增加。如第 4、5 次洪水(10 月 1 ~ 18 日)共 18 d,龙门径流量为 $13.27 \times 10^8 \text{ m}^3$,华县为 $23.78 \times 10^8 \text{ m}^3$,而潼关为 $44.97 \times 10^8 \text{ m}^3$,进出流量加大 $7.92 \times 10^8 \text{ m}^3$。

第三,由于洪水上滩滞留,使滩上产生了大量淤积,主槽产生冲刷(见图 3-11[24]),河槽不断扩大。从表 3-6 看出,如忽略支流加入,除第 1 次洪峰河

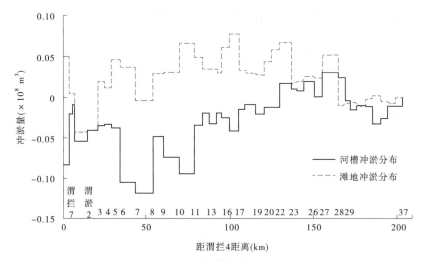

图 3-11　2003 年渭河下游滩槽冲淤量分布图

段淤积外,其他 4 次洪峰有所冲刷,合计冲刷 0.913×10^8 t。由于洪水主要来自渭河,且过水面积小,故所述冲刷量应基本是渭河的。当然,冲槽不仅靠过主槽的洪水,还包括滩上清水水流返回槽中发生的清水冲刷。

第四,2003 年渭河汛期冲槽淤滩的数量分别为主槽冲刷 $1.011\ 8 \times 10^8 \text{ m}^3$,滩上淤 $0.842\ 5 \times 10^8 \text{ m}^3$[24]。滩槽冲淤分布可见图 3-11,但是从 2003 年全年看,渭河汛期冲 $1\ 693 \times 10^8 \text{ m}^3$,非汛期淤积 $0.026\ 6 \times 10^8 \text{ m}^3$[25]。可见,渭河发生了明显的淤滩刷槽。汛期滩上淤积可以看成是 5 次洪峰的。这样滩上淤积 $0.842\ 5 \times 10^8 \text{ m}^3$,按干容重 1 t/m³ 计,则淤积 $0.842\ 5 \times 10^8$ t。按表 3-6 中 5 次洪峰的渭河平均含沙量 39.2 kg/m³,则即使上滩后泥沙全部淤下,上滩的水量应为 $21.49 \times 10^8 \text{ m}^3$,占渭河同期总水量的 36.4%。这些水流入槽后,肯定要冲刷,说明淤滩刷槽的作用不仅存在,而且比例很大。另外,槽冲和滩淤均会加大河槽的过水面积和平滩流量。这反过来说明,水量特别是洪峰是维护河槽的重要因

素;反之,水量和洪峰减弱就会缩小河槽。

3.3.3　对三门峡水库近 3 年来汛期敞泄排沙的几点分析

为了降低潼关高程,最近 3 年来三门峡水库进行了汛期敞泄试验。这 3 年敞泄时水库冲淤资料是非常宝贵的,应该说是研究潼关高程下降的依据,也是检验数学模型和实体模型的尺度。因此,应对这些资料应进行深入研究。限于掌握的资料少,本书仅提出几点初步看法。

(1)三门峡水库自 2003 年 11 月至 2005 年 10 月,进行了降低坝前水位试运行,汛期从以前的部分时间敞泄改为基本敞泄,水库冲刷效果良好。水库冲淤及来水情况如表 3-7[26]所示。可见,经过 3 年敞泄的试运用,潼关以下水库冲刷 1.512×10^8 t。

表 3-7[26]　2003 年 11 月至 2005 年 10 月三门峡水库冲淤及来水情况

时期	年来水量 ($\times 10^8$ m³)	年来沙量 ($\times 10^8$ t)	年平均含沙量 (kg/m³)	潼关以下冲淤量 ($\times 10^8$ t)	潼关高程 (m)		潼关高程升降(m)	
					汛前	汛后	非汛期	汛期
2002-11~2003-10	252.64	5.940	23.5	-1.3780		328.78	-0.13	-0.20
2003-11~2004-10	208.50	3.160	15.2	0.4885	328.65	327.95	0.30	-0.27
2004-11~2005-10	209.52	3.395	16.2	-0.6225	328.25	327.98	0.27	-0.45
2002-11~2005-10	224.00	4.170	18.6	-1.5120	328.25	327.80	0.44	-1.42

潼关水位降低 0.98 m,由 328.78 m 降至 327.80 m。这说明在敞泄条件下获得了很大冲刷效果。

这个结果对应的来水量仅为 1974~1985 年 401 × 10⁸ m³ 的 55.9%,占 1986~2001 年 252.64 × 10⁸ m³ 的 88.7%;含沙量占 1974~1985 年的 71.3%,占 1986~2001 年的 65.0%。与 1974~1985 年相比,径流量减小,含沙量也减小,两者作用有一定抵消。因此,潼关以下冲刷和潼关高程降低基本是改变运用方式的作用。

(2)从三门峡水库 3 年敞泄试运用的结果来看,其中 2003 年 11 月至 2004 年 10 月,水库并未发生冲刷,而是淤积 0.4885 × 10⁸ t。原因是:一方面非汛期为配合下游蔡集堵口,拦蓄了洪水,使非汛期平均枯水位为 317.01 m,较之多年平均值要高,较之 1974~1985 年也略高 0.25 m;另一方面,为小浪底水库第三次调水调沙蓄存水量等,也使汛期平均运用水位为 304.26 m,与 1974~1985 年相比要低 1.24 m。这些说明尽管水库平均运用条件与 1974～1985 年相近,但由于径流量少 193×10^8 m³,水库仍然发生淤积。这进一步说明了径流量大小对水库淤积的作用。当然,由于部分时间敞泄,调整了水库淤积部位,潼关高程仅抬高 0.03 m。

(3)3 年敞泄试验还明确表明,淤积物密实程度对水库冲刷有相当大的影响,这进一步证实冲刷和淤积并不是完全可逆的。表现出在同样的条件下,淤积物若有一定密实,冲刷时挟沙能力就会降低。图 3-12[27] 说明,2003 年 8 月 27 日至 9 月 5 日尽管入库流量不断加大,但冲刷量不断减小,至 9 月 5 日以后,尽管流量加大到 2 500 m³/s 以上,但是出库含沙量减小到 20 kg/m³ 以内,冲刷基本停止,趋近于平衡。2005 年 6 次的洪峰资料进一步说明了这一点。

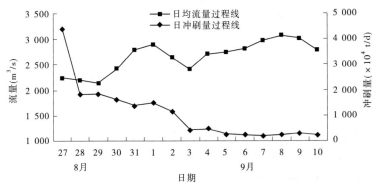

图 3-12[27]　2003 年 8 月 26 日～9 月 10 日出库日均流量、日冲刷量过程

表 3-8　2005 年 6 次洪峰三门峡水库冲刷统计

洪峰次数	敞泄排沙时间 (h)	平均入库流量 (m³/s)	平均出库流量 (m³/s)	入库沙量 (×10⁸ t)	出库沙量 (×10⁸ t)	入库平均含沙量 (kg/m³)	出库平均含沙量 (kg/m³)	冲刷量 (×10⁸ t)	冲起含沙量 (kg/m³)
前 3 次	166	984	1 397	0.566 6	1.426 8	96.3	169.0	0.860 0	72.70
前 5 次	293	1 376	1 677	0.826 5	2.473 2	56.9	140.0	1.646 5	8.31
第 6 次	214	2 852	2 998	0.580 8	0.835 4	26.4	36.2	0.254 6	9.80

由表 3-8[26] 可知,前 3 次洪峰历时合计 166 h,入库平均流量为 984 m³/s,入库沙量为 0.566 6×10⁸ t,入库平均含沙量为 96.3 kg/m³;平均出库流量为 1 397

m^3/s,出库沙量为 1. 426 8 $\times 10^8$ t,平均出库含沙量为 169 kg/m^3,冲刷 0. 86 $\times 10^8$ t。而前 5 次洪峰历时 293 h,平均入库流量为 1 376 m^3/s,入库平均含沙量为 56. 9 kg/m^3,平均出库流量为 1 677 m^3/s,入库平均含沙量为 140 kg/m^3,冲刷 1. 646 5 $\times 10^8$ t。但是最后一次洪峰历时 214 h,最大流量为 4 500 m^3/s,平均入库流量为 2 852 m^3/s,平均出库流量为 2 998 m^3/s,入库平均含沙量为 26. 4 kg/m^3,平均出库含沙量为 36. 2 kg/m^3,冲刷 0. 254 6 $\times 10^8$ t。尽管入库流量较之前 5 次加大到 1. 87 倍,但是出库平均含沙量仅加大 9. 8 kg/m^3,远小于前 3 次出库平均含沙量加大 72. 7 kg/m^3 和前 5 次出库含沙量加大 83. 1 kg/m^3。随着冲刷的发展,冲起的含沙量逐渐减小,除床沙粗化外,更主要的原因就是淤积物密实。若是先经过大流量冲刷后,再来小流量难以冲刷,则容易理解,显然可以用断面扩大和床沙粗化来解释。但是上述两个资料完全相反,是经过小流量冲刷后,再来大流量难以冲刷的情况,其原因显然是较松散的淤积物已冲光,剩下的是较密实的泥沙。

需要注意的是淤积物密实有两种:一种是土力学中饱水土的密实(排走孔隙水后的密实),这种密实过程较长,厚度也较大,对于细颗粒的淤积物,大体是 1 年以内的淤积物易冲,3 年以上的就较难了;另一种是中、细、粉沙冲刷后,表面有很薄一层(1 ~ 2 cm),非常密实,俗称"铁板沙",难以冲动,但是这一层被破坏后,其下泥沙非常松软,很容易冲刷。上述三门峡水库前期洪峰冲刷后,以后即使来大流量也难以冲刷的资料表明,两种密实均存在。若是"铁板沙"的影响,则可以采取人工措施,破坏表层"铁板沙"来助冲。

3. 3. 4　对潼关高程研究结果的看法和解读

应用于潼关高程研究的数学模型和物理模型得到的水库冲淤及水位变化[26],应基本可信。这些模型有的经过一些甚至大量水库淤积与河床演变资料的检验,在本项研究中又经过验证,加之数学模型还有多家成果对比,应能反映水库冲淤及变形的基本情况,得到的结果总体上是可信的。但是仍有值得提高的地方,需要今后注意。

3. 3. 4. 1　对研究结果的几点解读

(1)坝前水位的降低幅度虽然大,但是传到潼关时,其高程的降低也仅为数分米至 1 m 左右。除传递过程的衰减外,主要原因是水库范围一般达不到潼关。

(2)当潼关高程由 328 m 降至 326 m 和 327 m 时,对渭河华县水位降低有一定作用,但是不同流量差别是较大的[23]。由 328 m 降至 326 m 时,200 m^3/s 流量水位降低 0. 80 ~ 0. 86 m,6 000 m³/s 流量水位降低 0. 31 ~ 0. 32 m;由 328 m 降低至 327 m 时,200 m³/s 流量水位降低 0. 36 ~ 0. 37 m,6 000 m³/s 流量水位降低 0. 17 ~ 0. 17 m。这表明潼关高程降低对华县水位的影响主要对小流量作用较显著,对大流量则差别较小。小流量降低多,水位变幅加大,说明主要是深泓变深。从防洪时的大流量看,潼关高程降低 1 m,华县水位降低也仅 0. 17 ~ 0. 20 m。

(3)由数学模型计算出的潼关高程分别为 326 m、327 m、328 m 时,渭河淤积量分别为 1. 121 × 10⁸ ~ 1. 292 × 10⁸ m³、1. 657 × 10⁸ ~ 1. 813 × 10⁸ m³、2. 294 × 10⁸ ~ 2. 493 × 10⁸ m³。即潼关高程抬高 2 m,渭河淤积加大 1. 773 × 10⁸ ~ 1. 201 × 10⁸ m³,这固然反映了潼关高程增加,淤积增多是合理的,但是对比 1991 ~ 2001 年实际资料就不尽符合。当时,渭河实际淤积量为 2. 52 × 10⁸ m³,而潼关高程仅由平均 327. 68 m 上升至 328. 11 m,只抬高了 0. 43 m。如果计算基本可靠,则说明实际资料中,潼关水位仅抬高 0. 43 m,渭河淤积很大是水量偏小(较之计算系列)的结果,仍说明水沙影响大。当然,即使计算淤积量加大 1 倍,与实际淤积量 2. 52 × 10⁸ m³ 相近,实际的潼关高程抬高仍远小于计算值 2 m。这仍说明 1991 ~ 2001 年水沙影响对渭河的淤积量影响很大。

(4)在解读数学模型的某些结果时,应注意到水库淤积不是完全可逆的,因此做推论时应小心一些。

3.3.4.2　对研究结果的几点看法

(1)值得注意的是,数学模型基本未考虑细颗粒淤积后的密实,即对细颗粒而言,没有注意冲刷时挟沙能力小于淤积时的挟沙能力,致使冲刷量可能偏大一些。这对下段及变动回水区滩地影响较大,但下段的这种影响会在一定程度上转到上段,滩地也会有影响。因此,今后应验证 2003 年与 2005 年经过小流量冲刷,来了大流量反而难冲的现象。

(2)潼关高程是三门峡水库研究中的创举,它实际上标志平均河床高程。从淤积引起的水位抬高来看,应是大流量时的水位抬高少。如后面将要提到的渭河 200 m³/s 与 6 000 m³/s 下水位抬高的差别就很大,小流量抬高难以反映洪水情况。因此,对潼关的水位抬高,也要分析大流量的情况,这对防洪更有实际意义。

(3)为了研究潼关高程降低对渭河的影响,分别计算了 3 个方案,待平衡后再比较其淤积量的差别,并进行评价。但是需要注意的是,由于冲淤的不完全可逆,目前计算的不同方案淤积量的差别能够反映潼关高程由 326 m 上升至 328 m 的淤积量,但是是否能完全反映淤积后水位降低冲刷的情况? 即用潼关 328

m 的淤积量减去 326 m 的淤积量,能否代表由 328 m 降至 326 m 的实际冲刷量? 设想两个方案:一个方案为建库前 1959 年的,另一个方案为 2002 年的。假定数学模型计算无任何误差,均与实际相同,能不能据此认为,若将 2002 年的淤积量减去 1959 年的淤积量,即 2002 年的三门峡水库全部淤积量是否就是坝前水位恢复到 1959 年以后的冲刷量呢? 显然不是,由于淤积物密实及冲槽不冲滩,即使坝前水位恢复到建库前的,河床也不会恢复到建库前的。这正说明水库淤积不是完全可逆的。

3.4　古贤水库修建后潼关高程下降及水沙变化对渭河下游冲淤的影响❶

潼关高程是指潼关流量为 1 000 m³/s 时的水位。由于河底高低不平、变化大,潼关高程标志着河底高程,它是三门峡水库淤积和由淤积引起水位抬高(包括北干流及渭河)的重要指标。水库淤积上延,特别是水库冲淤变化时的上延是很复杂的,不但取决于前期下段的冲淤变化,而且与来水来沙密切相关。因此,潼关高程与渭河冲淤的关系从表面上看是异常复杂的。但是从本质上看,潼关高程是作为渭河冲淤的基面,潼关高程的上升与下降必定引起渭河相应河段的淤和冲,但是冲淤的范围及数量则取决于渭河来水来沙,或者概括地说:取决于其相应的平衡坡降。

本节将根据实际资料分析渭河下游河段冲淤与潼关高程的关系,其中作为例子,将结合古贤水库修建后,下游冲刷引起潼关高程降低对渭河的影响进行分析。

3.4.1　潼关高程对渭河淤积的影响

3.4.1.1　渭河下游淤积机制分析

三门峡水库修建后,渭河下游的淤积主要受制于三门峡水库的运用,主要表现为潼关高程的作用。自三门峡水库开始运用后渭淤 37 断面以下淤积量为 14.558 × 10⁸ m³(如表 3-9[10]所示)。其中 1960 年 6 月 ~ 1969 年 10 月三门峡水库大量淤积期间渭河淤积 9.001 3 × 10⁸ m³,占 61.8% 就是证明。当然,渭河(华

---

❶　本节是笔者 2003 年参加古贤水利枢纽对小北干流及三门峡库区减淤位研究时,就潼关高程及水沙变化对渭河下游影响的估计。

县)本身径流量减少、含沙量加大也是原因之一。按前面表 3-3 给出的 1986 ~ 2001 年渭河径流量仅为 1960 ~ 1990 年的 0.492 倍,含沙量则加大为 1960 ~ 1990 年的 1.40 倍。按平衡坡降公式,据前节计算坡降要加大 0.211 J_0,即华县水位可能抬高 2.5 m,与实际资料基本相近。

表 3-9　三门峡水库运用各时段渭河下游冲淤量分布

时段	运用方式	冲淤总量($\times 10^8$ m³)	渭拦		渭淤 1 – 10		渭淤 10 – 26		渭淤 26 – 37		潼关高程(m)	
			河段冲淤量分布($\times 10^8$ m³)	占冲淤总量百分比(%)	河段冲淤量分布($\times 10^8$ m³)	占冲淤总量百分比(%)	河段冲淤量分布($\times 10^8$ m³)	占冲淤总量百分比(%)	河段冲淤量分布($\times 10^8$ m³)	占冲淤总量百分比(%)	起	止
1960-06 ~ 1966-05	蓄水拦沙高水位运用	2.139	0.190 8	8.9	1.406 4	65.8	0.609 9	28.5	-0.068 1	-3.2	323.4	327.99
1966-05 ~ 1969-10	滞洪排沙一期改建	6.874 2	0.214 3	3.0	4.968 3	72.3	1.647 7	24.0	0.043 9	0.7	327.99	328.65
1969-01 ~ 1973-10	滞洪排沙二期改建	1.301 1	-0.008 8	-0.7	0.163 7	12.6	1.138 1	87.5	0.008 1	0.6	328.70	326.64
1973-10 ~ 1985-10	蓄清排浑四省会议原则	0.291 0	0.008 6	2.96	0.031 0	10.64	0.251 4	86.4			326.04	326.64
1986-10 ~ 1996-10	蓄清排浑四省会议原则	2.980 0	0.140 0	4.7	1.52	51.0	1.090 0	36.6	0.300	10.07	327.18	328.07

　　这里既强调潼关高程对渭河的影响是主要的、根本的,但是也不能忽视次要的作用,这就是说,在表 3-3 的水沙变化条件下,1986 年以后,渭河下游水位也会有所抬高。它对本节的实际意义是古贤水库修建后如潼关高程由目前的 328 m 下降至 326.4 m 以后,此时渭河河床不能完全复原至以前潼关水位 326.4 m 的河床。其原因为除水库冲淤不完全可逆外,水沙变化特别是水量减少,含沙量加大。可见,我们提到渭河淤积除潼关高程外,也有本身水沙变化的原因,即是不想将建古贤水库对渭河的好处估计太高。

　　在 1974 ~ 1985 年三门峡水库全年控制运用[29]期间,潼关高程由 1974 年的 327.2 m 下降至 1985 年的 326.64 m,渭河下游出现了少有的冲刷,总冲刷量为 0.718 6 $\times 10^8$ m³。而 1986 ~ 1999 年潼关高程又上升约 1.5 m,致使渭河又淤积 3.090 5 $\times 10^8$ m³[29]。可见,如 1985 年以后潼关高程稳定在 326.4 m,渭河水沙条件也不变,则渭河就不太可能淤下 3.09 $\times 10^8$ m³,加上 1974 ~ 1985 年的冲刷,所以如复原到潼关高程 326.4 m,则渭河至少要少淤约 4 $\times 10^8$ m³。这对渭河自然是有很大好处的。这是因为 1974 ~ 1985 年,虽然水沙条件有利,但是潼关水位达到 326.64 m 时间是较短的,而古贤水库运用后维持潼关高程 326.4 m 的时间是很长的。因此,如果不考虑渭河水沙变化,当潼关高程降到 326.4 m 时,渭河减淤量应大于 4.0×10^8 m³。当然实际冲刷量可能仅为 3×10^8 m³。

3.4.1.2　渭河冲淤量与潼关高程关系

按照文献[30]研究,潼关高程与渭河下游淤积量见图 3-13[30],可见当潼关高程由 328 m 减至 326.4 m 时,渭河淤积量有望由 12.5×10^8 m³ 减至 9.5×10^8 m³,即减少 3×10^8 m³,由于图 3-13 采用的是多年资料,有的是淤积后,有的是冲刷后,故可作为平衡情况下的结果。

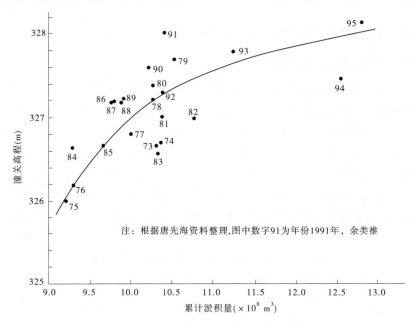

图 3-13　渭河下游淤积与潼关高程的关系

仔细分析图 3-13 中 1985 年前后的实测点子可以看出:1985 年以前的点子多在曲线下面,而 1985 年以后的点子多在曲线上面。值得注意的是,从图 3-13 中看出,有的资料反映了由于潼关高程降低,渭河发生冲刷的情形。例如,1982 年潼关高程约 327.0 m,渭河总淤积量约为 10.75×10^8 m³,而 1984 年潼关高程约 326.62 m,渭河总淤积量为 9.3×10^8 m³,即潼关高程降低约 0.4 m,渭河冲刷约 1.45×10^8 m³。可见,如按此推算,则古贤水库修建后,潼关水位降低 1.6 m,

渭河淤积将减少5.4×10^8 t。当然这个数值是偏大一些,因为这两年的资料一个偏右,一个偏左,加大了减淤的数量。

3.4.1.3　水位降低对渭河淤积的影响

如水位降低1.6 m,则按经验河床冲深一般为$1.667 \times 1.6 \approx 2.6672$(m)。据渭河影响范围165 km,槽宽600 m,则河槽总的冲刷量约为1.32×10^8 m³。当然,下段主槽必定有所摆动,加上滩地崩塌,实际冲刷量会更大一些。因此,考虑冲滩可以按2.0×10^8 m³估计。

综上所述,估计古贤水库运用后,当潼关高程平均降低1.6 m时,渭河可减淤大体为$2 \times 10^8 \sim 3 \times 10^8$ m³。

3.4.2　对渭河纵剖面即水位的影响

3.4.2.1　渭河下游纵剖面分析

渭河下游纵剖面如图 3-14[31]所示,坡降愈向下游愈缓,联系到图 3-15[32]及表 3-9 的床沙级配变化,可见,受三门峡水库影响悬移质淤积基本上达到渭淤 26 断面,渭淤 26 断面以上的则为推移质淤积。事实上从表 3-10[33]可以看出,渭淤 26 断面以上 $D_{50} = 0.338$ mm、$D > 0.5$ mm 的占 30.1%。假如全为悬移质淤积,图 3-14 上段坡降不会有那样急剧的变化,而在渭淤 26 ～ 21 断面 $D_{50} = 0.216$ mm、$D > 0.5$ mm 的占 25.2%,故也应包含了一部分沙质推移质淤积。考虑到沙质推移质(包括小砾石)与悬移质级配基本连续,所以以下的分析将它们联系在一起。

表 3-10　渭河下游 1980 ～ 1997 年床沙平均级配

河段	小于某粒径沙重所占百分数(%)(粒径以 mm 计)											
	0.025	0.05	0.1	0.25	0.5	1	2	5	10	20	50	d_{50}
渭淤 26 以上	6.9	13.6	20.3	39.4	69.9	90.4	92.5	94.5	95.9	98.3	100	0.338
渭淤 26 ～ 21	11.1	23.9	35.6	54.3	74.8	88.0	91.7	95.4	97.1	99.3	100	0.216
渭淤 21 ～ 10	18.2	37.6	50.3	70.9	89.5	98.6	99.5	99.9	100	100	100	0.099
渭淤 10 ～ 6	22.4	48.1	62.8	84.0	96.6	99.7	99.9	100	100	100	100	0.056

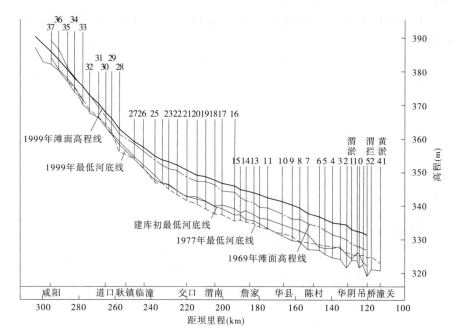

图 3-14[31]　渭河下游纵剖面

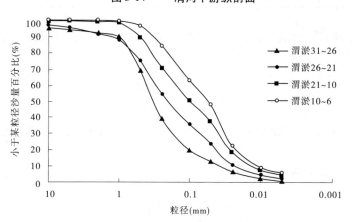

图 3-15[32]　试验河段原型床沙级配

如将表 3-10[33] 的 D_{50} 的位置以表中各河段之中点表示，其中渭淤 26 以上的中点为渭淤 31 和渭淤 26 的中点，则 D_{50} 的分布如表 3-11[33] 所示。以下为了表示简单，我们取 D_{50} 作为粒径的代表，即用 D 表示 D_{50}。按曲线拟合后，其计算公式为

$$D = D_0 e^{-0.016\,7x} = 0.338 e^{-0.016\,7x} \tag{3-2}$$

此处 x 以 km 计,常数 0.016 7 的单位为 km^{-1}。式(3-2)的 x 是从渭淤 28 + 1 起算,它距坝 261.49 km。此式能较好地反映表 3-11 中实际床沙分布。

表 3-11[33]　床沙沿程分布

断面位置	距三门峡大坝里程(km)	床沙中径(mm)	计算床沙中径(mm)
渭淤 31	278.18		
渭淤 30(28 + 1)	265.81		(0.365)
	261.21		
	261.49	0.338	0.338
渭淤 26	244.81		
	232.57	0.216	0.209
	220.33		
	193.93	0.099	0.110
渭淤 10	167.53		
	153.28	0.056	0.056
渭淤 6	147.28		
	113.21		

由曼宁公式、水流连续方程、河相系数及起动流速公式求得起动平衡纵剖面的坡降为[17]

$$J = \frac{n^2 \xi^{\frac{12}{19}} D^{\frac{44}{57}} K_0^{\frac{44}{19}}}{Q^{\frac{16}{19}}} \tag{3-3}$$

式中:n 为糙率;ξ 为河相系数;D 为床沙代表粒径;Q 为造床流量;K_0 为起动流速的系数。

如沿程其他参数不变,则有

$$\frac{J}{J_0} = \left(\frac{D}{D_0}\right)^{\frac{44}{57}} = \left(\frac{D}{D_0}\right)^{0.772} \tag{3-4}$$

此处加下标 0 为参数点的值,故取坡降为平均床面坡降,则

$$\frac{dZ}{dx} = -J = -J_0\left(\frac{D}{D_0}\right)^{0.772} = -J_0\left(\frac{0.365}{0.365}e^{-0.0167x}\right)^{0.772} = -J_0 e^{-0.012\,8x}$$

此处 x 由上至下,故坡降为负,在 $x = 0$、$Z = Z_0$,及 $x = x$、$Z = Z$ 边界条件下积分,上式为

$$Z = Z_0 - \frac{J_0 \times 10^3}{0.012\,9}(1 - e^{-0.012\,9x}) = Z_0 - 36.82(1 - e^{-0.012\,9x})$$

$$= 363.1 - 36.82(1 - e^{-0.012\,9x}) \tag{3-5}$$

此处 x 由渭淤 30 断面向下起算(距三门峡大坝 265.81 km),以 km 为单位,而 Z、Z_0 则以 m 为单位。式(3-5)与黄河水利科学院收集的渭河 1992 ~ 1994 年的实测平均河底高程的资料[32] 对比见表 3-12。可见,式(3-5)能与实际资料基本符合,这说明此段水面坡降间变化是与床沙粒径密切相关的。但是由于渭淤 7 断面受潼关高程影响密切、变化大,且手头无这方面资料,因此上述有关各式只能限于渭淤 6 断面或渭淤 7 断面以上。

表 3-12　渭淤 7 至渭淤 30 纵剖面

下距渭淤 30 断面的距离(km)	实测平均河底高程(m)				计算平均河底高程(m)式(3-6)	潼关高程降低1.6 m 后的高程(m)式(3-7)
	1992 年	1993 年	1994 年	平均		
0	363.0	365.0	364.3	364.1	363.1	363.1
					361.0	360.9
20	354.8	355.0	354.4	354.7	354.7	354.3
40	348.4	347.6	347.8	347.8	348.3	347.5
60	344.6	344.8	343.6	344.3	343.3	342.3
					340.5	339.4
80	340.2	341.0	341.0	340.7	339.4	338.2
90					337.8	336.5
100	338.7	336.2	336.8	337.2	336.4	335.1
120	334.0	334.4	335.5	334.6	334.1	332.7
124.9	333.5	333.8	334.2	333.7	333.6	332.2

需要补充说明的是,渭淤 6 断面以上之所以较稳定:一方面是因为潼关高程的影响传上来有一定滞后,故作用有一定调平;另一方面按华县悬移质级配,求得刚开始淤积时床沙级配如表 3-13 中的床沙级配 $P_{1.1}$,则它的 D_{50} 应为 0.085 mm,与渭淤 10 ~ 21 断面的床沙相近,显然该段及以上也会有悬移质淤积,只是经过粗化才到达现有的水平。这表明床沙粗化也是不能避免的,这也说明渭淤 10

断面以上应较稳定。

表 3-13　刚淤积时床沙级配

项目	各粒径组级配(粒径以 mm 计)								合计
	<0.005	0.005 ~ 0.01	0.01 ~ 0.025	0.025 ~ 0.05	0.05 ~ 0.10	0.10 ~ 0.25	0.25 ~ 0.50	0.50 ~ 1.00	
$P_{4.l}$	0.30	0.107	0.251	0.210	0.097	0.016	0.077	0.002	1.00
$\omega_l^{0.92}$	0.000 24	0.000 118	0.005 72	0.002 27	0.008 14	0.023 8	0.052 2	0.101 06	0.002 378 7
$P_{1.l}$	0.003	0.005	0.060	0.201	0.332	0.160	0.154	0.085	1.00

3.4.2.2　潼关高程降低后渭河纵剖面变化

前面给出的渭河纵剖面应只适用于渭淤 7 ~ 31 各断面。至于渭淤 7 至潼关难以用剖面关系估计,但是根据多方面的研究成果,渭河下段水位升降值与潼关的数值基本是相同的,例如文献[31]给出陈村(渭淤 7)常水位高程与潼关高程的关系为

$$H = 9.1 + 0.99 H_{潼} \tag{3-6}$$

可见当潼关高程为 328 m 时,陈村(渭淤 7)水位 333.82 m。而当潼关高程降低 1.6 m 为 326.4 m 时,陈村水位为 332.24 m,即降低 1.58 m。考虑到是冲刷,取陈村水位少降低 0.18 m,即降低 1.4 m。这样再利用式(3-6)即可估计沿程的降低。当然,这里及以下我们取河底纵剖面与枯水位纵剖面相对升降的变化是一致的,即落差是一致的。

根据前面的分析,渭淤 26 ~ 30 以上,主要为推移质淤积,可令它的水位不变,则当潼关高程降低 1.6 m 即陈村降低 1.4 m 后,式(3-7)的系数 36.82 应改为 38.66,此时才能满足陈村高程降低 1.4 m 的要求。这样降低后的河底高程为

$$Z = 363.1 - 38.66(1 - e^{-0.012\,9x}) \tag{3-7}$$

由式(3-7)计算沿程降低值亦如表 3-12 最后一栏所示。从表中看出陈村降低 1.4 m,华县约降低 1.30 m,渭南约降低 1.1 m。

如按文献[13],华县与潼关高程的关系为

$$H_{华} = 89.3 + 0.75 H_{潼} \tag{3-8}$$

则潼关高程由 328 m 降至 326.4 m 时,华县高程由 335.3 m 降至 334.1 m,即降低 1.2 m。可见此值与公式(3-7)降低 1.3 m 也符合很好。

3.5 不平衡输沙的研究成果应能定量描述三门峡水库悬移质运动与淤积的主要规律

三门峡水库泥沙运动与淤积是异常复杂的,各种现象交替,不同作用相互渗透,既反映了它的特殊性,又深藏着共同的规律。在研究三门峡悬移质泥沙运动淤积时,必须明确这一点。前面提到,从泥沙淤积看,三门峡水库沙多,淤积量大,翘尾巴严重,还有高含沙水流等,其特殊性很强。但是水库泥沙运动和淤积,应具有共同规律,这就是非均匀悬移质不平衡输沙的规律。利用这个规律,应能解决三门峡水库悬移质运动与泥沙淤积的主要问题和解释各种现象。

我们曾对非均匀悬移质不平衡输沙理论进行了深入研究[34-39]。这些成果已能够概括三门峡水库泥沙运动的各种现象如何利用不平衡输沙规律来描述和解释。

3.5.1 三门峡水库的挟沙能力关系

张瑞瑾挟沙能力公式为

$$S^* = \kappa \left(\frac{V^3}{gh\omega} \right)^m \tag{3-9}$$

从式(3-9)出发,考虑浑水容重和沉速对挟沙能力的影响,同时通过考虑细颗粒运动时由于吸附的薄膜水(牢固吸附的部分)对其容重的作用之后,得到[17]

$$S^* = \kappa \gamma_s \left(\frac{\gamma}{\gamma_s - \gamma} \right)^m \left(\frac{V^3}{gh\omega} \right)^m = \kappa \gamma_s \left(1 + \frac{\gamma_s - \gamma_0}{\gamma_0} \frac{S}{\beta \gamma_s} \right)^m \frac{1}{\left(1 - \frac{S}{\beta \gamma_s} \right)^{(K+1)m}} \left(\frac{V^3}{gh\omega_0} \right)^m$$

$$= K_0 \left(1 + \frac{\gamma_s - \gamma_0}{\gamma_0} \frac{S}{\beta \gamma_s} \right)^m \frac{1}{\left(1 - \frac{S}{\beta \gamma_s} \right)^{(K+1)m}} \left(\frac{V^3}{h\omega_0} \right)^m \tag{3-10}$$

$$\beta = \left(\frac{D}{D + 2\delta} \right)^m \tag{3-11}$$

$$\omega_0 = (P_{4,l} \omega_{0,l}^m)^{\frac{1}{m}} \tag{3-12}$$

式中:γ_s、γ_0 分别为泥沙和清水的容重;S 为含沙量;V 为流速;h 为水深;ω_0 为泥沙在清水中的平均沉速;D 为泥沙粒径;$\delta = 4 \times 10^{-7}$ m,为薄膜水厚度;$P_{4,l}$ 为 l 组粒径在悬移质中的比例,即悬移质级配;K_0 对于三门峡水库为 0.04,对于黄河下游河道为 0.030,对于长江、汉江为 0.017。长江的水库(三峡水库和丹江口水库)为 0.028 ~ 0.030。这与文献[17]根据理论分析得到的数值非常接近,在图 3-16 ~ 图 3-19 中绘出了郭庆超、毛继新分析的三门峡水库潼关水文站[34]、黄河下游花园口至利津 7 个站[40]、长江汉口站[34]、汉江仙桃站[40]等站的挟沙能力关系,说明均与式(3-10)符合。K_0 的系数变化主要是由于上游来沙挟沙能力与本段冲起的挟沙能力之比不同引起的,同时还受水深及 $\dfrac{\omega}{\omega_{水}}$ 的影响[17]。

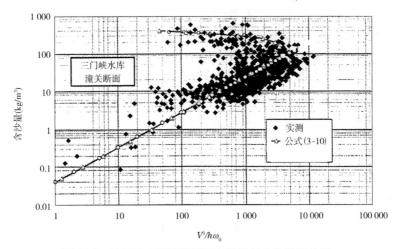

图 3-16　三门峡水库潼关断面含沙量与水沙因子关系

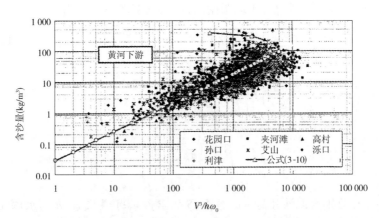

图 3-17　黄河下游河道含沙量与水沙因子关系

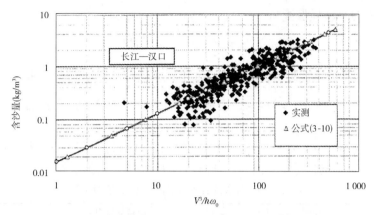

图 3-18 长江汉口水文站含沙量与水沙因子关系

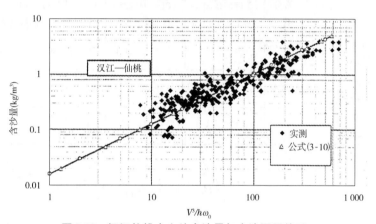

图 3-19 汉江仙桃水文站含沙量与水沙因子关系

3.5.2 三门峡水库非均匀悬移质不平衡输沙关系

（1）我们曾得到一维不平衡输沙分析解为[35-37]

$$S = S^* + \left(S_0 \sum P_{4.l.0} \, l^{-\frac{\alpha\omega_l L}{q}} - S_0^* \sum P_{4.l.0}^* \, l^{-\frac{\alpha\omega_l L}{q}} \right) + S_0^* \sum P_{4.l.0}^* \frac{q}{\alpha_l \omega_l L} -$$

$$\left(1 - \mathrm{e}^{-\frac{\alpha_l \omega_l L}{q}} \right) - S^* \sum P_{4.l.0}^* \frac{q}{\alpha_l \omega_l L} - \left(1 - \mathrm{e}^{-\frac{\alpha_l \omega_l L}{q}} \right) \qquad (3\text{-}13)$$

其中 q 为单宽流量,加下标"0"表示进口值,不加表示出口值;L 为进出口断面间距。α 为恢复饱和系数,淤积时取为 0.25,冲刷时取为 1[36,38]。

（2）冲淤时悬沙级配变化。

淤积时悬移质级配为

$$P_{4.l} = P_{4.l.0}(1 - \lambda)^{\left(\frac{\omega_l}{\omega_m}\right)^n - 1} \tag{3-14}$$

式中：$P_{4.l.0}$ 为进口级配；ω_m 为淤积过程中代表沉速；$\lambda = \dfrac{S - S_0}{S_0}$，为由进口至出口的淤积百分数；指数 $n = 3/4 \sim 1$，表示当区域由漫流或静水造成粗细泥沙混合不均匀的修正因子。

曾用 1964 年潼关至北村淤积资料对式（3-14）进行了验证，其结果符合很好[17,35]。潼关至北村实测值与计算值对比见表 3-14。冲刷时

表 3-14　潼关至北村实测值与计算值对比

断面名称	时段（年-月）	输沙量（$\times 10^8$ t）	淤积百分数 λ	悬移质级配 $P_{4,l}$							
				<0.005 mm	0.005~0.01 mm	0.01~0.025 mm	0.025~0.05 mm	0.05~0.10 mm	0.10~0.25 mm	0.25~0.5 mm	0.5~1.0 mm
潼关	1964-03~1964-10	23.4		14.0	9.9	17.5	25.4	28.2	4.3	0.6	0.1
北村（实测）	1964-03~1964-10	13.4	0.426	24.5	13.9	21.1	25.3	13.7	1.3	0.2	
北村（计算）	1964-03~1964-10			23.2	15.2	22.7	23.6	14.6	0.7		

$$P_{4.l} = \frac{1}{1 - \lambda}\left(P_{4.l.0} - \frac{\lambda}{\lambda^*}P_{1.l.0}\lambda^*\left(\frac{\omega_l}{\omega_m}\right)^n\right) \tag{3-15}$$

其中 $P_{4.l.0}$ 为初始床沙级配，$\lambda^* = \dfrac{\Delta h}{\Delta h + \Delta h_0}$ 为冲刷百分数，Δh 为冲刷厚度，Δh_0 为参加冲刷但未被冲走的厚度。

（3）床沙级配变化。淤积时

$$P_{1.l} = \frac{P_{1.l.0}}{\lambda}\left[1 - (1 - \lambda)^{\left(\frac{\omega_l}{\omega_m}\right)^n}\right] \tag{3-16}$$

冲刷时

$$P_{1.l} = \frac{P_{1.l.0} - \lambda^*\tilde{P}_{4.l}}{1 - \lambda^*} = P_{1.l.0}\frac{1 - \lambda^*\left(\frac{\omega_c}{\omega_m}\right)^n}{1 - \lambda^*} \tag{3-17}$$

其中 $\tilde{P}_{1.l}$ 为由床沙冲起级配，它为

$$\tilde{P}_{4.l} = P_{1.l.0} \frac{1 - \lambda^* \left(\frac{\omega_l}{\omega_m}\right)^n}{\lambda^*} \tag{3-18}$$

冲刷时悬沙级配变化及床沙级配粗化,曾用精度较高的黄河下游 1961～1964 年花园口至高村、艾山至利津的实测资料对式(3-15)及式(3-17)进行了验证,彼此是符合的[36]。

(4)按上述不平衡输沙有关公式及挟沙能力公式组成数学模型后,郭庆超利用三门峡水库 1960 年 7 月至 1989 年 6 月 30 日的实测冲淤过程对模型进行了验证。结果见表 3-15[39]。两者符合很好,30 年内三门峡水库潼关以下实测淤积 $28.89 \times 10^8 \, m^3$,计算 $29.42 \times 10^8 \, m^3$,相差仅 1.8%。

表3-15　1960～1989 年三门峡水库实测冲淤过程　（单位：$\times 10^8 \, m^3$）

时间	时段		累计		时间	时段		累计	
（年-月-日）	计算	实测	计算	实测	（年-月-日）	计算	实测	计算	实测
（196-07-01 起）1960-10-30	1.398	1.883	1.398	1.883	1975-06-30	1.39	1.83	29.701	29.837
1961-06-30	0.347	1.683	1.745	3.566	1975-10-31	-1.46	-1.97	28.241	27.567
1961-10-31	7.598	9.68	9.343	13.246	1976-06-30	1.3	1.4	29.541	28.967
1962-06-30	1.934	1.47	11.277	14.716	1976-10-31	-1.37	-1.11	28.171	27.857
1962-10-31	4.498	4.108	15.775	18.824	1977-06-30	0.94	1.14	29.111	28.997
1963-06-30	1.965	0.804	17.74	19.628	1977-10-31	0.49	0.35	29.601	29.347
1963-10-31	4.71	3.888	22.45	23.516	1978-06-30	0.79	1.3	30.391	30.647
1964-06-30	1.405	1.084	23.855	24.6	1978-10-31	-1.43	-1.75	28.961	28.897
1964-10-31	12.571	11.56	36.426	36.16	1979-06-30	0.93	1.61	29.891	30.507
1965-06-30	-3.082	-3.231	33.344	32.929	1979-10-31	-1.14	-2.11	28.751	28.397
1965-10-31	-1.583	-1.189	31.761	31.74	1980-06-30	0.93	1.58	29.681	29.977
1966-06-30	-0.772	-0.798	30.989	30.942	1980-10-31	-0.83	-1.4	28.851	28.577
1966-10-31	1.172	1.645	32.161	32.587	1981-06-30	0.79	1.01	29.641	29.587
1967-06-30	-1.18	-1.253	30.981	31.334	1981-10-31	-1.74	-1.91	27.901	27.677
1967-10-31	2.16	2.072	33.141	33.406	1982-06-30	1.04	1.21	28.941	28.887
1968-06-30	-0.92	-1.094	32.221	32.312	1982-10-31	-0.47	-0.84	28.471	28.047

续表 3-15

时间 （年-月-日）	时段		累计		时间 （年-月-日）	时段		累计	
	计算	实测	计算	实测		计算	实测	计算	实测
1968-10-31	0.27	0.289	32.491	32.601	1983-06-30	1.19	1.5	29.661	29.547
1969-06-30	-0.35	-0.769	32.141	31.832	1983-10-31	-1.69	-1.56	27.971	27.987
1969-10-31	-0.57	-1.014	31.571	30.818	1984-06-30	1.08	1.09	29.051	29.077
1970-06-30	0.51	0.232	32.081	31.05	1984-10-31	-1.02	-1.25	28.031	27.827
1970-10-31	-1.72	-1.486	30.361	29.564	1985-06-30	0.52	0.8	28.551	28.627
1971-06-30	-0.04	-0.097	30.321	29.467	1985-10-31	-0.53	-1.08	28.021	27.547
1971-10-31	-0.55	-0.462	29.771	29.005	1986-06-30	0.98	0.8	29.001	28.347
1972-06-30	0.05	-0.332	29.821	28.673	1986-10-31	-1.18	-0.69	27.821	27.657
1972-10-31	-1.36	-0.898	28.461	27.775	1987-06-30	0.84	0.74	28.661	28.397
1973-06-30	1.13	0.97	29.591	28.745	1987-10-31	-0.06	-0.24	28.601	28.157
1973-10-31	-1.59	-1.644 5	28.001	27.1	1988-06-30	0.97	0.98	20.571	29.137
1974-06-30	0.76	1.237	28.761	28.337	1988-10-31	-1.11	-1.33	28.461	27.807
1974-10-31	-0.45	-0.63	28.311	27.707	1989-06-30	0.96	1.08	29.421	28.887

3.5.3 床沙质与冲泻质是否具有统一规律

过去研究悬移质均分开床沙质与冲泻质,认为只有床沙质才符合挟沙能力规律,冲泻质则是来多少走多少。但是在黄河上多年来各种数学模型均按粗细泥沙一起研究,不分床沙质与冲泻质。其理论依据如何？冲泻质是否有挟沙能力？对这些没有专门研究,是一个必须解决的疑点。我们利用非均匀沙理论中的水量百分数,证实了冲泻质不仅符合挟沙能力规律,而且与床沙质及全沙是相同的[17,40]。在图 3-20[17] 中给出了黄河下游高村水文站床沙质($D > 0.05$ mm)、冲泻质($D < 0.05$ mm)及全沙的挟沙能力关系,可见彼此均符合

$$S^* = 0.026 \frac{V^{2.76}}{h^{0.92}\omega^{0.92}} \tag{3-19}$$

但是要注意的是,S^* 是按去掉其他组水量百分数后,得到的挟沙能力[38,39]。由此得到以下结论:第一,冲泻质仍具有挟沙能力;而且与床沙质和冲泻质具有

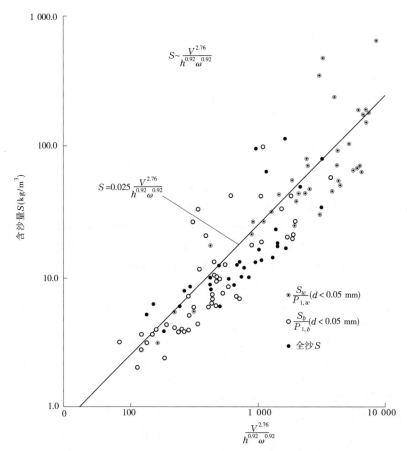

图 3-20　黄河高村水文站冲泻质及床沙质与水力因素关系

统一规律。第二,按全沙研究挟沙能力也是完全正确的,这为过去的研究提供了理论支撑;第三,完全相反,如只研究床沙质挟沙能力,则要剔除冲泻质的水量百分数,否则按过去的作用,仍用全部水量研究是错误的。此外,式(3-19)的挟沙能力系数是指冲刷情况,因为所采用的资料是 1961 ~ 1964 年的。而前面提到的 $K_0 = 0.030$ 是指平衡情况。

参 考 文 献

[1]　中国水利学会.黄河三门峡工程泥沙问题[M].北京:中国水利水电出版社,2006.

[2]　沈崇刚.三门峡水库设计情况介绍[J].中国水利,1957(7):560-569.

[3]　谢家泽.三门峡工程在宏观决策上的基本经验教训[M]//谢家泽.谢家泽文集.北京:

中国科学技术出版社,1995.

[4] 水电部党组关于黄河规划和三门峡工程问题的报告[M]//中国水利学会.黄河三门峡工程泥沙问题.北京:中国水利水电出版社,2006.

[5] 龙毓骞,张启舜.三门峡工程改造和运用[J].人民黄河,1979(3):47-53.

[6] 三门峡泥沙问题编写小组.黄河三门峡水库的泥沙问题[M]//中国水利学会.黄河三门峡工程泥沙问题.北京:中国水利水电出版社,2006.

[7] 三门峡水利枢纽组讨论会办公室整理.三门峡水利枢纽讨论会综合意见[J].中国水利,1957(7):1-7.

[8] 中国水利.三门峡水利枢纽讨论会(发言摘要)[J].中国水利,1957(7):1-10.

[9] К. С. 郭尔涅夫,Д. М. 尤里诺夫,Я. З. 格鲁斯金,等.对温善章同志所提有关三门峡水电站初步设计建议的意见[J].中国水利,1957(8):576-578.

[10] 黄万里.对于黄河三门峡水库现行规划方法的意见[J].中国水利,1957(8):599-603.

[11] 温善章.对三门峡水电站的意见及补充对三门峡水电站意见[M]//中国水利学会.黄河三门峡工程泥沙问题.北京:中国水利水电出版社,2006.

[12] 叶永毅.关于三门峡水库的初期运用方式[J].中国水利,1957(8):579-589.

[13] 张晓华,尚红霞,郑艳爽.黄河干流大型水库修建后上、下游再造床过程[M].郑州:黄河水利出版社,2008.

[14] 焦恩泽.黄河水库泥沙[M].郑州:黄河水利出版社,2004.

[15] 冯国斌,张立中.黄河三门峡水利枢纽后评价[J].人民黄河,2001,23(12):107-107.

[16] 韩其为.挟沙能力多值性及黄河下游多来多排特性分析[J].人民黄河,2008(3):1-4.

[17] 韩其为.水库淤积[M].北京:科学出版社,2003.

[18] 唐日长.水库淤积调查报告[J].人民长江,1964(3).

[19] 林一山.水库长期使用问题(1966年拟上报中央的材料)[J].人民长江,1978(2).

[20] 韩其为.长期使用水库的平衡形态及冲淤变形研究[J].人民长江,1978(2):18-36.

[21] 韩其为.论水库的长期使用[G]//长江水利水电科研成果选编.长江水利科学研究院印,1980年6月,第47-56页.

[22] 夏震寰,韩其为,焦恩泽.论长期使用库容[C]//第一次河流泥沙国际学术讨论会论文集.北京:光华出版社,1980.

[23] 韩其为,何明民.论长期使用水库的造床过程——兼论三峡水库长期使用的有关参数[J].泥沙研究,1993(3):1-22.

[24] "潼关高程控制及三门峡水库运用方式研究"项目组.潼关高程控制及三门峡水库运用方式研究(总报告简写本)[Z].2005.

[25] "潼关高程控制及三门峡水库运用方式研究"项目组.潼关高程及三门峡水库运用方式研究进展及初步成果[R],2003,10.

[26] "潼关高程控制及三门峡水库运用方式研究"项目组.潼关高程控制及三门峡水库运

用方式研究(总报告)[Z]. 2005.

[27] 三门峡水利枢纽管理局. 2002 年 11 月~2005 年 10 月三门峡水库原型试验运用及冲淤情况[Z]. 三门峡:三门峡水利枢纽管理局,2005.

[28] 王桂娥,季利,李杨俊,等. 渭河水沙条件变化对河床冲淤的影响分析[C]//黄河水利委员会科技外事局,三门峡水利枢纽管理局. 三门峡水利枢纽运用四十周年论文集. 郑州:黄河水利出版社,2001.

[29] "潼关高程控制及三门峡水库运用方式研究"项目组.潼关高程控制及三门峡水库运用方式研究(总报告)[R],2005.

[30] 周文浩,陈建国,李惠梅. 三门峡水利枢纽的后评价——潼关高程及遏制渭河下游淤积对策[C]//黄河水利委员会科技外事局,三门峡水利枢纽管理局. 三门峡水利枢纽运用四十周年论文集. 郑州:黄河水利出版社,2001.

[31] 曹如轩,雷福州,冯普林. 三门峡水库淤积上延机理的研究[C]//黄河水利委员会科技外事局,三门峡水利枢纽管理局. 三门峡水利枢纽运用四十周年论文集. 郑州:黄河水利出版社,2001.

[32] 胡春宏,陈建国,戴清,等. 径河东庄水利枢纽工程下游河道动床物理模型试验研究总报告[R]. 北京:中国水利水电科学研究院,2001.

[33] 毛继新,鲁文. 渭河下游河道数学模型计算[R]. 北京:中国水利水电科学研究院,2000.

[34] 郭庆超,毛继新. 挟沙能力公式在天然河流的适应性研究[C]//非均匀泥沙不平衡输移研究研讨会论文集. 天津大学,2008.

[35] 韩其为. 水库悬移质不平衡输沙的初步研究[Z]//水库泥沙报告汇编. 黄河泥沙研究协调小组编印,1973,145-168.

[36] 韩其为. 非均匀悬移质不平衡输沙的研究[J]. 科学通报,1979(17):804-808.

[37] 何明民,韩其为. 挟沙能力级配及有效床沙级配的概念[J]. 水利学报,1989(3):17-26.

[38] 韩其为,何明民. 恢复饱和系数初步研究[J]. 泥沙研究,1997(3):32-40.

[39] 郭庆超,何明民,韩其为.三门峡水库泥沙淤积规律分析[J]. 泥沙研究,1995(1):48-58.

[40] 韩其为.水量百分数的概念及其在非均匀悬移质输沙中的应用[J].水科学进展,2007(8):633-640.

第 4 章 黄河揭底冲刷的理论分析

本章从理论上深入研究了黄河上"揭底冲刷"的现象,包括土块的起动流速、上升运动、露出水面的条件及其下降和沿纵向运动。通过较详细的力学分析,给出了有关临界条件和运动方程及其解。这些结果不仅能解释已经观测到的"揭底冲刷"时的各种现象和资料,而且能从更深的层次揭露一些尚未被阐述的机制。本章的研究既强调揭河底时水流与泥沙运动的特点,也注重其作为一般泥沙运动的共性,从而丰富了泥沙起动、推移等的领域。

4.1 引 言

"揭底冲刷"或"揭河底"是黄河干支流在高含沙量洪峰时产生的一种强烈冲刷。此时,河床泥沙被成块掀起,而且露出水面,类似卷帘,由上游向下游一块接一块地断续地翻转。据水文年鉴描述,"当这种大冲刷发生时,能看到大块河床泥沙被水流掀起,露出水面达数平方米,像是在河中竖起一道墙(与水流方向垂直),二三分钟即扑入水中消失。"另据河南黄河河务局 1977 年高含沙洪峰通过后的调查记录,船工描述为[1]"从河底揭起的泥坯有房子那么大,像箔一样,足有丈把高,立起来后,'扑通'倒进水中。揭泥坯是一阵一阵地揭,不是连续的。"

黄河干流龙门段曾多次发生过"揭底冲刷",潼关和渭河下游一带也出现过这种现象,就是黄河下游也曾偶尔发生过。揭底冲刷十分强烈,短时间(20 h 以内)能冲刷数米深,使河床及水位大幅度下降,影响桥墩、护岸、河控工程的安全及取水建筑物的运用,值得重视。从学科看,"揭底冲刷"提出了泥沙起动和推移质研究的新领域,能促进泥沙运动理论研究的发展。

在表 4-1 中列出了王尚毅收集的"揭底冲刷"时有代表性的资料[2],从中可看出"揭底冲刷"的有关水流泥沙的数量特征。根据该表及前面提到的一些现象,我们将"揭底冲刷"从机制方面归纳为如下特点。

(1)发生"揭底冲刷"时水流强度是很大的。从表 4-1 龙门河段资料看,流速一般为 $5.00 \sim 10.7$ m/s,平均为 7.00 m/s 左右,相应的坡降为 $7.2‰ \sim 31.8‰$,平均约为 20‰。当水深 4 m 时,相应的动力流速 $u_* = 0.28$ m/s。

表 4-1　黄河龙门河段马王庙测站"揭底冲刷"实测资料[2]

编号	出现时间（年-月-日）	冲刷时间	冲刷深度（m）	流量（m³/s）	平均流速（m³/s）	水面坡降（×10⁴）	含沙量（kg/m³）	悬移质 d_{50}（mm）
1	1964-07-06	11	3.5	6 250 ~ 10 200	6.80 ~ 7.65	16.0 ~ 14.4	695 ~ 618	0.027 2 ~ 0.085
2	1966-07-18	15	7.5	68 900 ~ 3 800	8.61 ~ 7.00	25.3	933 ~ 700	0.120
3	1969-07-27	6	3.0	8 480 ~ 4 450	8.50 ~ 7.50	(5)	501 ~ 701	0.038
4	1970-08-02	15	9.0	7 100 ~ 13 800	5.00 ~ 8.30	31.8	718	0.053 3 ~ 0.0715
5	1977-07-06	9	4.0	68 900 ~ 11 500	10.7 ~ 6.02	7.20	576 ~ 694	0.031
6	1977-08-06	15	2.0	7 580 ~ 12 700	6.60 ~ 7.37	(5)	821	0.060
平均					7.37	19.88	708	

注：表中括号的数字为估计值。

（2）发生"揭底冲刷"时含沙量为 501 ~ 933 kg/m³，平均 708 kg/m³。含沙量高表示被冲起的土块水下重力小。事实上，当含沙量为 708 kg/m³ 时，浑水容重为 1 436 kg/m³。这就是说，若河底淤积物饱水土容重为 1 436 kg/m³，这土块可以浮在水中，可见高含沙量洪水对"揭底冲刷"的重要作用。

（3）从"揭底冲刷"断续地掀起土块可知，"揭底冲刷"与水流紊动（包括底部的猝发、大涡运动等）有密切联系。

（4）"揭底冲刷"时悬移质 d_{50} 并不完全是黏粒和粉砂，而是夹杂了相当一部分较粗颗粒。当然，表 4-1 中的 d_{50} 并不直接是土块的 d_{50}，但是土块破碎后也是含沙量来源之一，故含沙量的级配也应部分反映土块级配。

（5）从被水流掀起的土块"像是在河中竖起一道墙（与水流方向垂直）"，土块"像箔一样，足有丈把高"等看出，它是层状的，长度与水流方向垂直，运动时同时发生滚动翻转。

对黄河"揭底冲刷"的现象分析，已有一些成果[1-6]。它们对于报道这种现象，揭示"揭底冲刷"的机制是有益的。其中，部分研究[1-2]还分析了产生揭底冲刷的临界条件，有一定实际意义。但是，研究的深度仍然不够。例如，这些成果往往只给出产生"揭底冲刷"的条件,实际多为起动条件。而土块被冲动后,如何上升运动?如何翻转?如何露出水面?则未涉及。就起动临界条件看,也是作为一种特殊问题,其解答与单颗泥沙起动、成团泥沙起动的研究途径[6]和方法并不一致,从而难以提升起动研究的概括性。本书作者针对上述问题,曾对"揭底冲刷"全过程进行细观研究[7],包括土块起动、初始翻转、上升运动、露出水面以及下降至河底等。本章主要阐述该项研究成果。

　　由于缺乏"揭底冲刷"时实际的流场资料,目前对水流情况还难以详细研究。但是除一般均匀流流态外,它可能是急流(如当水深小于 4 ~ 5 m 时,表 4-1 中有的资料就如此)。有的研究[5]提到产生跌水,这意味着"揭底冲刷"形成冲刷坑后,进入的水流为急流,经过跌水之后转为缓流。这样在冲刷坑的下段,就会有向上的时均流速,从而有铅垂方向的分量,如此自然容易形成"揭底冲刷"。但这种冲刷及水流条件十分复杂,且无相应资料说明。因此,以下的研究暂按均匀流场在考虑水流紊动的竖向分速等作用后进行。此时,若有局部冲刷坑的向上流动,将相当于加大竖向分速效果。因此,若在均匀流场内能发生"揭底冲刷"和土块上升、露出水面等,则附加向上的时均流动后,更会如此。

4.2　土块起动流速

4.2.1　土块瞬时起动底速

　　设将要起动的土块如图 4-1 所示。它为六面体,长为 a,宽为 b,厚为 c。在一般条件下我们均取长和宽相同。其上作用的力有水流正面推力 F_D、上举力 F_L、床面切应力(拖曳力)τ_0,土块的水下重力 G',薄膜水附加下压力 ΔG,底部床面上颗粒间的黏着力 $F_{\mu 1}$,下游侧面的黏着力 $F_{\mu 2}$ 转为向下摩擦力 $fF_{\mu 2}$,两个侧面的黏着力 $F_{\mu 3}$ 转为向下的摩擦力 $fF_{\mu 3}$。这些力分别表示为[7]

$$F_D = \frac{\rho C_D}{2} V_b^2 ac \tag{4-1}$$

$$F_L = \frac{\rho C_L}{2} V_b^2 a^2 \tag{4-2}$$

$$G' = \frac{\pi}{6}(\gamma_m - \gamma) a^2 c = \frac{\pi}{6}(\gamma_m - \gamma) \frac{a^3}{\lambda} = \frac{\pi}{6}(\gamma_m - \gamma) D_0^3 \tag{4-3}$$

$$\Delta G = n_1 \Delta G_d = \left(\frac{a}{D + 2t}\right)^2 \Delta G_d = \pi K_2 \left(\frac{a}{D + 2t}\right)^2 \gamma H D \delta_1 \left(1 - \frac{t}{\delta_1}\right) \tag{4-4}$$

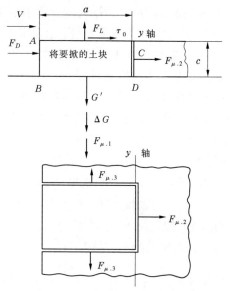

图 4-1　将要起动的土块示意图

$$F_{\mu.1} = n_1\rho_{\mu.d} = \left(\frac{a}{D+2t}\right)^2 P_{\mu.d} = \frac{\pi}{2}q_0\left(\frac{a}{D+2t}\right)^2 \frac{\delta_0^3}{\delta_1^2}D\left(\frac{\delta_1^2}{t^2}-1\right) \quad (4\text{-}5)$$

$$F_{\mu.3} = 2n_1\rho_{\mu.d} = 2\left(\frac{a}{D+2t}\right)\frac{fP_{\mu.d}}{\gamma} = \pi q_0\left(\frac{a}{D+2t}\right)^2 \frac{f}{\lambda}\frac{\delta_0^3}{\delta_1^2}D\left(\frac{\delta_1^2}{t^2}-1\right) \quad (4\text{-}6)$$

$$\lambda = \frac{a}{c} \quad (4\text{-}7)$$

其中
$$P_{\mu.d} = \frac{\pi}{2}q_0\frac{\delta_0^3}{\delta_1^2}D\left(\frac{\delta_1^2}{t^2}-1\right)$$

$$\Delta G_d = \pi K_2\gamma HD\delta_1\left(1-\frac{t}{\delta_1}\right)$$

$$n_1 = \left(\frac{a}{D+2t}\right)^2 \quad (4\text{-}8)$$

$$n_2 = \frac{ac}{(D+2t)^2} = \frac{a^2}{(D+2t)^2\lambda} \quad (4\text{-}9)$$

$$D_0 = \left(\frac{6}{\pi\lambda}\right)^{\frac{1}{3}}a = \left(\frac{6}{\pi}\right)^{\frac{1}{3}}\lambda^{\frac{2}{3}}c \quad (4\text{-}10)$$

$$\gamma_m = \gamma_s' + \left(1-\frac{\gamma_s'}{\gamma_s}\right)\gamma_0 \quad (4\text{-}11)$$

式中:$P_{\mu d}$为两个颗粒间的黏着力[8];ΔG_d为一个颗粒薄膜水附加下压力[8];λ为土块扁度;C_D、C_L为阻力系数;ρ为水流密度;V_b为水流底部流速;D为土块中单个泥沙直径;f为摩擦系数,暂取0.4;n_1为土块底面积上的泥沙颗数;n_2为土块侧面上的泥沙颗数;D_0为土块的等容球径;γ为浑水的容重;γ_m为土块湿容重;γ'_s为土块干容重;γ_s为颗粒干容重;γ_0为颗粒间空隙水的容重,取为清水容重,因为淤积物已在按渗流排水。至于τ_0及$F_{\mu 2}$由于对y轴不产生力矩,予以忽略。此外,从表4-1中悬移质D_{50}看出,$D < 0.01$ mm细颗粒占的比例是很小的,而平均体积含沙量$S_v < 0.27$,特别是"揭底冲刷"时流速特别大,紊动很强,故忽略水流的宾汉应力。此外,δ_1为薄膜水厚度,取为4×10^{-7} m[8],δ_0为水分子厚度,取为3×10^{-10} m[8],t为颗粒之间空隙的一半,H为水深,常数$q_0 = 1.3 \times 10^9$ kg/m^2,$K_2 = 2.258 \times 10^{-3}$[8]。

上述各力对y轴之矩在平衡时为(见图4-1)

$$-F_D \frac{C}{2} + F_L \frac{a}{2} = G' \frac{a}{2} + F_{\mu 1} \frac{a}{2} + F_{\mu 3} \frac{a}{2} \qquad (4-12)$$

此处推力F_D之矩为负,表示它对y轴作用的方向是逆时针的。这是与一般球状物体不同的。对于球状物体,不是考虑绕y滚动,而是绕D滚动。此时,推力的力矩将是顺时针的。这两者在起动流速方面的差别,将在后面分析。将上述各式代入式(4-12)。

$$\frac{\rho}{2} V_b^2 \left[\frac{-ac^2 C_D}{2} + \frac{a^2 C_L}{2} \right] = \frac{\pi}{6} (\gamma_m - \gamma) D_0^3 \frac{a}{2} +$$

$$\left[\frac{a}{2} \left(\frac{a}{D+2t} \right)^2 + a \left(\frac{a}{D+2t} \right)^2 \frac{f}{\lambda} \right] p_{\mu d} + \left(\frac{a}{D+2t} \right)^2 \frac{a}{2} \Delta G_d$$

遂有

$$V_{b.c}^2 = \left(\frac{\pi}{6} \right)^{\frac{1}{3}} \frac{2}{C_L \lambda^2 - C_D} \lambda^{\frac{3}{4}} \frac{(\gamma_m - \gamma)}{\gamma} g D_0 +$$

$$\frac{\lambda^2}{C_L \lambda^2 - C_D} \left(1 + \frac{2f}{\lambda} \right) \frac{\pi g q_0}{\gamma D} \left(1 + \frac{2t}{D} \right)^{-2} \frac{\delta_0^3}{\delta_1^3} \left(\frac{\delta_1^2}{t^2} - 1 \right) +$$

$$\frac{\lambda^2}{C_L \lambda^2 - C_D} \frac{2\pi K_2 g H \delta_1}{D} \left(1 + \frac{2t}{D} \right)^{-2} \left(1 - \frac{t}{\delta_1} \right) \qquad (4-13)$$

由于揭河底冲刷时,土块前后床面突然增高,故阻力系数与一般粒状体有所差别。根据李侦儒试验,当颗粒间距离L缩小时,阻力系数显著增大;当颗粒相对间距$L/D = 5$时,$C_L = 0.5$,$C_D = 1.3$;当$L/D = 10$时,$C_L = 0.3$,$C_D = 1.05$;当

$L/D = 18$ 时，$C_L = 0.25$，$C_D = 1$；当 L/D 远大于 18 后，才有 $C_L = 0.18$，$C_D = 0.7$。由于"揭底冲刷"，床面的突然升高，相当于 L/D 很小。按上述试验结果，以下暂取偏小的值 $C_L = 0.25$，$C_D = 1.0$。这样，将前述 δ_0、δ_1、q_0、K_2、f、π、g 等代入式(4-13)后有

$$V_{b.c}^2(D_0) = 63.25 \frac{\lambda^{\frac{4}{3}}}{\lambda^2 - 4} \frac{\gamma_m - \gamma}{\gamma} D_0 + 2.704 \times$$

$$10^{-5} \frac{\lambda^2}{\lambda^2 - 4} \left(1 + \frac{0.8}{\lambda}\right)\left(1 + \frac{2t}{D}\right)^{-2}\left(\frac{\delta_1^2}{t^2} - 1\right)\frac{1}{\gamma D} +$$

$$2.227 \times 10^{-7} \frac{\lambda^2}{\lambda^2 - 4} \frac{H}{D}\left(1 + \frac{2t}{D}\right)^{-2}\left(1 - \frac{t}{\delta_1}\right) \tag{4-14}$$

式中 t/δ_1 由土块的干容重确定，即

$$\gamma_s' = \left[0.698 - 0.175\left(\frac{t}{\delta_1}\right)^{\frac{1}{3}\left(1 - \frac{t}{\delta_1}\right)}\right]\left(\frac{D}{D + 2t}\right)^3 \gamma_s = f\left(D, \frac{t}{\delta_1}\right) \tag{4-15}$$

式(4-14)就是土块起动的瞬时底速。此处 $V_{b.c}(D_0)$ 表示当量粒径为 D_0 的土块起动流速，以区别单颗泥沙起动流速 $V_{b.c}(D)$。

现在进一步分析土块起动与球状物体起动流速的差别。下面将要指出对于揭底冲刷时的土块，其黏着力与薄膜水附加下压力完全可以忽略，此时土块起动流速按式(4-13)有

$$V_{b.c}^2 = \left(\frac{\pi}{6}\right)^{\frac{1}{3}} \frac{2}{C_L \lambda^2 - C_D} \lambda^{\frac{4}{3}} \frac{\gamma_m - \gamma}{\gamma} g D_0 \tag{4-16}$$

而当床面由球状物体组成时，其起动时力矩平衡方程应对 D 列出，按一般对颗粒起动研究，其起动流速 $V_{b.c}'$ 有

$$V_{b.c}'^2 = \left(\frac{\pi}{6}\right)^{\frac{1}{3}} \frac{2}{C_L \lambda^2 + C_D} \lambda^{\frac{4}{3}} \frac{\gamma_m - \gamma}{\gamma} g D_0 \tag{4-17}$$

将 $C_D = 1$、$C_L = 0.25$ 代入式(4-16)、式(4-17)，则有

$$\frac{V_{b.c}^2}{V_{b.c}'^2} = \frac{C_L \lambda^2 + C_D}{C_L \lambda^2 - C_D} = \frac{\lambda^2 + 4}{\lambda^2 - 4} \tag{4-18}$$

从式(4-18)可以看出五点：第一，土块的起动流速大于球状物体的起动流速，其原因并未考虑其他影响，只是起动时瞬时滚动中心不一样。第二，它们的差值随着 λ 的增大而减小，当 $\lambda \geq 4$ 时，两者起动流速之比小于 1.291；而当 $\lambda < 4$ 时，土块起动流速较球状物体要大很多，不宜采用。这表示按照图 4-1 所示机制，揭河底时土块必须为较扁的土块，这与前期粗细颗粒分层淤积有关。第三，当 λ 很

小时不仅土块很难起动,而且当 $\lambda < 2$ 时,按照条件土块滚动已不可能,因为式 (4-18)已无意义。第四,当 $\lambda < 4$ 时,此时土块仍可能起动,但不能滚动,而是沿图 4-1 的 yD 面滑动。此时,正面推力转为摩擦力,阻碍土块向上滑动。在平衡条件下,滑动时起动流速 $V_{b.c}''^2$ 为

$$V_{b.c}''^2 = \left(\frac{\pi}{6}\right)^{\frac{1}{3}} \frac{2}{C_L \lambda^2 - f C_D \lambda} \lambda^{\frac{4}{3}} \frac{\gamma_m - \gamma}{\gamma} g D_0 \qquad (4\text{-}19)$$

令 $f = 0.4$,则有

$$\left(\frac{V_{b.c}''}{V_{b.c}}\right)^2 = \frac{\lambda^2 - 4}{\lambda^2 - 1.6\lambda} \qquad (4\text{-}20)$$

可见,当土块位于床面滑动时,起动流速与滚动时的值有一定差别。当 $\lambda > 2.5$ 时,滚动的起动流速小于滑动的起动流速;而当 $\lambda < 2.5$ 时,则相反,滑动起动流速小于滚动的起动流速,所以无法滚动(当 $\lambda \leqslant 2$ 时,式(4-19)已无意义),可能滑动。例如,当 $\lambda = 4$ 时,$\left(\dfrac{V_{b.c}''}{V_{b.c}}\right)^2 = 1.25$,即此时滑动的起动流速大 1.25 倍。

但是,当 $\lambda = 2.2$ 时,$\left(\dfrac{V_{b.c}''}{V_{b.c}}\right)^2 = 0.636$,滑动时的起动流速仅为滚动时起动流速的 0.636 倍,而且当 $\lambda < 2$ 时,$V_{b.c}^2$ 无意义,但是 $V_{b.c}''^2$ 仍然可以在一定范围($\lambda > 1.6$)使用。第五,土块既经向上滑动后,其推力力臂减小,相应的阻碍它起动的力矩也减小,甚至使推力矩转为顺时针方向,而支持起动,此时滑动又转为滚动。

4.2.2　土块起动的时均速度

为了对比,先给出在上述图形下,我们曾经得到的粒径为 D 的单颗泥沙的瞬时起动流速[8]

$$V_{b.c}^2(D) = \overline{\varphi}^2 \omega_1^2 = 0.916^2 \omega_1^2 = 27.4 \frac{\gamma_s - \gamma}{\gamma} D +$$

$$\frac{0.156 \times 10^{-7}}{D}\left(3 - \frac{t}{\delta_1}\right)\left(\frac{\delta_1^2}{t^2} - 1\right) + 1.301 \times 10^{-7}\left(3 - \frac{t}{\delta_1}\right)\left(1 - \frac{t}{\delta_1}\right)\frac{H}{D}$$

$$\qquad (4\text{-}21)$$

式中:$\overline{\varphi}$ 为颗粒平均起动底速对床面位置的平均值,$\overline{\varphi} = \displaystyle\int_{0.134}^1 \varphi(\Delta') P_{\zeta\Delta'}(\Delta') \mathrm{d}\Delta' = 0.916$,而时均起动底速为

$$\overline{V}_{b.c}(D) = 0.433 \omega_1 = 0.433 \frac{V_{b.c}(D)}{\overline{\varphi}} = \frac{0.433}{0.916} V_{b.c} = \frac{V_{b.c}(D)}{2.12} \qquad (4\text{-}22)$$

另一方面(垂线平均)起动流速 $V_c(D)$ 应满足

$$\overline{V}_{b.c} = 3.73 u_{*.c} = 3.73 \frac{V_c(D)}{\psi\left(\dfrac{H}{c}\right)} \tag{4-23}$$

其中 c 为土块厚度,而

$$\psi\left(\frac{H}{c}\right) = \frac{V_c(D)}{u_{*.c}} = 6.5\left(\frac{H}{c}\right)^{\frac{1}{4+\lg\left(\frac{H}{c}\right)}} \tag{4-24}$$

再将式(4-22)代入式(4-23),遂有

$$V_c(D) = \frac{\psi}{3.73}\overline{V}_{b.c}(D) = \frac{\psi V_{b.c}(D)}{3.73 \times 2.12} = 0.126\psi V_{b.c}(D) \tag{4-25}$$

这就是对于单颗泥沙瞬时起动底速 $V_{b.c}(D)$ 换算成(垂线平均)起动流速 $V_c(D)$ 的公式。而式中的 $\overline{V}_{b.c}(D)$ 则为时均起动底速。

显然,如果我们认为对于土块成功的起动,垂线平均起动速度 $V_c(D_0)$ 与其瞬时起动底速的比值也满足式(4-25)的比例关系,即

$$\frac{V_c(D_0)}{V_{b.c}(D_0)} = \frac{V_c(D)}{V_{b.c}(D)}$$

则

$$V_c(D_0) = 0.126\psi V_{b.c}(D_0) \tag{4-26}$$

现在举一例子,以说明土块起动流速的范围及有关特点。设水流含沙量为 $S = 600$ kg/m^3,则浑水容重 $\gamma = 600 + \left(1 - \dfrac{600}{\gamma_s}\right) \times 1\,000 = 1\,374\,(\text{kg/m}^3)$,设土块由 $D = 0.01$ mm 的颗粒组成,其 $\dfrac{t}{\delta_1} = 0.375$,相应的干容重为由式(4-15)得 $\gamma_s' = 1\,347$ kg/m^3,而湿容重为 $\gamma_m = 1\,839$ kg/m^3,水深 $h = 4$ m。另外,表中的 u_c^* 由式(4-23)、式(4-22)得到

$$u_c^*(D_0) = \frac{\overline{V}_{b.c}(D_0)}{3.73} = \frac{V_{b.c}(D_0)}{3.73 \times 2.12} = 0.126 V_{b.c}(D_0) \tag{4-27}$$

按此式计算了上述参数下不同形状土块的 V_c 及 u_c^*,如表4-2 所示。

表4-2　土块起动时的有关参数

土块厚度 (m)	土块长度 $a = b$(m)	D_0 (mm)	D (mm)	$\dfrac{t}{\delta_1}$	λ	阻力系数		$V_{b.c}$ (m/s)	ψ	V_c (m/s)	u_c^*
						C_D	C_L				
0.066 9	0.669	0.385	0.01	0.375	10	1.0	0.25	1.39	13.20	2.31	0.175
0.077 6	0.621	0.385	0.01	0.375	8	1.0	0.25	1.51	12.96	2.46	0.190
0.123 0	0.493	0.385	0.01	0.375	4	1.0	0.25	2.11	11.95	3.18	0.266

　　由表 4-2 可以看出如下几点:第一,从计算过程知,当 $t/\delta_1 = 0.375$,即土块处于一般密实情况时,若 $D_0 = 0.385$ mm 时,无论 λ 取表中的哪一种值,则起动流速中重力项占 99.6%。另外的计算还表明,当 $D_0 = 0.747\ 3$ mm 时,无论 λ 取表中哪一种值,则重力项占 99.8% 以上。可见,在研究土块起动时,只要干容重不是特别大(相应的 $t/\delta_1 \leqslant 0.375$),便能够忽略薄膜水附加下压力及黏着力。所述例子同时证明,正如土力学中的结论一样,土块压力和超静水压力均与水深无关。从而使我们能够将颗粒细观上的受力情况与土力学中宏观上的受力情况统一起来。第二,从表 4-1 看出,土块的起动流速并不像设想的那样大,与较密实的细颗粒的起动流速大体相近或属于同一量级。原因主要是土块薄膜水附加下压力与黏着力相对减弱,即此时黏着力并不是每个单颗粒黏着力的叠加,而只是土块表面与床底其他接触的那些颗粒才有黏着力。事实上按表 4-2 中 $D_0 = 0.385$ mm,$D = 0.01$ mm,$\lambda = 10$,则土块共有 $64\ 907^2 \times 6\ 491 = 2.734\ 603\ 66 \times 10^{13}$ 个颗粒,而产生黏着力且对起动起作用的仅有 $64\ 907^2 + 2 \times 64\ 907 \times 6\ 491 = 5.055\ 541\ 3 \times 10^9$ 个颗粒,两者相差 5 409 倍。至于薄膜水附加下压力尤其如此,它显然只在土块底部一层的颗粒中产生,而与土块厚度无关,对于上述例子,仅有 $64\ 907^2 = 4.212\ 918\ 6 \times 10^9$ 个颗粒产生,而不是土块的全部颗粒,两者相差 6 491 倍。第三,在"揭底冲刷"时,土块起动时重力也有很大减弱,其原因主要是水流含沙量高,浑水水容重很大。例如,对于所举的例子,土块水下重力较单颗泥沙在水中的单位体积重力之比为 $(\gamma_m - \gamma)/(\gamma_s - \gamma_0) = \dfrac{1.839 - 1.374}{2.650 - 1.000} = 0.282$,即表中例子仅为单颗粒泥沙在清水中重力的 28.2%。第四,颗粒扁度 λ 对起动也有一定影响,特别是 λ 较小时,从表 4-2 看出,$\lambda = 4$ 与 $\lambda = 10$ 起动流速之比约为 1.53。第五,需要注意的是,表中的 $V_{b.c}$ 与 V_c 差别很小,似乎不符合流速分布的规律。其实这是因为 $V_{b.c}$ 是瞬时起动底速,而时均起动底速只有瞬时起动底速的 0.472 倍。例如表 4-2 中 1 号资料 $V_{b.c} = 1.39$ m/s,则 $\overline{V}_{b.c} = V_{b.c}/2.12 = 0.655$ m/s,而 $\overline{V}_{b.c}/V_c = 0.655/2.31 = 0.284$。可见,$\overline{V}_{b.c}$ 只有 V_c 的 0.284 倍。这与一般的经验基本一致。

　　现在我们在忽略黏着力与薄膜水附加下压力后进一步研究土块起动流速,由式(4-16),有

$$V_{b.c}^2(D_0) = \left(\frac{\pi}{6}\right)^{\frac{1}{3}} \frac{2}{C_L \lambda^2 - C_D} \lambda^{\frac{4}{3}} \frac{\gamma_m - \gamma}{\gamma} g D_0$$

$$= \left(\frac{\pi}{6} \right)^{\frac{1}{3}} \frac{2}{C_L \left(\lambda^2 - \dfrac{C_D}{C_L} \right)} \lambda^{\frac{4}{3}} \frac{\gamma_m - \gamma}{\gamma} g D_0$$

现在分析式(4-16)的特性,第一,从式(4-16)可以看出,$V_{b.c}^2(D_0)$ 随扁度 λ 的增大而减小。事实上

$$\frac{\mathrm{d} V_{b.c}^2}{\mathrm{d}\lambda} = \left(\frac{\pi}{6} \right)^{\frac{1}{3}} \frac{\gamma_m - \gamma}{\gamma} g D_0 \frac{\dfrac{4}{3} \lambda^{\frac{1}{3}} C_L \left(\lambda^2 - \dfrac{C_D}{C_L} \right) - 2\lambda \lambda^{\frac{4}{3}} C_L}{C_L \left(\lambda^2 - \dfrac{C_D}{C_L} \right)^2} < 0 \quad (4\text{-}28)$$

这是因为式(4-28)右边分数的分子为

$$2 C_L \lambda^{\frac{1}{3}} \left[\frac{4}{3} \left(\lambda^2 - \frac{C_D}{C_L} \right) - 2\lambda^2 \right] = -2 C_L \lambda^{\frac{1}{3}} \left(\frac{2}{3} \lambda^2 + \frac{4}{3} \frac{C_D}{C_L} \right) < 0$$

第二,λ 对起动流速的影响很大。设

$$D_0' = \frac{\lambda^{\frac{4}{3}}}{\lambda^2 - \dfrac{C_D}{C_L}} D_0 \quad (4\text{-}29)$$

则式(4-16)为

$$V_{b.c}^2(D_0) = \left(\frac{\pi}{6} \right)^{\frac{1}{3}} \frac{2}{C_L} \frac{\gamma_m - \gamma}{\gamma} g D_0' \quad (4\text{-}30)$$

因此,$V_{b.c}^2(D_0)$ 仅仅与 D_0' 成正比。当 D_0' 一定时,起动流速一定,此时 λ 加大相当于 D_0 加大。例如,当 λ 由 4 增至 10,且当 $C_D/C_L = 4$ 时,D_0' 由 0.529D_0 减至 0.224D_0 即 D_0 要加大 2.36 倍,才能维持起动速度不变。第三,所述结果再次表明"揭底冲刷"时,除水力条件外,λ 一定会很大,这要求前期淤积必须有分层现象。

将 $C_D = 1$ 及 $C_L = 0.25$ 代入式(4-16),得

$$V_{b.c}^2(D_0) = 63.25 \frac{\lambda^{\frac{4}{3}}}{\lambda^2 - 4} \frac{\gamma_m - \gamma}{\gamma} D_0 \quad (4\text{-}31)$$

按式(4-31)计算的不同条件下,起动流速 $V_{b.c}$、V_c 及 u_c^* 表示如表 4-3 所示。表中列出土块的两种当量直径 $D_0 = 0.4963$ m 和 $D_0 = 0.5932$ m,$a = b = 1.03$ m,$c = 0.103$ m,$\lambda = 10$。而浑水的容重为 $\gamma = 1.374$ kg/m³,即含沙量为 600 kg/m³,而土块的干容重 γ_s' 则由式(4-15)确定,而湿容重 γ_m 则由式(4-11)计算。从式(4-31)和表 4-3 中也可看出土块起动流速随 D_0 和 D 的增大而增大,也随着

$\dfrac{\gamma_m - \gamma}{\gamma}$ 的增大而增大。至于 $V_{b.c}$ 随 D 的变化,主要是受 t/δ_1 的影响,当 D 减小时,在相同 t/δ_1 下,γ'_s 减小,因而 γ_m 减小,故 $V_{b.c}$ 也减小。但是若给定土块的干容重,则不同颗粒的 t/δ_1 就不一样,但是此时起动流速反而接近。如当 $D = 0.005$ mm,$D_0 = 0.593\,2$ m,$t/\delta_1 = 0.125$ 时,$\gamma'_s = 1\,505$ kg/m^3,则 $V_{b.c} = 1.85$ m/s,$V_c = 2.86$ m/s。而当 $D = 0.03$ mm,$D_0 = 0.593\,2$ m,$t/\delta_1 = 0.200$,$\gamma'_s = 1\,502$ kg/m^3,$V_{b.c} = 1.85$ m/s,$V_c = 2.86$ m/s。可见,两者容重相近时,它们的起动流速相差很小,以至相同。这表明土块起动流速仅与其容重有关,而受单颗泥沙粒径影响很小。

表 4-3　不同参数下土块起动流速

D (mm)	D_0 (m)	$\dfrac{t}{\delta_1}$	γ'_s (kg/m^3)	γ_m (kg/m^3)	$\dfrac{\gamma_m - \gamma}{\gamma}$	λ	起动流速(m/s)			$\dfrac{u_c^*}{\dfrac{\gamma_m - \gamma}{\gamma}g}$
							$V_{b.c}$	μ_c^*	V_c	
0.005	0.593 2	0.375	1 236	1 770	0.288 2	10	1.54	0.194	2.38	0.013 3
		0.200	1 300	1 809	0.316 6	10	1.63	0.206	2.52	0.013 7
		0.125	1 505	1 937	0.409 8	10	1.85	0.233	2.86	0.013 5
0.01	0.593 2	0.375	1 347	1 839	0.338 4	10	1.69	0.212	2.62	0.013 5
		0.200	1 416	1 882	0.369 5	10	1.76	0.226	2.73	0.014 1
		0.125	1 550	1 935	0.430 1	10	1.90	0.240	2.94	0.013 6
0.03	0.593 2	0.375	1 428	1 889	0.374 8	10	1.78	0.224	2.75	0.013 6
		0.200	1 502	1 965	0.408 4	10	1.85	0.233	2.86	0.013 6
		0.125	1 581	1 984	0.444 0	10	1.94	0.244	3.00	0.013 6

4.2.3　起动流速公式与实际资料对比

上述给出的土块起动流速公式与实际符合如何?万兆惠[1]曾经对黄河北干流与渭河"揭底冲刷"的资料进行分析,得出当含沙量 $S = 500$ kg/m^2(实际应是 550 kg/m^3,参见图 4-2,该图中以"+"表示"揭底冲刷"的资料)时,有

$$\theta_c \Delta = \frac{(\gamma HJ)_c}{\gamma_m - \gamma} = \frac{\rho u_c^{*2}}{\gamma_m - \gamma} = \frac{u_c^{*2}}{\dfrac{\gamma_m - \gamma}{\gamma}g} \geqslant 0.01 \qquad (4\text{-}32)$$

时,土块起动。其中 θ_c 为无因起动参数,Δ 为土块尺寸,应相当于 D_0。

从表 4-3 可以看出,按照表中的数据,土块在起动时,$\dfrac{u_c^{*2}}{\left(\dfrac{\gamma_m - \gamma}{\gamma}\right)g}$ 在 0.013 3 ~

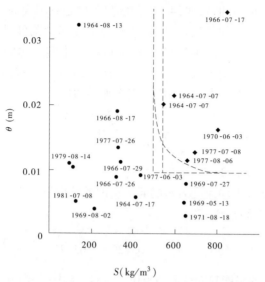

图 4-2　黄河北干流与渭河"揭底冲刷"资料

0.014 1 m/s。可见,这与万兆惠研究成果中根据实际资料总结的"揭底冲刷"时的条件式(4-32)基本是一致的。更明显的还可从图 4-2 实际资料看出临界含沙量为 500 kg/m³,其实可以放大到 550 kg/m³,甚至 600 kg/m³。这间接表明本书公式(4-31)是符合实际的。事实上,由式(4-31)略加变换可得到下述结果。由式(4-27)得

$$u_c^{*2} = \frac{V_{b.c}^2(D_0)}{7.91}$$

注意到式(4-31)有

$$\theta_c D_0 = \frac{u_c^{*2}}{\frac{\gamma_m - \gamma}{\gamma}g} = \frac{63.25}{7.91^2 g}D_0 \frac{\lambda^{\frac{4}{3}}}{\lambda^2 - 4} = 0.103 D_0 \frac{\lambda^{\frac{4}{3}}}{\lambda^2 - 4} \qquad (4-33)$$

可见,当 $D_0 \dfrac{\lambda^{\frac{3}{4}}}{\lambda^2 - 4}$ 的范围较小时,$\dfrac{u_c^{*2}}{\frac{\gamma_m - \gamma}{\gamma}g}$ 接近于常数。事实上,在表 4-3 中

当 $\lambda = 10, D_0 = 0.593\ 2$ m 时,它为 0.013 7。另外,由式(4-33)知,当 $\lambda = 10$, $D_0 = 0.385 \sim 0.600$ m, $D = 0.01$ mm,它为 $0.008\ 9 \sim 0.013\ 9$。它们均与万兆惠给出的实测资料的临界值 0.01 颇为接近。由于图 4-2 中资料没有具体考虑土块尺寸,而且实测临界值也有一定的误差,因此两者的这种差别应是允许的。

此处应该强调指出的是,式(4-32)的临界条件是有因次的,这导致得出土块起动与其尺寸大小无关的结论。显然,它作为临界起动条件是不科学的,当 D_0 变化大时就显出了。对于图4-2,只能这样理解:图中实际揭底冲刷时起动的土块尺寸与上面举例的差别不大,大体相当于 D_0 在0.5 m左右, $\lambda \approx 10, a = b \approx 1.0$ m, $c \approx 0.1$ m。因此,更一般地应给出无因次临界切应力作为临界条件,它为

$$\theta_c = \frac{\tau_{D.C}}{(\gamma_m - \gamma)D_0} = \frac{u_c^{*2}}{\frac{\gamma_m - \gamma}{\gamma}gD_0} = \frac{63.25}{7.91^2 g} \frac{\lambda^{\frac{4}{3}}}{\lambda^2 - 4} = 0.103 \frac{\lambda^{\frac{4}{3}}}{\lambda^2 - 4} \quad (4-34)$$

当 $\lambda = 8 \sim 10$ 时, $\theta_c = 0.027\ 5 \sim 0.022\ 1$ 。

现在分析以垂线平均速度表示的起动速度的特性及与实测资料的对比。将式(4-31)代入式(4-26),遂有

$$V_c(D_0) = 0.126\psi V_{b.c}(D_0) = 0.126\psi \sqrt{63.25 \frac{\lambda^{\frac{4}{3}}}{\lambda^2 - 4} \frac{\gamma_m - \gamma}{\gamma} D_0} \quad (4-35)$$

按照式(4-35)的确能起动很大的土块。在表4-4中列出了 $D_0 = 1$ m、2 m、3 m,在两种含沙量下的起动流速。可见,即令 $D_0 = 3$ m,则起动流速也不超过5 m/s,小于龙门河段实测揭河底的平均流速7.37 m/s。而 $D_0 = 3$ m,土块的面积 ab 已达 $a \times b = 5.209^2 = 27.13(m^2)$,如能掀出水面,就会出现"在河中竖起一道墙","足有丈把高"。

表4-4　大土块起动流速($\lambda = 10, h = 4$ m, $\gamma_m = 1\ 839$ kg/m³)

D_0 (m)	土块尺寸(m)		水流含沙量 $S(kg/m^3)$	浑水容重 $\gamma_m(kg/m^3)$	ψ	$V_{b.c}$ (m/s)	V_c (m/s)
	a	c					
1.0	1.737	0.173 7	900	1 561	11.67	1.59	2.32
2.0	3.473	0.347 3	900	1 561	10.53	2.25	2.98
3.0	5.209	0.520 9	900	1 561	981	2.75	3.42
1.0	1.737	0.173 7	700	1 436	11.67	2.00	2.92
2.0	3.473	0.347 3	700	1 436	10.53	2.82	3.75
3.0	5.209	0.520 9	700	1 436	9.81	3.46	4.30

现在将上述结果转换成床面上球状土块起动流速进行对比。按照式(4-17),对这种颗粒有

$$V_c'(D_0) = 0.126\psi V_{b.c}(D_0) = 0.126\psi \sqrt{\frac{63.25\lambda^{\frac{4}{3}}}{\lambda^2 + 4} \frac{\gamma_m - \gamma}{\gamma_0} D_0}$$

如果只是一个球状体,而不是颗粒集成,此时无孔隙水,$\gamma_m = \gamma_s$,同时设为清水水流,则 $\gamma = \gamma_0$,此时上式为

$$V'_c(D) = 0.126\left[6.5\left(\frac{H}{c}\right)^{\frac{1}{4+\lg\frac{H}{c}}}\right]\sqrt{\frac{63.25\lambda^{\frac{4}{3}}}{\lambda^2+4}}\sqrt{\frac{\gamma_s-\gamma_0}{\gamma_0}D} = \frac{8.37\lambda^{\frac{4}{3}}}{\sqrt{\lambda^2+4}}\left(\frac{H}{c}\right)^{\frac{1}{4+\lg\frac{H}{c}}}D^{\frac{1}{2}}$$

$$(4-36)$$

当再按一般取流速分布为 1/6 指数律时,则 $4+\lg H/c = 6$,并且若为球体 $\lambda = 1$。$c = D_0$,此时式(4-36)为

$$V_c(D) = 3.74D_0^{-\frac{1}{6}}H^{\frac{1}{6}}D^{\frac{1}{2}} = 3.74H^{\frac{1}{6}}D^{\frac{1}{3}} \qquad (4-37)$$

当 $\lambda = 1.3$ 时,注意到式(4-10),则由式(4-36)得 $V'_c(D) = \dfrac{8.37\lambda^{\frac{4}{3}}}{\sqrt{\lambda^2+4}}$

$\left[\left(\dfrac{H}{D}\right)^{\frac{1}{6}}\left(\dfrac{6}{\pi}\right)^{\frac{1}{18}}\lambda^{\frac{1}{9}}\right]D^{\frac{1}{2}} = 5.31H^{\frac{1}{6}}D^{\frac{1}{3}}$,则系数为 5.31,可见这与一般粗颗粒起动流速公式颇为相近。这表明我们给出的土块起动流速公式推导方法,对于球状颗粒(瞬时转动中心在 D)起动也是适用的。到此,我们较严格地导出了土块起动流速公式,并且首次采用了与单颗泥沙起动流速公式推导完全一致的方法。这就证明了单颗泥沙起动、多颗泥沙成团起动[8]以及土块起动的规律完全相同,从而澄清了一些认为它们有本质差别的观点,统一了看法,并且结果在定量上也是符合实际的。

4.3　土块起动过程中的初始转动方程

土块起动后,即开始滚动(翻转)。设六面体($abc = a^2c$)土块的平面图形如图 4-3(a)所示。垂直 y 轴的剖面 P—P 如图 4-3(b)所示。由该图知,设土块起

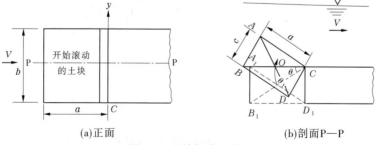

(a)正面　　　　　　　　　　　(b)剖面P—P

图 4-3　土块起动示意图

动后即绕 y 轴(剖面图中的 C 点)转动,由原来位置 $A_1B_1CD_1$ 旋转至 $ABCD$,质心由 O_1 变为 O,它的转动半径(质心至 C 点的距离)为

$$r_0 = \sqrt{\left(\frac{a}{2}\right)^2 + \left(\frac{c}{2}\right)^2} = \frac{1}{2}\sqrt{a^2 + c^2} = \frac{a}{2}\sqrt{1 + \lambda^{-2}} \qquad (4\text{-}38)$$

旋转角为 θ。下面我们求土块绕 y 轴的转动方程。按固体绕固定轴转动,其方程为

$$\left(J + \frac{J_0}{2}\right)\frac{\mathrm{d}^2\theta}{\mathrm{d}t^2} = m_y(F_D) + m_y(F_L) - m_y(G') - m'_y(R) \qquad (4\text{-}39)$$

式中:J、J_0 分别为土块和附加质量对 y 轴的转动惯量;$m_y(F_D)$ 为正面推力 F_D 对 y 轴之矩;$m_y(F_L)$ 为升力 F_L 对 y 轴之矩;$m_y(G')$ 为水下重力 G' 对 y 轴之矩;$m_y(R)$ 为水流阻力 R 对 y 轴之矩。阻力 R 作用的方向恰好垂直于 AC 线(ab 面)。现在计算各力对 y 轴之矩,设 V_b^2 不变,正面推力作用微元体 $b\mathrm{d}z$ 对 y 轴之矩为(见图 4-4)

$$m_y(F_D) = \int_{-L_1}^{L_2} \frac{\rho C_D}{2} V_b^2 bz\mathrm{d}z = \frac{\rho C_D}{2} V_b^2 b\left(\frac{L_2^2}{2} - \frac{L_1^2}{2}\right) \qquad (4\text{-}40)$$

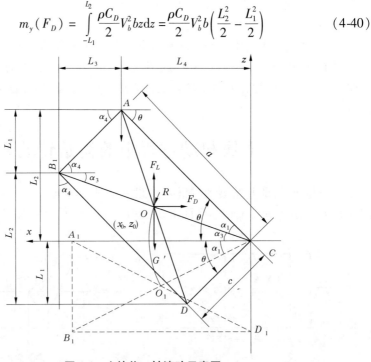

图 4-4　土块绕 y 轴滚动示意图

其中(见图 4-4)

$$L_1 = c\sin\alpha_4 = c\sin\left(\frac{\pi}{2} - \theta\right) = c\cos\theta \tag{4-41}$$

$$L_2 = a\cos\left(\frac{\pi}{2} - \theta\right) = a\sin\theta \tag{4-42}$$

故式(4-40)为

$$m_y(F_D) = \frac{\rho C_D V_b^2}{2} b(a\sin\theta + c\cos\theta)\frac{1}{2}(L_2 - L_1)$$

注意到

$$\frac{L_2 - L_1}{2} = \frac{\sqrt{a^2 + c^2}}{2}\sin\alpha_3 = \frac{a}{2}\sqrt{1 + \lambda^{-2}}\sin(\theta - \alpha_1)$$

则式(4-40)为

$$\begin{aligned}
m_y(F_D) &= \frac{\rho C_D V_b^2}{2} b(a\sin\theta + c\cos\theta)\frac{a}{2}\sqrt{1 + \lambda^{-2}}\sin(\theta - \alpha_1) \\
&= \frac{\rho C_D V_b^2}{4} a^3\left(a\sin\theta + \frac{1}{\lambda}\cos\theta\right)\sqrt{1 + \lambda^{-2}}\sin(\theta - \alpha_1) \\
&= \frac{\rho C_D V_b^2}{2} b(L_1 + L_2)r_0\sin(\theta - \alpha_1) = F_D z_0
\end{aligned} \tag{4-43}$$

其中

$$F_D = \frac{\rho C_D V_b^2}{2} b(L_1 + L_2) \tag{4-44}$$

而

$$z_0 = r_0\sin\alpha_3 = r_0\sin(\theta - \alpha_1) = \frac{a}{2}\sqrt{1 + \lambda^{-2}}\sin(\theta - \alpha_1) \tag{4-45}$$

可见,按微元体求出的力矩 $m_y(F_D)$ 恰为作用在土块质心的推力 F_D 与相应的力臂 z_0 之积。类似地,对于升力矩有

$$m_y(F_L) = \int_0^{L_3 + L_4} \frac{\rho C_L}{2} V_b^2 bx\mathrm{d}x = \frac{\rho C_L}{2} V_b^2 b\left(\frac{L_3}{2} + \frac{L_4}{2}\right)^2 \tag{4-46}$$

其中

$$L_3 = c\cos\alpha_4 = c\cos\left(\frac{\pi}{2} - \theta\right) = c\sin\theta \tag{4-47}$$

$$L_4 = a\cos\theta \tag{4-48}$$

故式(4-46)可写为

$$m_y(F_L) = \frac{\rho C_L V_b^2 b}{2} \cdot \frac{1}{2}(L_3 + L_4)^2 = \frac{\rho C_L V_b^2 ba}{2}\left(\frac{1}{\lambda}\sin\theta + \cos\theta\right)\frac{1}{2}(L_3 + L_4)$$

注意到图 4-4,有

$$m_y(F_L) = \frac{\rho C_L V_b^2 b}{2} \cdot \frac{1}{2}(L_3 + L_4)^2 = \frac{\rho C_L V_b^2}{4}a^3\left(\frac{\sin\theta}{\lambda} + \cos\theta\right)\sqrt{1 + \lambda^{-2}}\cos(\theta - \alpha_1)$$

$$= \frac{\rho C_L V_b^2}{4}b(L_3 + L_4)x_0 = F_L x_0 \tag{4-49}$$

其中利用了

$$\frac{1}{2}(L_3 + L_4) = \frac{1}{2}\sqrt{a^2 + c^2}\cos\alpha_3 = \frac{a}{2}\sqrt{1 + \lambda^{-2}}\cos(\theta - \alpha_1)$$

而

$$x_0 = r_0\cos(\theta - \alpha_1) = \frac{a}{2}\sqrt{1 + \lambda^{-2}}\cos(\theta - \alpha_1) \tag{4-50}$$

可见,式(4-49)恰等于作用质心上合力 F_L 与相应的力臂 x_0 之积,而水下重力矩为

$$m_y(G') = \frac{\pi}{6}(\gamma_m - \gamma)D_0^3 x_0 = \frac{\pi}{6}(\gamma_m - \gamma)D_0^3\frac{a}{2}\sqrt{1 + \lambda^{-2}}\cos(\theta - \alpha_1) = G'x_0 \tag{4-51}$$

即水下重力 G' 与相应的力臂 x_0 之积。至于转动时作用在 ab 面上的阻力矩(见图 4-5)为

$$m_y(R) = \int_0^a \frac{\rho C_R}{2}\left(r\frac{\mathrm{d}\theta}{\mathrm{d}t}\right)^2 br\mathrm{d}r = \frac{\rho C_R}{8}a^5\left(\frac{\mathrm{d}\theta}{\mathrm{d}t}\right)^2 \tag{4-52}$$

注意到式(4-38)为

$$a = 2r_0\frac{1}{\sqrt{1 + \lambda^{-2}}} \tag{4-53}$$

故式(4-52)为

$$m_y(R) = \frac{\rho C_R}{2}\left(\frac{\mathrm{d}\theta}{\mathrm{d}t}\right)^2 ba\frac{(2r_0)^3}{4}\frac{1}{(1 + \lambda^{-2})^{\frac{3}{2}}}$$

$$= \frac{\rho C_R}{2}\left(\frac{\mathrm{d}\theta}{\mathrm{d}t}\right)^2\left(\frac{1.26r_0}{\sqrt{1 + \gamma^{-2}}}\right)^2 ab\frac{1.26r_0}{\sqrt{1 + \lambda^{-2}}}$$

$$= \frac{\rho C_R}{2}\left(\frac{\mathrm{d}\theta}{\mathrm{d}t}r_P\right)^2 abr_P = R'r_P \tag{4-54}$$

其中

$$r_P = \frac{1.26 r_0}{\sqrt{1 + \lambda^{-2}}} = 0.63a \tag{4-55}$$

可见,阻力对 y 轴之矩,等于阻力合力 $R' = \frac{\rho G_R}{2}\left(\frac{\mathrm{d}\theta}{\mathrm{d}t}\gamma_p\right)^2 ab$ 与力臂 r_p 之积。

而作用点位于 CB 线上距 y 轴 r_P 处,故此时的线速度为 $\frac{\mathrm{d}\theta}{\mathrm{d}t}r_P$,力臂 r_P 的方向恰为切线方向。这是与上述三种力不一样的。需要指出的是,式(4-54)是一种虚拟的关系,它只能保证在条件式(4-55)下计算的 $m_y(R)$ 是正确的,并不意味着可以用 R' 代替实际的阻力 R。后者可见后面的式(4-78)。

现在计算土块对 y 轴的转动惯量,如图 4-6 所示。

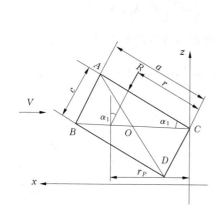

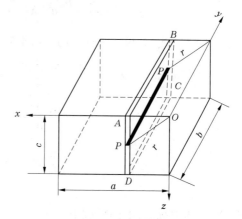

图 4-5　土块转动时作用在
ab 面的阻力计算示意

图 4-6　土块转动示意

$$J = \int_0^a \int_0^c \rho_m r^2 b \mathrm{d}x \mathrm{d}z = \int_0^a \int_0^c \rho_m (x^2 + z^2) b \mathrm{d}z \mathrm{d}x = \int_0^a \rho_m b \left(x^2 c + \frac{c^3}{3}\right) \mathrm{d}x$$

$$= \frac{\rho_m b}{3}(a^3 c + c^3 a) = \frac{\rho_m a^5}{3}(\lambda^{-1} + \lambda^{-3}) \tag{4-56}$$

至于附加质量对 y' 轴的转动惯量显然为

$$J_0 = \frac{\rho a^5}{6}(\lambda^{-1} + \lambda^{-3}) \tag{4-57}$$

需要指出的是,为了校对,我们可从另一途径求土块对 y 轴的转动惯量。此时设 y' 轴平行于 y 且通过土块的质心,则土块对 y 轴的转动惯量为

$$J_{y'} = \int_0^b \int_{-\frac{a}{2}}^{\frac{a}{2}} \int_{-\frac{c}{2}}^{\frac{c}{2}} \rho_m r^2 \, \mathrm{d}z\mathrm{d}x\mathrm{d}y = \rho_m \int_0^b \int_{-\frac{a}{2}}^{\frac{a}{2}} \int_{-\frac{c}{2}}^{\frac{c}{2}} (x^2 + z^2) \, \mathrm{d}z\mathrm{d}x\mathrm{d}y$$

$$= \rho_m \int_0^b \int_{-\frac{a}{2}}^{\frac{a}{2}} \left[x^2 c + \frac{2}{3} \left(\frac{c}{2} \right)^3 \right] \mathrm{d}x\mathrm{d}y = \int_0^b \rho_m \left[\frac{2}{3} \left(\frac{a}{2} \right)^3 c + \frac{2}{3} \left(\frac{c}{2} \right)^3 a \right] \mathrm{d}b$$

$$= \frac{\rho_m}{12} (a^3 c + c^3 a) b = \frac{\rho_m a^5}{12} (\lambda^{-1} + \lambda^{-3})$$

而土对 y 轴的转动惯量为

$$J_y = J_{y'} + m r_0^2 = J_y + \rho_m abc \left[\left(\frac{a}{2} \right)^2 + \left(\frac{c}{2} \right)^2 \right]$$

$$= J_{y'} + \frac{\rho_m}{4} a^5 [\lambda^{-1} + \lambda^{-3}] = \frac{\rho_m}{3} a^5 [\lambda^{-1} + \lambda^{-3}]$$

将式(4-43)、式(4-49)、式(4-51)、式(4-54)及式(4-57)代入式(4-39),有

$$\left(\frac{\rho_m}{3} + \frac{\rho_0}{6} \right) a^5 (\lambda^{-1} + \lambda^{-3}) \frac{\mathrm{d}^2\theta}{\mathrm{d}^2 t} = \frac{\rho C_D V_b^2 a^3}{4} \left(\sin\theta + \frac{1}{\lambda}\cos\theta \right) \sqrt{1 + \lambda^{-2}} \sin(\theta - \alpha_1) +$$

$$\frac{\rho C_L V_b^2 a^3}{4} \left(\cos\theta + \frac{1}{\lambda}\sin\theta \right) \sqrt{1 + \lambda^{-2}} \cos(\theta - \alpha_1) -$$

$$\frac{\pi}{6} (\gamma_m - \gamma) D_0^3 \frac{a}{2} \sqrt{1 + \lambda^{-2}} \cos(\theta - \alpha_1) - \frac{\rho C_R}{8} a^5 \frac{\mathrm{d}^2\theta}{\mathrm{d}^2 t}$$

$$(4-57)'$$

化简,并注意到式(4-10),则上式为

$$\frac{\mathrm{d}^2\theta}{\mathrm{d}t^2} = \frac{\mathrm{d}\varphi}{\mathrm{d}t} = \frac{3}{4} \frac{\gamma C_D \lambda^2}{\left(\gamma_m + \frac{\gamma}{2} \right) (\lambda^{-1} + \lambda) a^2} \left\{ \left[\left(\sin\theta + \frac{1}{\lambda}\cos\theta \right) \sin(\theta - \alpha_1) + \frac{C_L}{C_D} \left(\cos\theta + \frac{1}{\lambda}\sin\theta \right) \times \right. \right.$$

$$\left. \cos(\theta - \alpha_1) \right] V_b^2 \sqrt{1 + \lambda^{-2}} - \frac{2(\gamma_m - \gamma)}{C_D \gamma} g \frac{a}{\lambda} \sqrt{1 + \lambda^{-2}} \cos(\theta - \alpha_1) - \frac{1}{2} \frac{C_R}{C_D} a^2 \left(\frac{\mathrm{d}\theta}{\mathrm{d}t} \right)^2 \right\}$$

$$(4-58)$$

此处 φ 为角速度。显然,当 $t = 0, \theta = 0, \dfrac{\mathrm{d}\theta}{\mathrm{d}t} = 0$,并且当土块处于起动临界状态时,

$\dfrac{\mathrm{d}^2\theta}{\mathrm{d}t^2} = 0$,式(4-58)为

$$0 = \left[\frac{1}{\lambda}\sin(-\alpha_1) + \frac{C_L}{C_D}\cos(-\alpha_1) \right] V_b^2 \sqrt{1 + \lambda^{-2}} -$$

$$\frac{2(\gamma_m - \gamma)}{C_D \gamma} g \frac{a}{\lambda} \sqrt{1 + \lambda^{-2}} \cos(-\alpha_1)$$

即

$$V_b^2 = \frac{2(\gamma_m - \gamma)ga\cos\alpha_1}{\gamma(C_L\cos\alpha_1 - \dfrac{C_D}{\lambda}\sin\alpha_1)\lambda} = \frac{2(\gamma_m - \gamma)g\left(\dfrac{\pi}{6}\right)^{\frac{1}{3}}\lambda^{\frac{1}{3}}D_0}{\gamma(\lambda C_L - C_D\tan\alpha_1)}$$

$$= \left(\frac{\pi}{6}\right)^{\frac{1}{3}} \frac{2\lambda^{\frac{4}{3}}}{C_L\left(\lambda^2 - \dfrac{C_D}{C_L}\right)} \frac{(\gamma_m - \gamma)gD_0}{\gamma} = V_{b.c}^2 \qquad (4\text{-}59)$$

此处利用了式(4-16)及

$$\tan\alpha_1 = \frac{c}{a} = \frac{1}{\lambda} \qquad (4\text{-}60)$$

值得注意的是,式(4-59)恰为前面的式(4-16)所表示的起动流速。显然,这是必然的,因为我们采用了 $\dfrac{\mathrm{d}\theta}{\mathrm{d}t}$ 及 $\dfrac{\mathrm{d}^2\theta}{\mathrm{d}t^2}$ 恰为零。由式(4-59)可得

$$\frac{2}{C_D} \frac{(\gamma_m - \gamma)g}{\gamma} \frac{a}{\lambda} = \left(\frac{C_L}{C_D}\cos\alpha_1 - \frac{1}{\lambda}\sin\alpha_1\right)\frac{V_{b.c}^2}{\cos\alpha_1} = \left(\frac{C_L}{C_D} - \frac{1}{\lambda^2}\right)V_{b.c}^2 \quad (4\text{-}61)$$

再将其代入式(4-58),遂有

$$\frac{\mathrm{d}^2\theta}{\mathrm{d}t^2} = \frac{\mathrm{d}\varphi}{\mathrm{d}t} = \frac{3}{4} \frac{\gamma C_D \lambda^2}{\left(\gamma_m + \dfrac{\gamma}{2}\right)(\lambda^{-1} + \lambda)a^2}\left\{\left[\left(\sin\theta + \frac{1}{\lambda}\cos\theta\right)\sin(\theta - \alpha_1) + \frac{C_L}{C_D}\left(\frac{1}{\lambda}\sin\theta + \cos\theta\right)\right]\times\right.$$

$$\left.\cos(\theta - \alpha_1)V_b^2 \sqrt{1 + \lambda^{-2}} - \left(\frac{C_L}{C_D} - \lambda^{-2}\right)\sqrt{1 + \lambda^{-2}}\cos(\theta - \alpha_1)V_{b.c}^2 - \frac{1}{2}\frac{C_R}{C_D}\alpha^2\frac{\mathrm{d}^2\theta}{\mathrm{d}t^2}\right\}$$

$$(4\text{-}62)$$

式(4-62)还可进一步简化。注意到

$$\cos\alpha_1 = \frac{a}{\sqrt{a^2 + c^2}} = \frac{1}{\sqrt{1 + \lambda^{-2}}} \qquad (4\text{-}63)$$

$$\sin\alpha_1 = \frac{c}{\sqrt{a^2 + c^2}} = \frac{1}{\lambda\sqrt{1 + \lambda^{-2}}} \qquad (4\text{-}64)$$

$$\sin(\theta - \alpha_1) = \sin\theta\cos\alpha_1 - \cos\theta\sin\alpha_1 = \frac{\sin\theta}{\sqrt{1 + \lambda^{-2}}} - \frac{\cos\theta}{\lambda\sqrt{1 + \lambda^{-2}}} \qquad (4\text{-}65)$$

$$\cos(\theta - \alpha_1) = \cos\theta\sin\alpha_1 + \sin\theta\cos\alpha_1 = \frac{\cos\theta}{\sqrt{1 + \lambda^{-2}}} + \frac{\sin\theta}{\lambda\sqrt{1 + \lambda^{-2}}} \qquad (4\text{-}66)$$

将式(4-65)、式(4-66)代入式(4-62)为

$$
\begin{aligned}
\frac{d^2\theta}{dt^2} &= \frac{3}{4}\frac{\gamma C_D \lambda^2}{\left(\gamma_m + \frac{\gamma}{2}\right)(\lambda^{-1} + \lambda)a^2}\Bigg\{\bigg[\left(\sin\theta + \frac{1}{\lambda}\cos\theta\right)\left(\frac{\sin\theta}{\sqrt{1+\lambda^{-2}}} - \frac{\cos\theta}{\lambda\sqrt{1+\lambda^{-2}}}\right) + \\
&\quad \frac{C_L}{C_D}\left(\frac{1}{\lambda}\sin\theta + \cos\theta\right)\left(\frac{\cos\theta}{\sqrt{1+\lambda^{-2}}} + \frac{\sin\theta}{\lambda\sqrt{1+\lambda^{-2}}}\right)\bigg]V_b^2\sqrt{1+\lambda^{-2}} - \\
&\quad \left(\frac{C_L}{C_D} - \lambda^{-2}\right)\sqrt{1+\lambda^{-2}}V_{b.c}^2\left(\frac{\cos\theta}{\sqrt{1+\lambda^{-2}}} + \frac{\sin\theta}{\lambda\sqrt{1+\lambda^{-2}}}\right) - \frac{1}{2}\frac{C_R}{C_D}a^2\left(\frac{d\theta}{dt}\right)^2\Bigg\} \\
&= \frac{3}{4}\frac{\gamma C_D}{\left(\gamma_m + \frac{\gamma}{2}\right)(\lambda^{-1} + \lambda)a^2}\Bigg\{\bigg[(\lambda^2\sin\theta - \cos^2\theta) + \frac{C_L}{C_D}(\lambda^2\cos^2\theta + \sin^2\theta) + \lambda\sin2\theta\bigg]V_b^2 - \\
&\quad \left(\frac{C_L}{C_D}\lambda^{-2} - 1\right)\left(\cos\theta + \frac{1}{\lambda}\sin\theta\right)V_{b.c}^2 - \frac{1}{2}\frac{C_R}{C_D}\lambda^2a^2\left(\frac{d\theta}{dt}\right)^2\Bigg\} \\
&= \frac{3}{4}\frac{\gamma C_D}{\left(\gamma_m + \frac{\gamma}{2}\right)(\lambda^{-1} + \lambda)a^2}\Bigg\{\bigg[\left(\lambda^2 + \frac{C_L}{C_D}\right)\sin^2\theta + \left(\frac{C_L}{C_D}\lambda^2 - 1\right)\cos^2\theta + \frac{C_L}{C_D}\lambda\sin2\theta\bigg]V_b^2 - \\
&\quad \left(\frac{C_L}{C_D}\lambda^2 - 1\right)\left(\cos\theta + \frac{1}{\lambda}\sin\theta\right)V_{b.c}^2\Bigg\} - \frac{3}{8}\frac{\gamma C_R \lambda^2}{\left(\gamma_m + \frac{\gamma}{2}\right)(\lambda^{-1} + \lambda)}\left(\frac{d\theta}{dt}\right)^2 \\
&= F(\theta) - F_0\left(\frac{d\theta}{dt}\right)^2 \qquad\qquad\qquad\qquad\qquad\qquad\qquad\qquad\qquad\qquad\quad (4\text{-}67)
\end{aligned}
$$

至此消除了 α_1 的有关函数。在推导式(4-67)时利用了

$$2\sin\theta\cos\theta = \sin2\theta \qquad (4\text{-}68)$$

方程(4-67)就是土块起动后绕 y 轴转动的方程。式中

$$
\begin{aligned}
F(\theta) &= \frac{3}{4}\frac{\gamma C_D}{\left(\gamma_m + \frac{\gamma}{2}\right)(\lambda^{-1} + \lambda)a^2}\Bigg\{\bigg[\left(\lambda^2 + \frac{C_L}{C_D}\right)\sin^2\theta + \left(\frac{C_L}{C_D}\lambda^2 - 1\right)\cos^2\theta + \\
&\quad \frac{C_L}{C_D}\lambda\sin2\theta\bigg]V_b^2 - \left(\frac{C_L}{C_D}\lambda^2 - 1\right)\left(\cos\theta + \frac{1}{\lambda}\sin\theta\right)V_{b.c}^2\Bigg\} \qquad (4\text{-}69)
\end{aligned}
$$

$$F_0 = \frac{3}{8}\frac{\gamma\lambda^2 C_R}{\left(\gamma_m + \frac{\gamma}{2}\right)(\lambda^{-1} + \lambda)} \qquad (4\text{-}70)$$

4.4　土块初始滚动方程的分析及数字解

4.4.1　初始滚动的加速性质

这里指出方程（4-67）一个重要特性，就是只要 $V_b^2 > V_{b.c}^2$，则土块起动后在 $\theta = 0° \sim 90°$ 范围内一直是加速转动。当然，到最后加速度可能很小，趋近于匀速滚动。从该式看出，方程的 $F(\theta)$ 部分表示主动力（水流正面推力、升力及水下重力）的作用，而 $F_0\left(\dfrac{\mathrm{d}\theta}{\mathrm{d}t}\right)^2$ 则表示由于土块转动引起的阻力矩。因此，只要 $F(\theta) > 0$，也即式（4-69）中的

$$F(\theta) = K\left\{\left[\left(\lambda^2 + \frac{C_L}{C_D}\right)\sin^2\theta + \left(\frac{C_L}{C_D}\lambda^2 - 1\right)\cos^2\theta + \frac{C_L}{C_D}\lambda\sin2\theta\right]V_b^2 - \right.$$
$$\left.\left(\frac{C_L}{C_D}\lambda^{-2} - 1\right)\left(\cos\theta + \frac{1}{\lambda}\sin\theta\right)V_{b.c}^2\right\} > 0 \tag{4-71}$$

则土块运动将是加速的。因为阻力 R 是由土块运动诱导出的，在其他条件不变时，它不可能使土块的运动由加速变为减速，至多是趋近于匀速。其中 K 为式（4-69）中大括号前面的所有数值。从式（4-71）看出，当 $\theta = 0°$ 时，有

$$F(0°) = K\left(\frac{C_L}{C_D}\lambda^2 - 1\right)(V_b^2 - V_{b.c}^2) > 0$$

当然这是在 $\lambda \geqslant 2$（对于土块冲起，这实际是满足的）的条件下。

当 $\theta = 90°$ 时

$$F(90°) = K\left\{\left[\left(\lambda^2 + \frac{C_L}{C_D}\right)V_b^2 - \left(\frac{C_L}{C_D}\lambda^2 - 1\right)\frac{1}{\lambda}V_{b.c}^2\right\} > \left(\lambda^2 + \frac{C_L}{C_D} - \frac{C_L}{C_D}\lambda + \frac{1}{\lambda}\right)V_{b.c}^2\right.$$
$$= \left[\lambda\left(\lambda - \frac{C_L}{C_D}\right) + \frac{C_L}{C_D} + \frac{1}{\lambda}\right]V_{b.c}^2 > 0$$

这是因为 $C_L/C_D < 1, \lambda > 1$。

当 $\theta = 45°$ 时

$$F(45°) = K\left\{\left[\left(\lambda^2 + \frac{C_L}{C_D}\right)0.707^2 + \left(\frac{C_L}{C_D}\lambda^2 - 1\right)0.707^2 + \frac{C_L}{C_D}\lambda\right]V_b^2 - \right.$$
$$\left.\left(\frac{C_L}{C_D}\lambda^2 - 1\right)\left(0.707 + \frac{1}{\lambda}0.707\right)V_{b.c}^2\right\} >$$

$$K\left[0.5 + \left(1 + \frac{C_L}{C_D}\right)\lambda^2 - 0.5\left(1 - \frac{C_L}{C_D}\right) + \frac{C_L}{C_D}\lambda - 0.707\frac{C_L}{C_D}\lambda^2 - 0.707\frac{C_L}{C_D}\lambda + 0.707\left(1 + \frac{1}{\lambda}\right)\right]V_{b.c}^2 >$$

$$K\left[(0.625 - 0.176\,7)\lambda^2 + (1 - 0.707)\frac{C_L}{C_D}\lambda + (0.707 - 0.375)\right]V_{b.c} > 0$$

可见,在 $\theta = 0°$、$45°$ 以及 $90°$ 时均为加速运动,显然在整个过程中无其他力加入,也应均为加速运动,包括加速度趋近于零,即趋近于匀速运动。

4.4.2 土块在几种特殊位置的方程

现在分析方程(4-67)对土块几种特殊位置的正确性。图 4-7 给出了土块三种位置,其中 τ_1、τ_2、τ_3 分别表示处于位置 1、2、3 它们的切线方向,而 θ_2、θ_3 表示处于位置 2、3 的旋转角度。

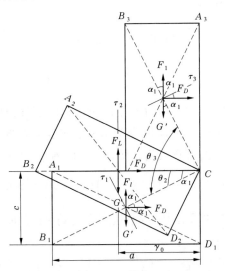

图 4-7　土块三种位置示意图

(1)当 $\theta = 0°$(见图 4-7),此时

$$\left(J + \frac{J_0}{2}\right)\frac{\mathrm{d}^2\theta}{\mathrm{d}t^2} = -F_D r_0 \sin\alpha_1 + F_L r_0 \cos\alpha_1 - G' r_0 \cos\alpha_1 - \frac{\rho C_R}{8}a^5\left(\frac{\mathrm{d}\theta}{\mathrm{d}t}\right)^2$$

$$(4\text{-}72)$$

而由式(4-57)′,当 $\theta = 0$ 时,有

$$\left(J + \frac{J_0}{2}\right)\frac{\mathrm{d}^2\theta}{\mathrm{d}t^2} = -\frac{\rho C_D}{2}V_b^2\frac{a^2}{\lambda}r_0\sin\alpha_1 + \frac{\rho C_L}{2}V_b^2 a^2 r_0\cos\alpha_1 -$$

$$\frac{\pi}{6}(\gamma_m - \gamma) D_0^3 r_0 \cos\alpha_1 - \frac{\rho C_R}{8} a^5 \left(\frac{\mathrm{d}\theta}{\mathrm{d}t}\right)^2$$

$$= -\frac{\rho C_D}{2} V_b^2 acr_0 \sin\alpha_1 + \frac{\rho C_L}{2} V_b^2 abr_0 \cos\alpha_1 - G'r_0 \cos\alpha_1 - \frac{\rho C_R}{8} a^5 \left(\frac{\mathrm{d}\theta}{\mathrm{d}t}\right)^2$$

$$= -F_D r_0 \sin\alpha_1 + F_L r_0 \cos\alpha_1 - G'r_0 \cos\alpha_1 - \frac{\rho C_R}{8} a^5 \left(\frac{\mathrm{d}\theta}{\mathrm{d}t}\right)^2$$

可见与式(4-72)完全一致。

（2）当 $\theta = \alpha_1$ 时，由图 4-7 直接有

$$\left(J + \frac{J_0}{2}\right) \frac{\mathrm{d}^2\theta}{\mathrm{d}t^2} = F_L r_0 - G'r_0 - \frac{\rho C_R}{8} a^5 \left(\frac{\mathrm{d}\theta}{\mathrm{d}t}\right)^2 \tag{4-73}$$

而由式(4-57)′，同时注意到式(4-38)、式(4-47)及式(4-48)，则当 $\theta = \alpha_1$ 时

$$\left(J + \frac{J_0}{2}\right) \frac{\mathrm{d}^2\theta}{\mathrm{d}t^2} = \frac{\rho C_L}{4} V_b^2 a^3 \left(\cos\theta + \frac{1}{\lambda}\sin\theta\right) \sqrt{1 + \lambda^2} -$$

$$\frac{\pi}{6}(\gamma_m - \gamma) D_0^3 \frac{a}{2} \sqrt{1 + \lambda^{-2}} - \frac{\rho C_R}{8} a^5 \left(\frac{\mathrm{d}\theta}{\mathrm{d}t}\right)^2$$

$$= \frac{\rho C_L}{2} V_b^2 b (L_3 + L_4) r_0 - \frac{\pi}{6}(\gamma_m - \gamma) D_0^3 \gamma_0 - \frac{\rho C_R}{8} a^5 \left(\frac{\mathrm{d}\theta}{\mathrm{d}t}\right)^2$$

$$= F_L r_0 - G'r_0 - \frac{\rho C_R}{8} a^5 \left(\frac{\mathrm{d}\theta}{\mathrm{d}t}\right)^2$$

与式(4-73)也是完全一致。

（3）当 $\theta = 90°$，由图 4-7 有

$$\left(J + \frac{J_0}{2}\right) \frac{\mathrm{d}^2\theta}{\mathrm{d}t^2} = F_D \gamma_0 \cos\alpha_1 + F_L \gamma_0 \sin\alpha_1 - G'\gamma_0 \sin\alpha_1 - \frac{\rho C_R}{8} a^5 \left(\frac{\mathrm{d}\theta}{\mathrm{d}t}\right)^2 \tag{4-74}$$

而由式(4-57)′，注意到式(4-38)后，有

$$\left(J + \frac{J_0}{2}\right) \frac{\mathrm{d}^2\theta}{\mathrm{d}t^2} = \frac{\rho C_D}{2} V_b^2 a^2 r_0 \sin\left(\frac{\pi}{2} - \alpha_1\right) + \frac{\rho C_L}{2} V_b^2 a^2 \frac{1}{\lambda} r_0 \cos\left(\frac{\pi}{2} - \alpha_1\right) -$$

$$\frac{\pi}{6}(\gamma_m - \gamma) D_0^3 r_0 \cos\left(\frac{\pi}{2} - \alpha_1\right) - \frac{\rho C_R}{8} a^5 \left(\frac{\mathrm{d}\theta}{\mathrm{d}t}\right)^2$$

$$= F_D r_0 \cos\alpha_1 + F_L r_0 \sin\alpha_1 - G'r_0 \sin\alpha_1 - \frac{\rho C_R}{8} a^5 \left(\frac{\mathrm{d}\theta}{\mathrm{d}t}\right)^2$$

可见仍与式(4-74)完全一致。既然我们证明了方程(4-58)，亦即式(4-67)对三

种特殊情况均是正确的,显然它对一般情况应是无误的。

4.4.3 初始滚动方程的数值解

为了具体了解方程(4-67)所给的结果,下面通过一个数字解作为一个例子予以说明。这个例子的有关参数为: $D = 0.496\ 3\ \text{m}$, $\lambda = 8$,即土块的尺寸为 $0.8\ \text{m} \times 0.8\ \text{m} \times 0.1\ \text{m}$, $H = 4\ \text{m}$, $V_b = 5.8\ \text{m/s}$,相应的垂线平均流速 $V = 0.126$ $\psi V_b = 0.126 \times 9.946 \times 5.8 = 7.27\,(\text{m/s})$。此外, $C_D = 1$, $C_L = 0.25$, $C_R = 1.2$, $\gamma_m = 1\ 839\ \text{kg/m}^3$, $\gamma = 1\ 374\ \text{kg/m}^3$。按这些参数对方程(4-67)进行数值积分后有下述结果(见表4-5)。若取 $\lambda = 8$ 的土块在 $\theta = 60°$ 时为脱离绕 y 轴转动的位置,则此时质心切线速度及 x、z 两个方向的分量分别为

$$u_0 = r_0 \varphi = \frac{a}{2} \sqrt{1 + \lambda^{-2}} \times 7.878 = 0.403 \times 7.878 = 3.18\,(\text{m/s})$$

$$u_{x.0} = u_0 \sin(\theta - \alpha_1) = 3.18 \sin(60° - 7.125°) = 2.54\,(\text{m/s})$$

$$u_{y.0} = u_0 \cos(\theta - \alpha_1) = 3.18 \cos(60° - 7.125°) = 1.68\,(\text{m/s})$$

表 4-5　土块转动时数字结果

$\theta(°)$	0	10	20	30	40	45	50
$T(\text{s})$	0	0.106 2	0.154 3	0.192 3	0.224 4	0.238 7	0.252 2
φ(弧度/s)	0	0.311 5	0.423 0	5.180	6.112	6.573	7.025

$\theta(°)$	60	70	72	73	74	80	89
$T(\text{s})$	0.277 0	0.299 8	0.304 2	0.306 4	0.308 6	0.321 5	0.340 9
φ(弧度/s)	7.877 8	8.621	8.754	8.817	8.879	9.217	9.600

可见,土块初始转动后脱离床面的速度是很大的。当然,土块是否脱离绕 y 轴转动而逸出还取决于法线方向合力的大小,这一点下面还要专门进行分析。

4.4.4 土块初始转动维持的条件及法向力的平衡

土块绕 y 轴(图4-8中 C 点)的转动还必须有一个条件,就是法线方向主动力合力 N 的方向必须指向 y 轴(即指向图中的 C),土块在 C 点法线方向上主动力的合力为

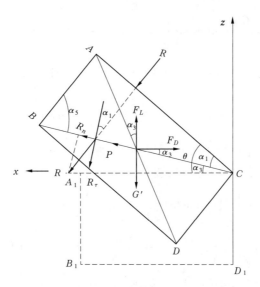

图 4-8　土块在法线方向的合力示意图

$$N = F_{D.n} + G'_n - F_{L.n} - P - R_n \tag{4-75}$$

此处设沿内法线方向为正，$F_{L.n}$、R_n、$F_{D.n}$、G'_n 分别为力 F_L、R、F_D、G' 在法线（CB）方向的投影。而 P 为离心力，与法线重合，指向 B。显然，只有当 $N \geq 0$ 时，土块才能绕 y 轴旋转；否则，则土块逸出。上述各力在法线方向的投影为

$$P = m \frac{1}{r_0}\left(r_0 \frac{\mathrm{d}\theta}{\mathrm{d}t}\right)^2 = \rho_m \frac{a^3}{\lambda} r_0 \left(\frac{\mathrm{d}\theta}{\mathrm{d}t}\right)^2 = \frac{\rho_m}{2} \frac{a^4}{\lambda} \sqrt{1 + \lambda^{-2}}\left(\frac{\mathrm{d}\theta}{\mathrm{d}t}\right)^2 \tag{4-76}$$

其为离心力，此处利用了式（4-38）。而水流阻力的投影为

$$R_n = R\sin\alpha_1 = \frac{\rho C_R}{2} b \int_0^a \left(\frac{\mathrm{d}\theta}{\mathrm{d}t}\right)^2 r^2 \mathrm{d}r = \frac{\rho C_R}{2} \frac{a^4}{3}\left(\frac{\mathrm{d}\theta}{\mathrm{d}t}\right)^2 \sin\alpha_1 = \frac{1}{6} \frac{\rho C_R a^4}{\lambda \sqrt{1 + \lambda^{-2}}}\left(\frac{\mathrm{d}\theta}{\mathrm{d}t}\right)^2 \tag{4-77}$$

可见，土块转动时的水流阻力为

$$R = \frac{\rho C_R}{6} a^4 \left(\frac{\mathrm{d}\theta}{\mathrm{d}t}\right)^2 \tag{4-78}$$

而不是式（4-54）中的 R'。其余的力在法线方向的投影为

$$F_{D.n} = F_D \cos\alpha_3 = \frac{C_D \rho}{2} V_b^2 b (a\sin\theta + c\cos\theta)\cos(\theta - \alpha_1)$$

$$= \frac{C_D \rho}{2} \frac{a^2 V_b^2}{\sqrt{1 + \lambda^{-2}}}\left(\lambda^{-1} + \frac{1 + \lambda^{-2}}{2}\sin 2\theta\right) \tag{4-79}$$

$$F_{L.n} = F_L \sin\alpha_3 = \frac{C_L\rho}{2} V_b^2 b(c\sin\theta + \cos\theta)\sin(\theta - \alpha_1)$$

$$= \frac{C_L\rho}{2} a^2 V_b^2 \left(\lambda^{-1}\sin^2\theta - \lambda^{-1}\cos^2\theta + \frac{1-\lambda^{-2}}{2}\sin2\theta\right)\frac{1}{\sqrt{1+\lambda^{-2}}} \tag{4-80}$$

$$G'_n = (\gamma_m - \gamma)abc\sin(\theta - \alpha_1) = (\gamma_m - \gamma)\frac{a^3}{\lambda}\left(\sin\theta - \frac{1}{\lambda}\cos\theta\right)\frac{1}{\sqrt{1+\lambda^{-2}}} \tag{4-81}$$

上述三式的推导利用了式(4-65)、式(4-66)。将式(4-76)、式(4-77)、式(4-79)、式(4-80)、式(4-81)代入式(4-75),遂有

$$N = \frac{C_D\rho}{2}a^2 V_b^2\left(\lambda^{-1} + \frac{1+\lambda^{-2}}{2}\sin2\theta\right)\frac{1}{\sqrt{1+\lambda^{-2}}} - \frac{C_L\rho}{2}a^2 V_b^2\left(\lambda^{-1}\sin^2\theta - \lambda^{-1}\cos\theta + \right.$$

$$\frac{1-\lambda^{-2}}{2}\sin2\theta\right)\frac{1}{\sqrt{1+\lambda^{-2}}} + (\gamma_m - \gamma)\frac{a^3}{\lambda}(\sin\theta - \lambda^{-1}\cos\theta)\frac{1}{\sqrt{1+\lambda^{-2}}} -$$

$$\frac{\rho_m}{2}\frac{a^4}{\lambda}\sqrt{1+\lambda^{-2}}\left(\frac{d\theta}{dt}\right)^2 - \frac{1}{6}\frac{C_R\rho a^4}{\lambda\sqrt{1+\lambda^{-2}}}\left(\frac{d\theta}{dt}\right)^2$$

$$= \frac{C_D\gamma}{2g}\frac{a^2}{\lambda\sqrt{1+\lambda^{-2}}}\left\{\left[1 + \left(\frac{\lambda}{2} - \frac{\lambda}{2}\cdot\frac{C_L}{C_D} + \frac{\lambda^{-1}}{2} + \frac{\lambda^{-1}}{2}\cdot\frac{C_L}{C_D}\right)\sin2\theta - \right.\right.$$

$$\frac{C_L}{C_D}(\sin^2\theta - \cos^2\theta)\Big]V_b^2 - \left(\frac{C_L}{C_D}\lambda - \lambda^{-1}\right)V_{b.c}^2(\sin\theta - \lambda^{-1}\cos\theta) -$$

$$\left[\frac{\rho_m}{\rho C_D}(1 + \lambda^{-2}) + \frac{1}{3}\frac{C_R}{C_D}\right]a^2\left(\frac{d\theta}{dt}\right)^2\right\} \tag{4-82}$$

式(4-82)就是法线方向合力 N 的表达式。

为检验式(4-82),曾对 $\theta = 0°$、α_1、$90°$ 三种特殊情况下的合力 N 按图 4-8 直接求出,结果与式(4-82)给出的完全一致。为了使大家对法线方向合力有一个印象,现举出一个例子,它的有关参数与前面的初始滚动方程的例子中的参数一样。实际上,前面研究的是沿切线运动的方程,此处研究的是沿法线的合力。

将有关参数代入方程(4-82)有

$$N = \frac{1\times1\,374}{2\times9.81}\frac{0.8^2}{8\sqrt{1+8^{-2}}}\left\{\left(1 + \frac{8+8^{-1}}{2}\sin2\theta\right)\times5.8^2 - \left[\frac{1}{4}(\sin^2\theta - \cos^2\theta) + \frac{1}{4}\frac{8-8^{-1}}{2}\sin2\theta\right]\times\right.$$

$$5.8^2 + \left(\frac{1}{4}\times8 - 8^{-1}\right)\times1.58^2\times\left(\sin\theta - \frac{1}{8}\cos\theta\right) -$$

$$\left[\frac{1\,839}{1\,374}\times(1+8^{-2}) + 0.397\frac{1.2}{1+8^{-2}}\right]\times0.8^2\times\left(\frac{d\theta}{dt}\right)^2$$

$$= 5.559\left\{\left[1 + 3.078\sin2\theta - \frac{1}{4}(\sin^2\theta - \cos^2\theta)\right] \times 33.64 + 4.681\left(\sin\theta - \frac{1}{8}\cos\theta\right) - 1.126\left(\frac{d\theta}{dt}\right)^2\right\}$$

按上式计算,得到土块不同位置的法向合力如表4-6所示。表中的角速度由表4-5给出。可见,对于所给的例子,当 $\theta < 73°$ 时,合力 N 仍然为正,土块绕 y 轴转动;只有当 $\theta > 74°$ 时,才开始为负,才能脱离床面而逸出。

表4-6　土块转动时法线合力的变化

θ (°)	$\varphi = \dfrac{d\theta}{dt}(s^{-1})$	法向合力组成(kg)			法向合力 N (kg)
		由 F_D 及 F_L 来	由 G' 来	由 R 及 P 来	
0	0	233.7	-3.25	0	230.5
10	3.155	427.8	1.32	-62.31	366.8
20	4.230	592.8	5.84	-112.0	486.6
30	5.180	708.8	10.2	-167.8	551.0
40	6.112	762.0	14.2	-233.8	542.4
45	6.573	762.6	16.1	-270.4	508.3
50	7.025	745.7	17.8	-308.9	454.6
60	7.878	662.1	20.9	-388.5	294.5
70	8.621	521.2	23.3	-465.2	79.3
73	8.733	470.1	23.9	-477.3	16.7
74	8.879	452.4	24.1	-493.5	-17.0

当然,由于支撑土块初始转动的 y 轴仅仅是一条线,如有滑动即令反力 $N > 0$,当其竖向速度 $u_{y.0}$ 最大时,也可能飞起。由于

$$u_{y.0} = r_0 \frac{d\theta}{dt}\cos(\theta - \alpha_1) \tag{4-83}$$

可见从表4-6中的例子看出,当 $\lambda = 8$, $\alpha_1 = \arctan\frac{1}{8}$ 时,大约在 $\theta = 46°$ 处,即

$$\theta - \alpha_1 = \theta - \arctan\frac{1}{8} = \theta - 7.125° = 45° - 7.125° = 37.875°$$

此时 $\left(\dfrac{d\theta}{dt}\right)\cos(\theta - \alpha_1)$ 达到最大。为简单明确起见,若取可能逸出角为 $\theta = 45°$,这样对于所给的例子,$u_{y.0} = 0.403 \times 6.573 \times \cos37.875° = 2.092(m/s)$。

4.5　土块的上浮运动

土块的上浮运动可分两个阶段:第一个阶段是脱离床面,即上升至 $y = D_0$ 处,此时由于颗粒在床面,仍受升力作用;第二个阶段由 $y = D_0$ 升至最高点 y_M 处,然后下沉。在此阶段,土块已不受升力作用,而是受紊动猝发或流速竖向脉动分量及上升惯性作用上升至最高点。

4.5.1　土块上升运动的第一个阶段

在上升第一阶段,土块的质心运动方程为

$$\frac{\gamma_m}{g}\frac{\pi D_0^3}{6}\frac{\mathrm{d}u_y}{\mathrm{d}t} = -\frac{\gamma}{2g}\frac{\pi D_0^3}{6}\frac{\mathrm{d}u_y}{\mathrm{d}t} + \frac{\gamma C_L}{2g}\frac{\pi D_0^2}{4}V_b^2 + (\gamma_m - \gamma)\frac{\pi D_0^3}{6} - \frac{\gamma C}{2g}\frac{\pi D_0^2}{4}u_y^2$$

此处 u_y 为颗粒上升的速度,C 为颗粒上升时的阻力系数,上式可化为

$$\frac{\mathrm{d}u_y}{\mathrm{d}t} = a_1 - b_1 u_y^2 = b_1\left(\frac{a_1}{b_1} - u_y^2\right) \tag{4-84}$$

其中

$$a_1 = \frac{3C_L}{4}\frac{\gamma}{\gamma_m + \frac{\gamma}{2}}\frac{V_b^2}{D_0} - \frac{\gamma_m - \gamma}{\gamma_m + \frac{\gamma}{2}}g = \frac{3C_L}{4}\frac{\gamma}{\gamma_m + \frac{\gamma}{2}}\frac{1}{D_0}(V_b^2 - V_{b.L}^2)$$

$$= \frac{\gamma_m - \gamma}{\gamma_m + \frac{\gamma}{2}}g\frac{V_b^2 - V_{b.L}^2}{V_{b.L}^2} \tag{4-85}$$

$$b_1 = \frac{3C}{4}\frac{\gamma}{\gamma_m + \frac{\gamma}{2}}\frac{1}{D_0} = \frac{\gamma_m - \gamma}{\gamma_m + \frac{\gamma}{2}}g\frac{1}{\omega^2} \tag{4-86}$$

而

$$\omega = \sqrt{\frac{4}{3C}\frac{\gamma_m - \gamma}{\gamma}gD_0} \tag{4-87}$$

为土块沉速。

$$V_{b.L} = \sqrt{\frac{4}{3C_L}\frac{\gamma_m - \gamma}{\gamma}gD_0} = \sqrt{\frac{C}{C_L}}\omega \tag{4-88}$$

为在单纯上举力作用下,土块能够(起动)上升的临界底速。在 $t = 0$, $u_y = \mu_{y.0}$; $t = t_1$, $u_y = u_{y.D}$ 处积分式(4-84)得

$$
t_1 = \begin{cases} \dfrac{1}{\sqrt{a_1 b_1}}\Big[\operatorname{arth} \sqrt{\dfrac{b_1}{a_1}}\, u_{y.D} - \operatorname{arth} \sqrt{\dfrac{b_1}{a_1}}\, u_{y.0} \Big] & \left(\dfrac{a_1}{b_1} - u_y^2 > 0 \text{ 或 } u_{y.D} \geqslant u_{y.0} \right) \\[4mm] \dfrac{1}{\sqrt{a_1 b_1}}\Big[\operatorname{arcoth} \sqrt{\dfrac{b_1}{a_1}}\, u_{y.D} - \operatorname{arcoth} \sqrt{\dfrac{b_1}{a_1}}\, u_{y.0} \Big] & \left(\dfrac{a_1}{b_1} - u_y^2 < 0 \text{ 或 } u_{y.D} < u_{y.0} \right) \end{cases}
$$

$$(4\text{-}89)$$

这里,$\operatorname{arth} x$ 为 x 的反双曲线正切,$\operatorname{arcoth} x$ 为 x 的反双曲线余切。同时,用了 $\dfrac{a_1}{b_1} -$ $u_y^2 > 0$,为加速运动,故 $u_y \geqslant u_{y.0}$;$\dfrac{a_1}{b_1} < u_y^2 < 0$,为减速运动,故 $u_y < u_{y.0}$。另将式(4-84)改写为

$$\frac{\mathrm{d}u_y}{\mathrm{d}y}\frac{\mathrm{d}y}{\mathrm{d}t} = \frac{1}{2}\frac{\mathrm{d}u_y^2}{\mathrm{d}y} = a_1 - b_1 u_y^2 \tag{4-90}$$

积分式(4-90),并取条件 $y=0$,$u_y = u_{y.0}$,$y = D_0$,$u_y = u_{y.D}$,从而得到

$$u_{y.D}^2 = \frac{a_1}{b_1}(1 - \mathrm{e}^{-2b_1 D_0}) + u_{y.0}^2 \mathrm{e}^{-2b_1 D_0} \tag{4-91}$$

注意到式(4-85)、式(4-86),则上述各式有关参数为

$$\sqrt{a_1 b_1} = \sqrt{\frac{3C_L}{4}\frac{\gamma}{\gamma_m + \dfrac{\gamma}{2}}\frac{1}{D_0}(V_b^2 - V_{b.L}^2)\frac{\gamma_m - \gamma}{\gamma_m + \dfrac{\gamma}{2}}\frac{g}{\omega^2}} = \frac{\gamma_m - \gamma}{\gamma_m + \dfrac{\gamma}{2}}g\frac{\sqrt{V_b^2 - V_{b.L}^2}}{\omega V_{b.L}}$$

$$(4\text{-}92)$$

$$\frac{a_1}{b_1} = \frac{V_b^2 - V_{b.L}^2}{V_{b.L}^2}\omega^2 = \frac{C_L}{C}(V_b^2 - V_{b.L}^2) \tag{4-93}$$

故式(4-91)、式(4-89)为

$$u_{y.D}^2 = \frac{C_L}{C}(V_b^2 - V_{b.L}^2)(1 - \mathrm{e}^{-\frac{1}{2}\frac{\gamma_m - \gamma}{\gamma_m + \frac{\gamma}{2}}\frac{gD_0}{\omega^2}}) + u_{y.0}^2 \mathrm{e}^{-\frac{1}{2}\frac{\gamma_m - \gamma}{\gamma_m + \frac{\gamma}{2}}\frac{gD_0}{\omega^2}} \tag{4-94}$$

将式(4-92)代入式(4-89),有

$$
t_1 = \begin{cases} \dfrac{\gamma_m + \dfrac{\gamma}{2}}{(\gamma_m - \gamma)g}\dfrac{\omega V_{b.L}}{\sqrt{V_b^2 - V_{b.L}^2}}\Big[\operatorname{arth}\Big(\sqrt{\dfrac{C}{C_L}}\dfrac{u_{y.D}}{\sqrt{V_b^2 - V_{b.L}^2}} - \operatorname{arth}\sqrt{\dfrac{C}{C_L}}\dfrac{u_{y.0}}{\sqrt{V_b^2 - V_{b.L}^2}}\Big)\Big] & (u_y \geqslant u_{y.0}) \\[6mm] \dfrac{\gamma_m + \dfrac{\gamma}{2}}{(\gamma_m - \gamma)g}\dfrac{\omega V_{b.L}}{\sqrt{V_b^2 - V_{b.L}^2}}\Big[\operatorname{arcoth}\Big(\sqrt{\dfrac{C}{C_L}}\dfrac{u_{y.D}}{\sqrt{V_b^2 - V_{b.L}^2}} - \operatorname{arcoth}\sqrt{\dfrac{C}{C_L}}\dfrac{u_{y.0}}{\sqrt{V_b^2 - V_{b.L}^2}}\Big)\Big] & (u_{y.D} < u_{y.0}) \end{cases}
$$

$$(4\text{-}95)$$

式(4-94)、式(4-95)中的 $u_{y,0}$ 由式(4-83)给出。

现在举一个例子,以便读者有一个印象。设 $V_b = 5.80$ m/s,$C_L = 0.25$,$C = 1.2$,$D_0 = 0.4963$ m,$\gamma_m = 1839$ kg/m^3,$\gamma = 1374$ kg/m^3,$u_{y,0} = 1.873$ m/s。因此,有关参数为 $V_L = 2.964$ m/s,$\omega = 1.353$ m/s,$b_1 = 0.9866$,$a_1/b_1 = 5.178$,则由式(4-94)求得 $u_{y,D} = 2.133$ m/s。则式(4-95)中第二式得 $t_1 = 0.2024$ s,而平均上升速度 $\bar{u}_y$ 为 2.204 m/s。

4.5.2 土块上升运动的第二阶段

土块在第二阶段上升时,上升力已消失,但有竖向脉动分速及重力和阻力作用。尚需说明的是,在第一阶段不考虑竖向脉动分速,是因为在近底层它很小,而在上升一个 D_0 以后,它获得较为稳定的值,在短时间内基本上保持下去,直至上升至水面。这点可以从其沿垂线分布看出。因此,我们假定 V_y 在土块上升的过程中不变。此时质心运动方程为

$$\frac{\pi}{6}D_0^3\frac{\gamma_m}{g}\frac{du_y}{dt} = -\frac{1}{2}\frac{\pi}{6}D_0^3\frac{\gamma}{g}\frac{du_y}{dt} - (\gamma_m - \gamma)\frac{\pi}{6}D_0^3 + \frac{C}{2}\frac{\gamma}{g}\frac{\pi}{4}D_0^2(V_y - u_y)\,|\,V_y - u_y\,|$$

$$(4-96)$$

注意到式(4-86),化简后得

$$\frac{du_y}{dt} = \frac{3}{4}\frac{C\gamma}{\gamma_m + \frac{\gamma}{2}}\frac{(V_y - u_y)\,|\,V_y - u_y\,|}{D_0} - \frac{(\gamma_m - \gamma)}{\left(\gamma_m + \frac{\gamma}{2}\right)}g$$

$$= -a_0\left[1 - \frac{(V_y - u_y)\,|\,V_y - u_y\,|}{\omega^2}\right] \qquad (4-97)$$

其中

$$a_0 = \frac{\gamma_m - \gamma}{\gamma_m + \frac{\gamma}{2}}g \qquad (4-98)$$

V_y 为水流竖向瞬时流速。若与纵向速度类似,它在起动时向上的最大脉动值[1]取为

$$V_y = 3\sigma_y \approx 3u_* = 3\frac{V_b}{7.908} = 0.379V_b \qquad (4-99)$$

它出现的概率为 0.00135。可见,式(4-97)只是在很小的概率下才可能成立。积分式(4-97)需要区分 $(V_y - u_y)/\omega$ 大小的不同情况。

(1)首先,若$(V_y - u_y)/\omega > 1$ 即$(V_y - u_{y.D})/\omega > 1$,则

$$\frac{\mathrm{d}u_y}{\mathrm{d}t} = -a_0 \left[1 - \frac{(V_y - u_y) \mid V_y - u_y \mid}{\omega^2} \right] = a_0 \left[\frac{(V_y - u_y)^2}{\omega} - 1 \right] \quad (4\text{-}100)$$

可以证明,若$(V_y - u_y)/\omega > 1$,则必有$(V_y - u_{y.D})/\omega > 1$;反之亦然,故判别条件$(V_y - u_{y.D})/\omega > 1$ 等价于$(V_y - u_y)/\omega > 1$。其中,$u_{y.D}$是土块上升第二阶段的初速。由式(4-100)可见,土块为加速运动,由于u_y不断增加至$u'_{y.c}$,故$u'_{y.c}$最后趋向

$$u'_{y.c} = V_y - \omega \quad (4\text{-}101)$$

在条件$t = t_1, u_y = u_{y.D}; t = t_2, u_y = u'_{y.c}$下积分式(4-100),有

$$t_2 - t_1 = -\frac{\omega}{a_0} \int_{u_{y.D}}^{u'_{y.c}} \frac{\mathrm{d}\left(\dfrac{V_y - u_y}{\omega} \right)}{1 - \left(\dfrac{V_y - u_y}{\omega} \right)^2} = \frac{\omega}{a_0} \left(\operatorname{arcoth} \frac{V_y - u'_{y.c}}{\omega} - \operatorname{arcoth} \frac{V_y - u_{y.D}}{\omega} \right)$$

$$(4\text{-}102)$$

其次,我们有

$$\frac{1}{2} \frac{\mathrm{d}u_y^2}{\mathrm{d}y} = \frac{\omega^2}{2} \frac{\mathrm{d}}{\mathrm{d}y} \left(\frac{V_y - u_y}{\omega} \right)^2 + \omega V_y \frac{\mathrm{d}}{\mathrm{d}y} \left(\frac{u_y}{\omega} \right) \quad (4\text{-}103)$$

式(4-100)可改写为

$$\frac{\mathrm{d}u_y}{\mathrm{d}y} = \frac{\mathrm{d}u_y}{\mathrm{d}y} \frac{\mathrm{d}y}{\mathrm{d}t} = \frac{1}{2} \frac{\mathrm{d}u_y^2}{\mathrm{d}y} = a_0 \left[\left(\frac{V_y - u_y}{\omega} \right)^2 - 1 \right] \quad (4\text{-}104)$$

注意到式(4-103),则有方程

$$\frac{\omega^2}{2} \frac{\mathrm{d}}{\mathrm{d}y} \left(\frac{V_y - u_y}{\omega} \right)^2 + \omega V_y \frac{\mathrm{d}}{\mathrm{d}y} \left(\frac{u_y}{\omega} \right) = a_0 \left[\left(\frac{V_y - u_y}{\omega} \right)^2 - 1 \right] \quad (4\text{-}105)$$

在$y = D_0, u_y = u_{y.0}, u_y = u'_{y.c}$的条件下,积分式(4-105),有

$$y_c - D_0 = \frac{\omega^2}{2a_0} \int_{u_{y.D}}^{u'_{y.c}} \frac{\mathrm{d}\left(\dfrac{V_y - u_y}{\omega} \right)^2}{\left(\dfrac{V_y - u_y}{\omega} \right)^2 - 1} - \frac{\omega V_y}{a_0} \int_{u_{y.D}}^{u'_{y.c}} \frac{\mathrm{d}\left(\dfrac{V_y - u_y}{\omega} \right)}{\left(\dfrac{V_y - u_y}{\omega} \right)^2 - 1}$$

$$= \frac{\omega^2}{2a_0} \ln \frac{\left(\dfrac{V_y - u'_{y.c}}{\omega} \right)^2 - 1}{\left(\dfrac{V_y - u_{y.D}}{\omega} \right)^2 - 1} + \frac{\omega V_b}{a_0} \left[\operatorname{arcoth} \frac{V_y - u'_{y.c}}{\omega} - \operatorname{arcoth} \frac{V_y - u_{y.D}}{\omega} \right]$$

$$= V_b(t_2 - t_1) + \frac{\omega^2}{2a_0}\ln\frac{\left(\dfrac{V_y - u'_{y.c}}{\omega}\right)^2 - 1}{\left(\dfrac{V_y - u_{y.D}}{\omega}\right)^2 - 1} \qquad (4\text{-}106)$$

此处利用了式(4-102)。式(4-102)、式(4-106)及以后有关各式中,均有

$$u'_{y.c} = \begin{cases} u_{y.c} = V_y - \omega & V_y - \omega > 0 \\ u_{y.c} = 0 & V_y - \omega \leqslant 0 \\ u_{y.c} - 0.000\,1 & \dfrac{V_y - u_y}{\omega} > 1 \\ u_{y.c} + 0.000\,1 & \dfrac{V_y - u_y}{\omega} < 1 \end{cases} \qquad (4\text{-}107)$$

式(4-107)右边第三种、第四种情况,是积分对于 $u_{y.c}$ 为奇异积分。此外,式(4-106)中第二项一般为负,但是如果 $V_y = 0, u'_{y.c} = 0$,则可得

$$y_c = \frac{\omega^2}{2a_0}\ln\frac{1}{1 - \left(\dfrac{u_{y.D}}{\omega}\right)^2} = \frac{\omega^2}{2a_0}\ln\left(\frac{\omega}{\omega - u_{y.D}}\right)^2 \qquad (4\text{-}108)$$

可见,该项在形式上为正号也是合理的。

(2)若 $0 < (V_y - u_y)/\omega < 1$(即 $0 < (V_y - u_{y.D})/\omega < 1$),则式(4-97)为

$$\frac{du_y}{dt} = -a_0\left[1 - \frac{(V_y - u_y)^2}{\omega^2}\right] \qquad (4\text{-}109)$$

在 $t = t_1, u_y = u_{y.D}$;$t = t_2, u_y = u'_{y.c}$ 条件下积分式(4-109),有

$$t_2 - t_1 = \frac{\omega}{a_0}\int_{u_{y.D}}^{u'_{y.c}}\frac{d\left(\dfrac{V_y - u_y}{\omega}\right)}{1 - \left(\dfrac{V_y - u_y}{\omega}\right)^2} = \frac{\omega}{a_0}\left(\operatorname{arth}\frac{V_y - u'_{y.c}}{\omega} - \operatorname{arth}\frac{V_y - u_{y.D}}{\omega}\right)$$

$$(4\text{-}110)$$

由式(4-103)及式(4-109),可得

$$\frac{\omega^2}{2}\frac{d}{dy}\left(\frac{V_y - u_y}{\omega}\right)^2 + \omega V_y\frac{d}{dy}\left(\frac{u_y}{\omega}\right) = -a_0\left[1 - \left(\frac{V_y - u_y}{\omega}\right)^2\right] \qquad (4\text{-}111)$$

在同样边界条件下积分,有

$$y_c - D_0 = -\frac{\omega^2}{2a_0}\int_{u_{y.D}}^{u'_{y.c}}\frac{d\left(\dfrac{V_y - u_y}{\omega}\right)^2}{\left[1 - \left(\dfrac{V_y - u_y}{\omega}\right)^2\right]} + \frac{\omega V_y}{a_0}\int_{u_{y.D}}^{u'_{y.c}}\frac{d\left(\dfrac{V_y - u_y}{\omega}\right)}{\left[1 - \left(\dfrac{V_y - u_y}{\omega}\right)^2\right]}$$

$$= \frac{\omega^2}{2a_0}\left\{\ln\frac{1 - \left(\dfrac{V_y - u'_{y.c}}{\omega}\right)^2}{1 - \left(\dfrac{V_y - u'_{y.c}}{\omega}\right)^2} + \frac{\omega V_y}{a_0}\left[\operatorname{arth}\frac{V_y - u'_{y.c}}{\omega} - \operatorname{arth}\frac{V_y - u'_{y.D}}{\omega}\right]\right\}$$

$$= V_y(t_2 - t_1) + \frac{\omega^2}{2a_0}\ln\frac{1 - \left(\dfrac{V_y - u'_{y.c}}{\omega}\right)^2}{1 - \left(\dfrac{V_y - u_{y.D}}{\omega}\right)^2} \tag{4-112}$$

（3）$(V_y - u_{y.D})/\omega < 0$。此时，按式（4-97），土块将不断减速，从 $u_y = u_{y.D}$ 减小至 $u_y \to 0$。但是，当 u_y 很小时，$(V_y - u_y)/\omega$ 将大于零，故又属于 $0 < (V_y - u_y)/\omega < 1$。这样，$(V_y - u_{y.D})/\omega < 0$ 又分成两种情况，以

$$u_{y.K} = V_y \tag{4-113}$$

为界。第一段为 $u_{y.D} \geqslant u_y \geqslant u_{y.K}$，此时 $(V_y - u_y)/\omega < 0$，故由式（4-97）可得

$$\frac{\mathrm{d}u_y}{\mathrm{d}t} = -a_0\left[1 + \frac{(V_y - u_y)^2}{\omega^2}\right] \tag{4-114}$$

式（4-114）在 $t = t_1, u_y = u_{y.D}$；$t = t'_2, u_y = u_{y.K} = V_y$ 条件下积分，有

$$t'_2 - t_1 = -\frac{\omega}{a_0}\int_{u_{y.D}}^{u_{y.K}}\frac{\mathrm{d}\left(\dfrac{u_y - V_y}{\omega}\right)}{1 + \left(\dfrac{u_y - V_y}{\omega}\right)^2} = \frac{\omega}{a_0}\left(\arctan\frac{u_{y.D} - V_y}{\omega} - \arctan\frac{u_{y.K} - V_y}{\omega}\right)$$

$$= \frac{\omega}{a_0}\arctan\left(\frac{u_{y.D} - V_y}{\omega}\right)$$

当 $u_{y.k} > V_y$ 时

$$t'_2 - t_1 = \frac{\omega}{a_0}\arctan\frac{u_{y.D} - V_y}{\omega} \tag{4-115}$$

类似式（4-110）的推导，对于第二段即当 $u_{y.K} > u_y > 0$ 时，有

$$t_2 - t'_2 = \frac{\omega}{a_0}\left[\operatorname{arth}\frac{V_y}{\omega} - \operatorname{arth}\left(\frac{V_y - u_{y.K}}{\omega}\right)\right] = \frac{\omega}{a_0}\operatorname{arth}\frac{V_y}{\omega}$$

这样可得

$$t_2 - t_1 = t'_2 - t_1 + t_2 - t'_2 = \frac{\omega}{a_0}\left[\arctan\left(\frac{u_{y.D} - V_y}{\omega}\right) + \operatorname{arth}\frac{V_y}{\omega}\right] \tag{4-116}$$

与前面推导类似，下面来求 y_c。仍然分两段，对于 $u_{y.D} \geqslant u_y \geqslant u_{y.K}$ 的第一段有

$$y'_c - D_0 = -\frac{\omega^2}{2a_0}\int_{u_{y.D}}^{u_{y.K}}\frac{\mathrm{d}\left(\frac{u_y - V_y}{\omega}\right)^2}{1 + \left(\frac{u_y - V_y}{\omega}\right)^2} - \frac{\omega V_y}{a_0}\int_{u_{y.D}}^{u_{y.K}}\frac{\mathrm{d}\left(\frac{u_y - V_y}{\omega}\right)}{1 + \left(\frac{u_y - V_y}{\omega}\right)^2}$$

$$= V_y(t'_2 - t_1) - \frac{\omega^2}{2a_0}\ln\frac{1}{1 + \left(\frac{u_{y.D} - V_y}{\omega}\right)^2}$$

$$= V_y(t'_2 - t_1) + \frac{\omega^2}{2a_0}\ln\left[1 + \left(\frac{u_{y.D} - V_y}{\omega}\right)^2\right] \tag{4-117}$$

对于 $u_{y.K} > u_y \geq 0$，仿式（4-112）有

$$y_c - y'_c = V_y(t_2 - t'_2) - \frac{\omega^2}{2a_0}\ln\left[1 - \left(\frac{V_y - u_{y.D}}{\omega}\right)^2\right] \tag{4-118}$$

两段相加，则

$$y_c - D_0 = y_c - y'_c + y'_c - D_0$$

$$= V_y(t_2 - t_1) + \frac{\omega^2}{2a_0}\left\{\ln\left[1 + \left(\frac{u_{y.D} - V_y}{\omega}\right)^2\right] - \ln\left[1 - \left(\frac{V_y - u_{y.D}}{\omega}\right)^2\right]\right\}$$

$$\tag{4-119}$$

（4）若 $V_y = 0$，即不存在竖向脉动速度，则方程式（4-97）为

$$\frac{\mathrm{d}u_y}{\mathrm{d}t} = -a_0\left[1 + \left(\frac{u_y}{\omega}\right)^2\right] \tag{4-120}$$

此时为减速运动，u_y 由 $u_{y.D}$ 不断减小至 u_y，趋近 $u'_{y.c} \to u_{y.c} = 0$。积分后有

$$t_2 - t_1 = \frac{\omega}{a_0}\left(\arctan\frac{u_{y.D}}{\omega} - \arctan\frac{0.0001}{\omega}\right) \approx \frac{\omega}{a_0}\left[\arctan\frac{u_{y.D}}{\omega}\right] \tag{4-121}$$

另外，将式（4-120）右边换成对 y 的导数，并积分得

$$y_c - D_0 = -\frac{\omega^2}{2a_0}\int_{u_{y.D}}^{0.0001}\frac{\mathrm{d}\left(\frac{u_y}{\omega}\right)^2}{1 + \left(\frac{u_y}{\omega}\right)^2} = \frac{\omega^2}{2a_0}\ln\frac{1 + \left(\frac{u_{y.D}}{\omega}\right)^2}{1 + \left(\frac{0.0001}{\omega}\right)^2} \approx \frac{\omega^2}{2a_0}\ln\left[1 + \left(\frac{u_{y.D}}{\omega}\right)^2\right]$$

$$\tag{4-122}$$

注意到，当 $V_y = 0$ 时，$u_{y.K} = 0$，此时方程式（4-124）等可直接在 $t = t_1$，$u_y = u_{y.D}$；$t = t_2$，$u_y = u_{y.K} = 0$ 区间积分，于是式（4-116）化为式（4-121），式（4-119）化为式（4-122）。可见，$(V_y - u_y)/\omega < 0$，包含了 $V_y = 0$ 的情况。

上面分四种情况，研究了土块在上升第二阶段的运动。其中，第四种情况

$V_y = 0$,$(V_y - u_y)/\omega < 0$ 实际包含于第三种情况中,所以第二阶段的上升运动只有三种情况。这三种情况的判别参数以采用 $(V_y - u_{y.D})/\omega$ 较方便。

现在需指出的是,对于 $u_{y.c} = 0$ 的情况,则土块上升至最大高度 $y_M = y_c$ 处,相应的时间为 $t_M = t_2$;而当 $u_{y.c} > 0$ 时,包括 $(V_y - u_{y.D})/\omega < 1$ 和 $(V_y - u_{y.D})/\omega > 1$ 两种情况,且 $y_c < h$ 时,土块最后要趋于匀速 $u_{y.c}$,而上升至水面,即 $y_m = h$,相应的时间为 t_M。这样综合起来,土块上升的最大高度为

$$y_M = \begin{cases} h & u_{y.c} > 0 \\ y_c & u_{y.c} = 0 \end{cases} \tag{4-123}$$

它到达的时间为

$$t_M = \begin{cases} t_2 + \dfrac{h - y_c}{u_{y.c}} & u_{y.c} > 0 \\ t_2 & u_{y.c} = 0 \end{cases} \tag{4-124}$$

当然,式(4-123)、式(4-124)是在 $y_c < h$ 时,若 $y_c > h$,则应将前述有关 t_2 及 y_c 的方程中的 t_2、y_c 和 $u_{y.c}$ 换成 t_M、h 和 $u_{y.h}$,然后由 h 求出 $u_{y.h}$ 及 t_M。为了让读者对颗粒第二阶段上升运动有一个印象,我们给出了表4-7。相应的条件为 $D_0 = 0.496\ 3\ \text{m}$,$\gamma_m = 1\ 839\ \text{kg/m}^3$,$\gamma = 1\ 374\ \text{kg/m}^3$,因而 $a_0 = 1.806\ \text{m/s}^2$。表4-7 中列出了不同参数时 t_c、t_M、y_c、y_M 等。可以看出,土块上升的高度与 $u_{y.c} = V_y - \omega$ 有很大关系。表4-7 中的水深统一取为 4 m,可见土块如果能上升到水面,时间是很快的(如"1"、"2"、"7"、"9"等资料)。现在再补充说明两点:第一,表中的"3"号资料 $(V_y - u_{y.D})/\omega < 0$,故采用式(4-116)和式(4-119)分别计算 $t_c - t_1$ 及 $y_c - D_0$。第二,对于第"9"号资料,如果按速度最后趋近于 $u_{y.c} = 2.198 - 1.353 = 0.845(\text{m/s})$,则计算出的 y_m 将大于水深,故是通过试算求出 $u_{y.h}$ 的。由于 $u_{y.D} = 2.133 > u_{y.c} = 2.198 - 1.353 = 0.845(\text{m/s})$,故为减速运动,采用式(4-112)和式(4-115),经试算求出 $u_{y.h} = 0.845\ 3 > u_{y.c}$,$y_c - D_0 = 3.507\ 5$,$y_c = y_M = 4.00\ \text{m}$,$t_2 - t_1 = t_M - t_1 = 3.375\ 5\ \text{s}$。

表4-7 土块上升第二阶段运动情况举例

资料编号	1	2	3	4	5	6	7	8	9
$\omega(\text{m/s})$	1.353	1.353	1.353	1.353	1.353	1.353	1.353	1.353	1.353
$V_y(\text{m/s})$	1.895	1.700	0.300	0.800	1.300	1.353	1.500	0.500	2.198
$u_{y.D}(\text{m/s})$	0.414 9	0.414 9	0.414 9	0.414 9	0.414 9	0.414 9	0.419 9	0.419 9	2.133

续表 4-7

资料编号	1	2	3	4	5	6	7	8	9
$u_{y,c}$(m/s)	0.542	0.347	0	0	0	0	0.147	0	0.845
t_2-t_1(s)	2.662 6	2.453 4	0.225 2	0.290 0	0.880 3	3.184 7	2.997 1	0.243 5	3.375 5
y_c-D_0(m)	1.395 9	0.877 0	0.047 0	0.056 7	0.104 3	0.168 8	0.546 3	0.049 3	3.507 5
$\bar{u}_y$(m/s)	0.524 5	0.357 5	0.225 2	0.195 4	0.101 8	0.053 0	0.182 2	0.202 5	1.039
y_M(m)	4.000	4.000	0.543 3	0.553 0	0.600 6	0.665 1	4.000	0.545 6	4.000
t_M-t_1(s)	6.556 1	10.023 1	0.225 2	0.290 0	0.880 3	3.184 7	20.118 3	0.243 5	3.375 5
$u_{y,M}$(m/s)	0.542	0.347	0	0	0	0	0.147	0	0.845 3
$u'_{y,c}$(m/s)	0.541 9	0.341 9	0.000 1	0.000 1	0.000 1	0.000 1	0.147 1	0.000 1	0.845 1
y_c(m)	1.892 2	1.373 3	0.543 3	0.553 0	0.600 6	0.665 1	1.042 6	0.545 6	4.00
$\dfrac{y_\gamma-u_{y,D}}{\omega}$	1.903 9	0.949 8	−0.084 9	0.284 6	0.654 1	0.693 3	0.798 3	0.059 2	0.048

4.6　土块露出水面、下沉及水平运动

4.6.1　土块露出水面的分析

在发生"揭底冲刷"时,当水流强度很大时,冲起的土块不仅能到达水面,而且还能露出水面,正如4.1节中所引用的对现象的描述。此时,促使土块上升的可能是大的涡旋,或者强烈冲刷坑下端向上的时均流速分量。此处统一以紊动向上分速 V_y 来表示。当然,V_y 出现的概率是很小的,所以"揭底冲刷"的土块能够明显露出水面的现象也是很少的。

当土块到达水面时,如上升速度大于零,就能在短时间露出水面。事实上,当土块顶部(bc 面)贴于水面时,若忽略水中土块四周的摩擦力及附加质量力,则作用在土块上的力仅有 V_y 形成向上的推力和土块重力,设初

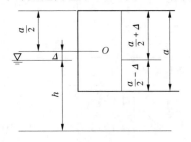

图 4-9　土块浮出水面示意图

始速度为 $u_{y,c}$，故其运动方程为（见图 4-9）

$$\frac{\gamma_m}{g}abc\frac{du_y}{dt} = \frac{C\gamma}{2g}bcV_y^2 - \left[(\gamma_m - \gamma)\left(\frac{a}{2} - \Delta\right) + \gamma_m\left(\frac{a}{2} + \Delta\right)\right]bc \quad (4\text{-}125)$$

式中：Δ 为土块质心超出水面的高度，而右边第二项为土块的重力。上式可改写为

$$\frac{du_y}{dt} = \frac{C}{2}\frac{\gamma}{\gamma_m}\frac{V_y^2}{a} - \left[(\gamma_m - \gamma)\left(\frac{1}{2} - \frac{\Delta}{a}\right) + \gamma_m\left(\frac{1}{2} + \frac{\Delta}{a}\right)\right]\frac{g}{\gamma_m} \quad (4\text{-}126)$$

其中方括号中的值为土块的容重。由式（4-10）、式（4-87），有

$$\frac{C}{2}\frac{\gamma}{\gamma_m}\frac{V_y^2}{a} = \frac{2}{3}\left[\frac{3}{4}C\frac{\gamma V_y^2}{(\gamma_m - \gamma)gD_0}\right]\left(\frac{6}{\pi\lambda}\right)^{\frac{1}{3}}\frac{\gamma_m - \gamma}{\gamma_m}g$$

$$= \frac{0.8271}{\lambda^{\frac{1}{3}}}\frac{\gamma_m - \gamma}{\gamma_m}g\frac{V_y^2}{\omega^2} \quad (4\text{-}127)$$

式（4-126）可以改写为

$$\frac{du_y}{dt} = \frac{du_y}{d\Delta}\frac{d\Delta}{dt} = \frac{1}{2}\frac{du_y^2}{d\Delta} = \frac{0.8271}{\lambda^{\frac{1}{3}}}\frac{\gamma_m - \gamma}{\gamma_m}g\frac{V_y^2}{\omega^2} - \left[1 - \left(\frac{1}{2} - \frac{\Delta}{a}\right)\frac{\gamma}{\gamma_m}\right]g$$

$$= -\left(1 - \frac{1}{2}\frac{\gamma}{\gamma_m} - \frac{0.8271}{\lambda^{\frac{1}{3}}}\frac{\gamma_m - \gamma}{\gamma_m}\frac{V_y^2}{\omega^2} + \frac{\Delta}{a}\frac{\gamma}{\gamma_m}\right)g \quad (4\text{-}128)$$

在 $\Delta = -\dfrac{a}{2}$，$u_y = u_{y,c}$ 的条件下积分式（4-128），有

$$\frac{1}{2}(u_y^2 - u_{y,c}^2) = -\left\{\left[1 - \frac{1}{2}\frac{\gamma}{\gamma_m} - \frac{0.8271}{\lambda^{\frac{1}{3}}}\frac{\gamma_m - \gamma}{\gamma_m}\left(\frac{V_y}{\omega}\right)^2\right]\right.$$

$$\left.\left(\Delta + \frac{a}{2}\right) + \frac{1}{2}\frac{\gamma}{\gamma_m}\left(\frac{\Delta^2}{a} - \frac{a}{4}\right)\right\}g$$

当 $\Delta = \Delta_M$ 时，$u_y = 0$，有

$$\frac{u_{y,c}^2}{2ag} = \frac{1}{2}\left(1 - \frac{1}{2}\frac{\gamma}{\gamma_m}\right) - \frac{1}{8}\frac{\gamma}{\gamma_m} - \frac{0.8271}{2\lambda^{\frac{1}{3}}}\frac{(\gamma_m - \gamma)}{\gamma_m}\left(\frac{V_y}{\omega}\right)^2 +$$

$$\left[\left(1 - \frac{1}{2}\frac{\gamma}{\gamma_m}\right) - \frac{0.8291}{\lambda^{\frac{1}{3}}}\frac{\gamma_m - \gamma}{\gamma_m}\left(\frac{V_y}{\omega}\right)^2\right]\frac{\Delta_M}{a} + \frac{1}{2}\frac{\gamma}{\gamma_m}\left(\frac{\Delta_M}{a}\right)^2 \quad (4\text{-}129)$$

就 $\left(\dfrac{\Delta_M}{a}\right)$ 解此二次方程有

$$\frac{\Delta_M}{a} = \frac{\gamma_m}{\gamma}\left\{-\left[1 - \frac{1}{2}\frac{\gamma}{\gamma_m} - \frac{0.827}{\lambda^{\frac{1}{3}}}\frac{\gamma_m - \gamma}{\gamma_m}\left(\frac{V_y}{\omega}\right)^2\right] + \right.$$

$$\sqrt{\left[\left(1-\frac{1}{2}\frac{\gamma}{\gamma_m}-\frac{0.827}{\lambda^{\frac{1}{3}}}\frac{\gamma_m-\gamma}{\gamma_m}\left(\frac{V_y}{\omega}\right)^2\right)^2-\frac{\gamma}{\gamma_m}\left[\left(1-\frac{3}{4}\frac{\gamma}{\gamma_m}\right)-\frac{0.827}{\lambda^{\frac{1}{3}}}\frac{\gamma_m-\gamma}{\gamma_m}\left(\frac{V_y}{\omega}\right)^2-\frac{u_{y.c}^2}{ag}\right]\right\}}$$

$$=\left\{\left[\frac{\gamma_m}{\gamma}-\frac{1}{2}-\frac{0.827}{\lambda^{\frac{1}{3}}}\frac{\gamma_m-\gamma}{\gamma}\left(\frac{V_y}{\omega}\right)^2\right]^2-\left[\frac{\gamma}{\gamma_m}-\frac{3}{4}-\frac{0.827}{\lambda^{\frac{1}{3}}}\frac{\gamma_m-\gamma}{\gamma}\left(\frac{V_y}{\omega}\right)^2-\frac{\gamma_m}{\gamma}\frac{u_{y.c}^2}{ag}\right]\right\}^{\frac{1}{2}}-$$

$$\left[\frac{\gamma_m}{\gamma}-\frac{1}{2}-\frac{0.827}{\lambda^{\frac{1}{3}}}\frac{\gamma_m-\gamma}{\gamma}\left(\frac{V_y}{\omega}\right)^2\right] \tag{4-130}$$

$\left(\dfrac{\Delta_M}{a}\right)$ 知道后,按图 4-9 不难求出土块露出水面的高度 H 为

$$H=\frac{a}{2}+\Delta_M \tag{4-131}$$

现在举几个例子。设 $\lambda=8$, $a=0.8$ m, $D_0=0.4963$ m, $\gamma_m=1839$ kg/m^3, $\gamma=1374$ kg/m^3, $\omega=1.353$ 时,式(4-130)为

$$\frac{\Delta_M}{a}=\sqrt{\left[0.8384-0.1400\left(\frac{V_y}{\omega}\right)^2\right]^2-0.5884+0.1400\left(\frac{V_y}{\omega}\right)^2+0.1705u_{y.c}^2}-$$

$$\left[0.8384-0.1400\left(\frac{V_y}{\omega}\right)^2\right] \tag{4-132}$$

根据式(4-132)算出的不同的 V_y 及 $u_{y.c}$,得到的结果如表 4-8 所示。从表 4-8 中看出,当有一定大的竖向脉动分速 V_y 和土块上升的最大速度 $u_{y.c}$ 时,土块就会露出水面。V_y 越大,u_y 也越大,露出水面的高度就越大,甚至可以趋近于脱离水面。例如,当 $V_y=3$ m/s, $u_{y.c}=1.647$ m/s 时,土块上升的高度达 0.892 m,超过了它的长度,故能脱离水面,实际上往往是趋近于脱离水面。再举一个例子,设土块 $D_0=2$ m($a=3.473$ m), $\lambda=10$, $\gamma=1561$ kg/m^3($S=900$ kg/m^3), $\gamma_m=1837$ kg/m^3, $\omega=1.97$ m/s,则当 $V_y=4.00$ m/s, $u_{y.c}=2.03$ m/s 时,露出高度 H 可达 1.73 m。所给的例子表明,在黄河北干流"揭底冲刷"时,土块露出水面是完全可能的,只要竖向脉动(掀起的大涡)很大,或者再加上向上的时均分速(揭底时可能产生)。另外,若要露出水面很高,其概率也是很小的。

4.6.2　土块下降运动

土块升至最高点后,在水下重力和阻力作用下,逐渐下沉,直到降至床面。在下降过程中,质心运动方程由于竖向紊动速度是不断变化的,因此当土块升至最高位置后,经过一定时间后竖向瞬时速度不可能再维持原来的"最大值",到底取多少难以确定,故不再考虑 V_y。下沉运动的方程为

表 4-8　土块露出水面的高度

V_y (m/s)	$u_{y.c}$ (m/s)	$\dfrac{\Delta_M}{a}$	Δ_M (m)	H (m)
1.700	0.347	-0.431	-0.345	0.055
1.895	0.542	-0.330	-0.264	0.136
2.198	0.845 3	-0.118	-0.094	0.306
2.500	1.147	0.134	0.107	0.507
3.000	1.647	0.615	0.492	0.892

$$\frac{\pi}{6}D_0^3\frac{\gamma_m}{g}\frac{\mathrm{d}u_y}{\mathrm{d}t} = -\frac{1}{2}\frac{\pi}{6}D_0^3\frac{\gamma}{g}\frac{\mathrm{d}u_y}{\mathrm{d}t} - (\gamma_m - \gamma)\frac{\pi}{6}D_0^3 + \frac{C\gamma}{2g}\frac{\pi}{4}D_0^2 u_y^2$$

$$\frac{\mathrm{d}u_y}{\mathrm{d}t} = \frac{3}{4}\frac{C\gamma}{\gamma_m + \dfrac{\gamma}{2}}\frac{u_D^2}{D_0} - \frac{\gamma_m - \gamma}{\left(\gamma_m + \dfrac{\gamma}{2}\right)g} = \frac{\gamma_m - \gamma}{\left(\gamma_m + \dfrac{\gamma}{2}\right)g}\left(\frac{u_y^2}{\omega^2} - 1\right) = -a_0\left(1 - \frac{u_y^2}{\omega^2}\right)$$

（4-133）

在 $t = t_2, u_y = 0; t = t_3, u_y = u_{y.3}$ 条件下积分式（4-133）得

$$t_3 - t_2 = \int_0^{u_{y.3}}\mathrm{d}t = -\int_0^{u_{y.3}}\frac{\omega\mathrm{d}u_y}{a_0(\omega^2 - u_y^2)} = -\frac{\omega}{a_0}\left[\mathrm{arth}\left(\frac{u_{y.3}}{\omega}\right)\right] \quad （4-134）$$

由 $\dfrac{\mathrm{d}u_y}{\mathrm{d}t} = \dfrac{1}{2}\dfrac{\mathrm{d}u_y^2}{\mathrm{d}y}$，则在 $y = y_M, u_y = u_{y.2} = 0; y = 0, u_y = u_{y.3}$ 条件下积分式（4-134）即有

$$u_{y.3} = -\omega\sqrt{1 - \mathrm{e}^{-\frac{2a_0 y_m}{\omega^2}}} \quad （4-135）$$

这样，在已知 y_M 等之后，即可求出 $u_{y.3}$，并据此由式（4-134）求出 t_3。式（4-135）中的负号表示向下的运动距离和速度。

现举两个例子，设 $\gamma_m = 1\,839\ \mathrm{kg/m^3}, \gamma = 1\,374\ \mathrm{kg/m^3}, D_0 = 0.496\,3\ \mathrm{m}, \lambda = 8$, $a_0 = 1.806\ \mathrm{m/s^2}$，按表 4-7 的数据，$\omega = 1.353\ \mathrm{m/s}$。若 $V_y = 1.300\ \mathrm{m/s}, V_b = 3.43$ m/s，$y_M = 0.600\,6\ \mathrm{m}$，则根据式（4-135），$u_{y.3} = -1.127\ \mathrm{m/s}$，此为土块下落至河底的速度，负号表示方向朝下。此时据式（4-134），$t_3 - t_2 = 0.896\ \mathrm{s}$。在同样条件下，按表 4-7 中数据，当 $V_y \geqslant 1.500\ \mathrm{m/s}, y_M = 4.00\ \mathrm{m}$，此时据式（4-135）均有 $u_{y.3} = -1.352\ \mathrm{m/s}$，而 $t_3 - t_2 = 2.960\ \mathrm{s}$。可见，当土块上升至最大高度后，不论上升速度如何，最后均以同样规律下沉；而速度仅取决于 ω、α_0、y_m。这显然与我们

假定脉动速度已消失有关。

4.6.3　颗粒的纵向运动

颗粒的纵向运动是在正面推力和水下运动阻力作用下的运动。其方程为

$$\frac{\pi}{6}D_0^3\frac{\gamma_m}{g}\frac{\mathrm{d}u_x}{\mathrm{d}t} = -\frac{1}{2}\frac{\pi}{6}D_0^3\frac{\gamma}{g}\frac{\mathrm{d}u_x}{\mathrm{d}t} + \frac{C\gamma}{2g}\frac{\pi}{4}(V-u_x)^2D_0^2 \tag{4-136}$$

即

$$\frac{\mathrm{d}u_x}{\mathrm{d}t} = \frac{3C}{4}\frac{\gamma}{\gamma_m+\frac{\gamma}{2}}(V-u_x)^2\frac{1}{D_0}$$

$$= \frac{\gamma_m-\gamma}{\gamma_m+\frac{\gamma}{2}}g\frac{(V-u_x)^2}{\frac{4}{3}\frac{\gamma_m-\gamma}{C}gD_0} = a_0\left(\frac{V-u_x}{\omega}\right)^2 \tag{4-137}$$

在 $t=0, u_x=u_{x.0}; t=t_3, u_x=u_{x.3}$ 条件下积分式(4-137)得

$$t_3 = \int_{u_{x.0}}^{u_{x.3}}\frac{\omega^2}{a_0}\frac{\mathrm{d}(V-u_x)}{(V-u_x)^2} = \frac{\omega^2}{a_0}\left[\frac{1}{V-u_{x.3}} - \frac{1}{V-u_{x.0}}\right] = \frac{\omega}{a_0}\left[\frac{\omega}{V-u_{x.3}}\frac{\omega}{V-u_{x.0}}\right]$$

$$u_{x.3} = V - \frac{\omega}{\frac{a_0t_3}{\omega}+\frac{\omega}{V-u_{x.0}}} = V\left[1 - \frac{1}{\frac{\gamma_m-\gamma}{\gamma_m+\frac{\gamma}{2}}\frac{gt_3}{\omega}\frac{V}{\omega} + \frac{V}{V-u_{x.0}}}\right] \tag{4-138}$$

另一方面,将式(4-137)适当变化,得

$$\frac{\mathrm{d}u_x}{\mathrm{d}t} = \frac{1}{2}\frac{\mathrm{d}u_x^2}{\mathrm{d}x} = \frac{1}{2}\frac{\mathrm{d}(V-u_x)^2}{\mathrm{d}x} - V\frac{\mathrm{d}(V-u_x)}{\mathrm{d}x} = a_2\left(\frac{V-u_x}{\omega}\right)^2 \tag{4-139}$$

在 $u_x=u_{x.0}, x=0; u_x=u_{x.3}, x=L$ 条件下积分式(4-139)得

$$L = \int_0^L\mathrm{d}x = \int_{u_{x.0}}^{u_{x.3}}\frac{\omega^2}{2a_0}\frac{\mathrm{d}(V-u_x)^2}{(V-u_x)^2} - \int_{u_{x.0}}^{u_{x.3}}\frac{\omega^2}{a_2}V\frac{\mathrm{d}(V-u_x)}{(V-u_x)^2}$$

$$= \frac{\omega^2}{2a_0}\ln\frac{(V-u_{x.3})}{(V-u_{x.0})} + \frac{\omega V}{a_0}\left[\frac{\omega}{V-u_{x.3}} - \frac{\omega}{V-u_{x.0}}\right]$$

$$= \frac{\omega^2}{a_0}\ln\frac{(V-u_{x.3})}{(V-u_{x.0})} + Vt_3 \tag{4-140}$$

可见,由前述式(4-95)、式(4-102)或式(4-110)或式(4-116)和式(4-134)等可求得土块上升下降时间 $T = t_1 + t_2 + t_3$。据此,可由式(4-138)求出 $u_{x.3}$,再由式(4-140)可求出移动距离 L。

需要指出的是,对于土块能上升至水面的情况,上述各式的纵向速度 V 应采用区间 $[0, y_m]$ 的平均速度,这是因为既然揭河底土块可以上升相等高度甚至到达水面,当然应该采用该范围水流的平均速度。

现举一个例子,以说明土块的纵向运动情况。这个例子为表 4-7 的资料 "9",它的有关参数为:设 $\gamma_m = 1\,839$ kg/m³, $\gamma = 1\,374$ kg/m³, $a = 0.8$ m, $\lambda = 8$, $C_L = 0.25$, $C = 1.2$, $V = 7.27$ m/s(相应于瞬时最大底速 $V_b = 5.8$ m/s,水深 $h = 4$ m)、$V_y = 2.198$ m/s, $u_{x.0} = 1.873$ m/s(相当于 $\theta = 45°$ 土块逸出床面)等。这样,由前述各例子给出 $t_1 = 0.202$ s, $t_2 - t_1 = 3.376$ s, $t_3 - t_2 = 2.960$ s,从而 $t_3 = 6.538$ s,于是由式(4-140)求出土块下落至河底的纵向速度 $u_{x.3} = 7.119$ m/s < 7.27 m/s,由式(4-140)求出土块由起动、上升至下降到河底时期内,顺水流移动的距离 L 为 43.90 m,即大约经过 44 m 土块可望降至河底,实际上由于水流紊动,它的降落处将在该点上、下游,而它向下移动的平均速度为 6.715 m/s。可见土块向下游移动的平均速度小于水流速度 V。

4.7　本章小结

(1)本章在一些简化下对黄河中游出现的"揭底冲刷"的全过程在理论上作了专门研究,深入揭示了其内在机制,研究了运动各阶段的力学关系,给出了相应的方程和公式,确切阐述了有关规律的特性,从而解释了"揭底冲刷"的一些特殊现象。

(2)在土块起动研究中,既强调高含沙洪水容重大、水流强度大和土块本身的特性(既能黏结颗粒成块状结构,又可能有一定层次),又注意到它与一般泥沙颗粒起动的共性。给出的起动流速公式在理论上是有依据的,而且也基本符合实际,并且在一般的情况下,当土块符合球体起动条件时,它与一般的颗粒起动流速公式是一致的。其中,证实了薄膜水附加下压力和黏着力可以忽略,也就使微观上的细颗粒起动特性与宏观上的土力学中的有关规律能够统一。从扁度 λ 引入和它对土块掀起的影响重要程度看,其表明河流沉积物具有分层现象应是"揭底冲刷"条件之一,并且与传说中的"像箔一样竖起"是一致的。

(3)本章对土块起动分析采用的方法与作者对单颗泥沙,成团(成片)泥沙起动分析的方法是一致的,得到的结果也是大同小异。这些说明,"揭河底"仍属于泥沙起动和推移质跳跃运动过程的范畴。

(4)本章对土块起动后的初始转动分析颇为深入,给出了它转动的方程,并证明土块既经起动,即能旋转下去而逸出。对该方程数字计算表明,当水流强度很大时旋转的角速度是很快的,因而历时很短。同时,还研究了土块在转动时,法线方向主动力的合力变化。一般当 $\theta < \pi/2$ 时,这个合力 N 为负法线方向,指向转动中心。随着 θ 的增加,当合力 N 为负时,土块就已逸出。水流强度很大时,逸出的速度也会很大。

(5)逸出的土块最初阶段是在水流上举力、重力和水流阻力及逸出速度作用下,会继续上升和向下游运动。当土块上升至 $y = D_0$ 后,上举力接近消失。土块或凭惯性上升一个小的高度,或在竖向紊动速度(包括猝发和上升涡体)作用下继续上升至水面。对于后者,出现的概率很小,但的确存在。

(6)只有当 V_y 明显大于 ω 时,如表4-7中 V_y/ω 明显大于 1 时,土块才能较明显地露出水面。

(7)在土块上升至水面再下降的过程中,会同时向下游运动,其平均速度略小于水流平均速度。

(8)由于"揭底冲刷"时水流和冲刷现象特别复杂,本章的理论分析是一套初步结果,它已能定性符合目前掌握的"揭底冲刷"资料和现象。当然,进一步开展观测试验并进行对比检验也是需要的。同时,它已经表明在实际泥沙问题分析中,理论研究的必要性,它确实能够得到较系统、较深刻的结果。另外,本章给出的土块起动条件,对于具有一定分层的床面,看来它基本上是必要且充分的。但是若没有分层结构,可能只是一个必要条件,并不一定就是完全充分的。这表明"揭底冲刷"并不单纯取决于水流条件,还与沉积物分层有密切联系。当然,后者在不少淤积物中都是满足的。

参 考 文 献

[1] 万兆惠,宋天成."揭河底"冲刷现象分析[M]//齐璞,赵方林.黄河高含沙水流运动规律及应用前景.北京:科学出版社,1993:92-104.

[2] 王尚毅,顾元棪.黄河"揭底冲刷"问题的初步研究[J].泥沙研究,1982(2).

[3] 缪凤举,方宗岱.揭河底冲刷现象机理探讨[J].人民黄河,1984(1).

[4] 王兆印.悬移质运动规律的分析[J].水利学报,1986(7).

[5] 武汉水利电力学院.河流泥沙动力学[M].北京:水利电力出版社,1989.

[6] 万兆惠,沈受百.黄河干支流的高浓度输沙现象[C]//黄河泥沙研究报告选编(第一集下册).1978:144-158.

[7] 韩其为.黄河揭底冲刷的理论分析[J].泥沙研究,2005(2):5-28.

[8] 韩其为,何明民.泥沙起动规律及起动流速[M].北京:科学出版社,1999.

附录　在有关黄河泥沙问题的
讨论和会议上的发言

对河流健康的几点看法[*]

"河流健康"、"河流健康生命"是最近几年来热议的话题。尽管其含义并不是很明确,但是从可持续发展看,对河流研究、河流保护会有积极意义。笔者认为当前应将"河流健康"、"河流健康生命"的含义进一步明确,实事求是地提出河流保护的几条原则,抓住重点,不宜不分轻重缓急,抽象地列出一系列"健康生命指标",而应踏踏实实地研究,以至逐步调控某些健康的关键问题。下面谈谈对河流健康的几点粗浅看法。

1　河流健康的含义

河流健康的含义应随着河流生命的阶段、社会发展、科学进步、人类对其功能的要求而变,不可能用一些固定、通用的指标来衡量。不同时期河流的功能是有差别的。例如:

(1)河流在其青壮年时期,是上游大量侵蚀,下游普遍造陆,这时河流的自然作用是趋向夷平大地,可见当时河流的最大功能是对流域下游的塑造和对生态的贡献。

(2)在封建社会早期以前,人们择水而居,多选择河流滩地,对洪水采取避让方法,靠它淤高滩地,提高土壤肥分。河流通过摆动,继续塑造下游冲积平原,这也是河流的最大生态功能。

(3)在封建社会中期以后,人口增加,大的河流的堤防已连成一片,此时河流的功能有供水、灌溉、航运,特别是在人为的干预下,减少洪涝灾害的发生。

---

[*]　本文系作者参加《水科学进展》关于"河流健康的定义与内涵"笔谈的约稿,发表于《水科学进展》2007年第1期。

（4）进入资本主义和社会主义社会,科学的进步、自然和工业的污染,人们对水质、水环境、水生态提出了新的功能要求。这时,河流保护的内容增多,河流健康的含义进一步丰富。

显然,由于功能的差别,河流健康的含义就不一样。

2 河流健康就是能正常发挥其功能,也是人类的索取与保护的平衡

河流健康是指在现状条件下,按照可持续发展观、经过人类适当的调控能正常发挥其功能。可见,对于不同的河流,由于供水、径流、泥沙、水生态、水环境的差别,以及河流上各种工程等的控制作用不一样,其功能发挥的程度是不同的。因此,对河流健康的要求必须从实际出发,从可持续发展出发,使人类对河流的索取和对其保护达到平衡。

目前,很少有这样的河流,它的径流量充沛,下游冲积河道基本稳定,河口有所延伸,水质较好(水污染较微),水生态和水环境变异小。如果将这样的河流作为健康标准,其他不健康的河流就太多了！那么对其他河流的健康状态如何看？不能都扣上一个不健康的帽子。现举几个例子加以说明。

（1）目前,不少河流水资源不足,特别是北方河流,下游河段径流量减少很多。如果将健康生命定义为河流下游要保持以往的多年平均径流量,存在困难,那么河流健康对于径流量应如何确定？

（2）对于季节性的河流,往往只在汛期过水,河流只有输送洪水和灌溉用水的功能。因此,如只限于这些功能的发挥,是否应认为它也是健康的。

（3）对于老年期的河道,或者因为径流减少(长期气候变化,流域面积减少,如河流改道或河流劫夺),或者因为坡降减小(新构造运动影响)使河道阻塞,不少功能不能发挥。按"健康"的标准,似乎不能说健康。但是如果经过研究,用一定的人工措施,使其发挥某一部分功能也是有益的,也可以认为其功能正常发挥了。可见,此时论证其不健康,并没实际意义。

如果概括这几个例子,则河流健康的标准,对不同河流、同一河流的不同阶段,也是不一样的。笔者认为人与河流和谐相处,更确切的提法是人与河流和谐发展,即在不同的条件、不同的阶段,人类对河流的索取与对其保护的内容是不一样的,但是从可持续发展出发,索取与保护必须达到平衡,而且这种平衡是动态的,是发展的。实际上,索取与保护的统一,是人类与河流的妥协,特别是对"不健康"的河流,妥协的意味更明显。

3　河道冲淤与河流健康

3.1　河流健康对河道的要求

理想的河流健康要求从长期看河道冲淤幅度小,接近平衡,形态变化不大,即首先要求一个好的河道。这个要求对河流中、下游的冲积河道河段及河口有时是难以实现的。例如:

(1)黄河本来是堆积性河道,多年来经过多方面的探索和治理,已经提出了"拦、排、放、调、挖"五字方针处理泥沙,减沙其在河道内的淤积。在较短时期内(如100年),按上述标准也许能做到不淤,但是从长期看,仍无法保证。这是因为流域上的水土保持最近几年在小面积好,有的特别好,但是大面积则不容乐观。即使流域面蚀全部被控制,也有强烈的沟蚀。沟蚀的泥沙通过淤地坝、拦沙坝、水库可拦截一部分,但拦截的期限是有限的。因此,从长远看能否最后消除堆积性,尚待今后努力。当然,这反过来也说明,在一定时期内减缓甚至消除其堆积性也是有可能的。

(2)河流修建大的水库后,下泄清水和低含沙量水流,下游河道就会发生冲刷,河势变化大。同时,水库削峰减小了下游河道的输沙能力,当下游河道的支流有大量泥沙加入时,又会使下游河道淤积。

(3)有人分析国外一些文献,认为用水不超过40%对下游河流可能是允许的。仅仅从河床冲淤看,这不一定科学。对于冲积性河道而言,即使含沙量不变,改变了流量过程都会使其淤积。

综上所述,河流健康对河道要求,只能给出一个冲淤幅度和在多大洪水条件下保持基本稳定。

3.2　对有关输沙流量的看法

对河流输沙影响最大的是上游修建水库和跨流域调水。干流未建大的水库前,冲积河流的输沙流量基本就是以往的观测值。当然,实际的输沙是整个流量过程。我们曾经证明代表一个流量过程的输沙等价流量是第一造床流量,有

$$Q_1^m = \frac{1}{T}\sum_{i=1}^{N} Q_i^m t_i \tag{1}$$

其中 Q 为小时段 t_i 的流量,$T = \sum_{i=1}^{N} t_i$ 对于冲积性河道,m 在2附近。对于山区河流以及峡谷段,m 可以达到甚至超过3。设建库前第一造床流量为 $Q_{1.0}$,则建库削峰和调水后流量为 Q_1,故其造床流量的比值为 $\dfrac{Q_1}{Q_{1.0}}$。而修建水库后,它对下游

河道输沙量的影响为

$$\frac{W_s}{W_{s.0}} = \frac{W_{s.1} + W_{s.2}}{W_{s.0}} = \left(\frac{Q_1}{Q_{1.0}}\right)^m \left(\frac{\omega_{1.0}}{\omega_1}\right)^n \tag{2}$$

式中：W_s 为河道输沙量；$W_{s.0}$ 为建库前河道年输沙量；$W_{s.1}$ 为水库出库沙量，$W_{s.2}$ 为河道冲起沙量；$n \approx 1$。令 $W_{s.1} = W_{s.0}\eta$，$W_{s.2} = W_{s.0}\lambda$，η 为水库排沙比，λ 为下游河道冲刷比，则

$$\eta + \lambda = \left(\frac{Q_1}{Q_{1.0}}\right)^m \left(\frac{\omega_{1.0}}{\omega_1}\right)^n \tag{3}$$

其中 ω_1、$\omega_{1.0}$ 为建库前、后下游河道输走泥沙的平均沉速，而 ω_1 取决于水库下泄泥沙级配及河床在冲刷过程中不断粗化的表层泥沙级配。可见，此时下游河道不冲不淤几乎是不可能的，这是因为，尽管修建水库后 $\frac{Q_1}{Q_{1.0}} < 1$，在冲刷过程中 $\frac{\omega_{1.0}}{\omega_1}$ 也常小于 1，在定性上与 $\eta + \lambda < 1$ 是不矛盾的；但是 $\frac{Q_1}{Q_{1.0}}$ 与 η、λ 及 $\frac{\omega_{1.0}}{\omega_1}$ 没有密切关系，式(5-3)在一般条件下是不可能相等的。这就是说，冲淤是不可避免的，无论采取什么样的输沙流量。当然，若按理想的做法，由式(3-5)右边的数值来调控水库排沙比 η，即令不考虑经济上的合理性，也是很困难的。因为 ω_1 与不断加大的冲刷程度和床沙不断粗化的程度有关。当然，在条件许可下，如通过水库淤积的排沙比，适当控制下游河道冲刷，而不要求河床不冲，也许有一定的可能性。

　　当然，水库下游河道冲刷，一般对防洪、航运、生态等的作用有利有弊，而以降低水位的效益为主，往往容易承受。另外，通过水沙调度也可适当控制。但是对河口的影响，若涉及三角洲的蚀退，调控是困难的，只能采取其他措施予以适当补救。当然，若仍能维持三角洲的延伸和平衡，则就不必担心了。

　　至于跨流域调水后，即令含沙量不变，则径流量减少及削峰后，下游河道输沙能力也会减小。此时，由式(5-2)知，$\frac{\omega_{1.0}}{\omega_1} = 1$，$m \approx 2$，则由于造床流量减小，将使河流输沙能力大幅度减小。即令调水同时也调泥沙，使原河道含沙量不变，也会发生淤积。例如，在选择中线南水北调方案中，我们曾经研究过调走 150×10^8 m³ 水后，较之现状(调水 15×10^8 m³)汉江下游泽口丰水年第一造床流量由 1 875 m³/s 减少至 1 409 m³/s。当泥沙粗细不变时，相当于减少输沙能力 43.5%，减少挟沙能力 25.9%，从而无法输走原来(天然条件下)的含沙量，同时

皇庄至泽口主槽宽可能缩窄 100 m。

从上述两种情况看,工程对河流的干扰后产生的冲淤是不可避免的。人工调控是有限的,很难使其维持原有的水平,只能各方面协调再加补偿措施,逐步达到新的平衡。例如,中线南水北调引走流量后,经采取措施从长江调水部分弥补汉江下游水量。但中游仍有一段要受径流量减少的影响。好在有丹江口水库拦沙,否则汉江下游会大幅淤积。

可见,确定输沙流量是一个复杂的问题,只能在河流大的变化打破旧的平衡后,在一些调控工程和补偿条件下,特别在径流量不变条件下人为加大造床流量(调水调沙),特别在径流量不变条件下,人为加大造床流量(调水调沙),建立新的平衡,以求人类对河流索取与保护达到新的统一,而不宜固定一个输沙流量作为健康标准。

"模型黄河"工程规划*

(1)黄河泥沙问题与河床演变异常复杂,因此在经费允许的条件下,较大规模地开展物理(实体)模型试验是必要的。

(2)物理(实体)模型应有针对性和缓急次序,即针对最复杂、最难处理的问题,而且是必须非物理模型不可时才建立。具体地说,在黄河下游河道、河口、小浪底水库、渭河(包括北干流和三门峡水库部分河段)等四处建立物理模型应是必须的。碛口水库、古贤水库、北干流是否建立模型,目前来看必要性不大。碛口水库、古贤水库均为河道型水库,目前水库淤积数学模型,已能较可靠地反映其淤积,对小浪底水库淤积经验也可采用。当然,如坝前有特殊问题,也可建立一段模型,那应是在初步设计阶段。三门峡水库实测资料已积累很多,应考虑是否建立水库的模型。若为研究潼关高程可使渭河模型延长,包括水库及其以上和北干流下段,也可专门建立一个潼关三角区模型。

(3)解决泥沙与河床演变研究方面的工程泥沙问题,应是资料分析、理论研究、物理模型和数字模型四种途径结合,这是多年的经验。因此,在建立模型黄河时,应不放松,而且要加强其他三种途径的研究,使它们能有机结合起来。有以下几点值得注意。

第一,黄河积累了大量水文和泥沙资料,过去已作过不少分析和研究,取得

---

* 本文系作者在黄河水利委员会召开的"模型黄河"工程规划会议上的发言稿。

了大量成果,并且已用于工程实际。但是,过去的研究也存在一些问题,就是深入不够,揭示事物的本质不够。有一些现象早已明确,但是机制是什么？例如,山东河段冲淤流量的界限大体为 2 000～2 500 m³/s,其原因是游荡性河道向弯曲性河道改变造成的。因此,它们不是孤立的,而是相互影响,特别是下段受上段影响。从最近提出的黄河整治方案看,上、下游河段相互影响缺乏反映。再如,游荡性河道是黄河的重要河段,其散乱、多变、游荡,虽然有大量文章报道定性研究,但是对其规律性的特点(尽管是经验性的)缺乏揭露,这是与拥有大量实测资料不相应的。可见如何通过已有的资料深入分析,使其发挥作用,较之取得新的资料是更为主要的。

第二,黄河泥沙运动与河床演变在理论研究方面重视不够,今后应认真地加强。其实,理论研究投入人力、财力少,是很经济的。当然,理论研究实施应分两方面:面上的开展与重点扶持少数人的深入研究。理论研究深入进行,需要有一定条件(较强的数学、力学基础,对黄河泥沙问题有丰富的实践经验,长期坚持,思想方法和研究方法正确),因此只能重点扶持。如重点培养五个人,能有两个人有突破性的业绩就不错了。当然也可考虑向其他单位借用和开展合作。理论研究的重点应该是:非均匀沙不平衡输沙(包括非均匀沙挟沙能力)规律、河型(特别是游荡河型)的特点、演变规律及转化的条件、高含沙水流特性及利用的深入研究等。

第三,数学模型中泥沙模拟的水平需要提高,减少低水平重复。增加有关参数的理论根据和物理意义,尽量减少经验系数;待定的参数应尽量少,不能又应用所预报范围的资料率定出。验证应严格,不求符合最好,只求不要无根据地调整系数。

(4)"模型黄河"除比例模型外,尚应包括"自然模型"和"概化模型"。例如河型研究,"自然模型"(以及具有某种相似或相近的模型)就是工具之一。河口演变中河网变化也需要这种模型。

(5)"模型黄河"中包括一些试验水槽是恰当的。

(6)有关水土保持试验宜以现场小流域试验站为主,室内只能做一些单项试验,如雨强与入渗、径流关系等。

(7)"模型黄河"项目规模大,投资多,涉及的技术问题复杂,因此吸引我国资深专家和优秀人才参与,吸取他们的经验、智慧是必需的。将来成立专家组是需要的,真正发挥其作用,而不只是签字通过文件。另外,为吸引全国优秀人才参与,开门试验和开门研究应是三种重要措施,应坚持贯彻。

小浪底水库修建后黄河下游游荡型河段
河型变化趋势[*]

小浪底水库修建以后,黄河下游河床演变,特别是游荡性河型变化趋势是一个非常重要的问题,它是否变化,以及如何变化将影响到河势控制、河道整治、防洪工程等,必须进行深入研究,作出可靠估计。

1 黄河下游游荡型河段形成的条件

从形成机制看,黄河游荡性河段形成的条件仍符合一般游荡性河道形成的基本条件:坡降大、堆积性、流量变幅大、床沙细。冲积河道经过长期塑造,其大流量下的流速大都为 2 ~ 3 m/s。大于此流速,冲刷就会很严重;小于此流速,输沙能力往往不够。两者均难以基本稳定。因此,如维持这样的流速,由曼宁公式知,坡降大,水深就会小,河道呈宽浅分汊型;坡降小,水深就会大,河道呈窄深型。可见,坡降大是产生分汊或游荡河型的基本条件。其次,堆积性在坡降大的条件下是产生游荡性的主要原因。这是因为坡降大,河道宽浅分汊,由于堆积性,就会淤塞老的支汊,发展新的支汊,开辟新的通途,从而形成游荡。至于流量变幅大,才能使流路、流向不断改变。此外,床沙细,易于冲刷,则是冲积性河道所具备的。对于游荡性河道,沙细则加大冲淤幅度。在上述四个条件中,前三条是游荡性河道形成的基本原因,而床沙细则具有加强作用。

需要说明的是,对于一般河道的山前段,除泥沙一般较粗外,四个条件中的前三个条件均是满足的。但是由于多为卵石挟沙床沙,虽然在一般年份下变化小,但是宽浅多汊的特征仍然明显。

2 水库下游游荡性河道河型改变的可能性

首先,修建水库后,在一定时间内或下泄清水或下泄低含沙量水流,将使下游河道首先发生两种变化:一是变堆积性为侵蚀性;二是洪峰削减流量变幅减小,使流路、流向相对稳定。在这两者的作用下,往往会水走哪里就冲到哪里,有利于扩大主槽,分流量不断集中,相应的一些支汊就会不断淤塞。其次,随着冲刷进行,床沙有所粗化,河床的稳定性有所增加;同时由于糙率加大,河流需要的

---

[*] 本文基本内容发表于《人民黄河》2002 年第 4 期。

坡降也会有所加大。在上述这些条件下,游荡性消失,河型由游荡型向稳定分汊型发展,甚至变为具有周期性展宽的顺直(微弯)河型就不奇怪了。

事实上,在三门峡水库下泄清水期间,在铁谢至裴峪河段(见图1),河型已发生了明显的变化。从图1[1]看,1961年8月较之1960年8月,经过一年的清水冲刷,尽管心滩个数两者差别不大(小心滩甚至还有所增加),似仍为游荡性外形,但是至1961年8月,心滩已发展为大尺度的三个滩群,从而使它的主槽不易改变。至1963年7月,江心滩滩群已归并为两个大的心滩(江心洲),其中在下游的尚有一些小的串沟未堵死。可见,至1963年7月,该段游荡性实际已消失,而成为(稳定)分汊河型,甚至还可看成顺直(微弯)河型。当然,如遇特大洪水,也可能会展宽;但是该洪水过后又会重新淤窄归槽,从而带有周期性展宽性质。对于滩槽差不是特别大的河道,特大洪水时往往会发生周期性展宽,在图2[2]中示出了汉江1935年特大洪水后在1938年测图中发生了大幅度展宽,相应的洲滩尺度也有所加大,但是经过一定时段后,又自动逐渐缩窄。

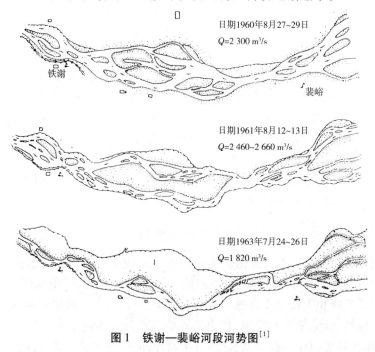

日期1960年8月27~29日
$Q=2\,300\ \mathrm{m^3/s}$

日期1961年8月12~13日
$Q=2\,460\sim2\,660\ \mathrm{m^3/s}$

日期1963年7月24~26日
$Q=1\,820\ \mathrm{m^3/s}$

图1　铁谢—裴峪河段河势图[1]

黄河下泄清水期间,在河岸没有明显崩塌的条件下,同流量河宽缩窄,水深加大,河相系数减小,则可以从表1铁谢至辛寨各段的实际资料中看出。表1中

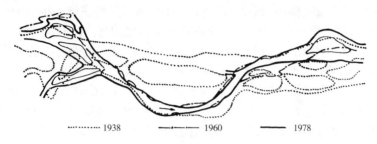

……… 1938 ——·—— 1960 —— 1978

图2 仙人渡至太平店河段历年河道形势图[2]

数据说明了清水冲刷使水流归槽发展,支汊萎缩,断面变为窄深。丹江口水库的清水下泄,使下游汉江黄家港至皇庄原为具有一定游荡性的分汊河道,经过冲刷游荡性已消失。同样,表现出河相系数减小,床沙粗化,主槽发展,滩槽差加大,小心滩或大量消失或归并为江心滩,支汊衰塞。该段由17个江心洲隔开的分汊河段,其中有12个支汊明显淤积或堵塞,其中淤死而成单一河道的有5个,所有汊道的主支汊关系均未变化。

表1 三门峡水库蓄洪拦沙期下游游荡河道冲刷后水力因素变化

年份	水力因素	铁谢—伊洛河口			伊洛河口—沁河口			沁河口—辛寨		
		1 000 m³/s	2 000 m³/s	3 000 m³/s	1 000 m³/s	2 000 m³/s	3 000 m³/s	1 000 m³/s	2 000 m³/s	3 000 m³/s
1960	水面宽 $B(\text{m})$	1 300	1 630	1 870	1 400	1 750	2 200	1 440	1 750	1 950
1964		650	900	1 100	920	1 350	1 680	960	1 260	1 480
1960	水深 $h(\text{m})$	0.63	0.73	0.78	0.60	0.71	0.78	0.80	1.06	1.21
1964		1.40	1.77	1.98	1.10	1.25	1.40	1.26	1.41	1.49
1960	$\dfrac{\sqrt{B}}{h}$	57	55	55	62	59	60	47	39	36
1964		18	17	18	28	29	29	25	25	26

3 在水库下游河流自由演变过程中游荡型向弯曲(蜿蜒)型转化是十分困难的

水库下游游荡型河型向稳定分汊河型,或进一步向顺直(微弯)(可能具有周期性展宽特征)发展的根据如前述。但是从理论上或实际资料看,在自然条件下它不可能向弯曲(蜿蜒)河型发展。以前有的文献的确有此看法,主要是根据修建水库后流量变幅小,顶冲点移动小,且冲刷时发展主槽等得出的,除个别自然模型外,缺乏野外第一手资料,游荡性河道转化为弯曲性河道的最大障碍是前者坡降大(黄河铁谢至高村平均坡降约为 2.1‰),后者坡降小(艾山至利津平均坡降约为 1.05‰),要完成转化必须消耗多余坡降。如果弯曲性依靠增加河长来消耗多余坡降,即使取弯曲系数为 1.6(一般认为弯曲系数达 1.5 时即为弯曲河型),则相应的坡降为 1.44‰。当然,由于糙率增加等也会增加一些坡降,但是仍难全部消耗掉。此外,弯曲河道在自然条件下是蜿蜒的,会发生凹岸崩塌与凸岸淤积,由于水库削峰和淤积,使出库洪峰减小,含沙量降低,会使下游河道凸岸还滩困难,最后会使河宽愈来愈大,破坏了向弯曲河型的塑造。

在图 3[3] 中绘出了黄河下游柳园口至府君寺 1989～1997 年的河势变化,可见其中几次(1994 年汛后、1995 年汛后、1996 年汛前等)发展了蜿蜒型河湾,但增加的河长是很大的,以至于只能出现一些畸形状态。另外,从图 4[3] 中看出,即使弯曲系数达到 1.8(图中 1994～1996 年的平均值,即图中的虚线),需要的坡降为 1.17‰(图中相应的平均坡降如虚线所示),才与黄河山东段接近。但是弯曲系数增加到 1.8 是很困难的。这两个资料是游荡河型难以向弯曲河型发展的实例。当然,上述的分析是指在自然条件下游游荡河型难以向弯曲河型发展。至于人为地兴建一些工程,导向弯曲河型发展,可能性如何?如果工程密度加大到相当程度且有必需的投入,当然在一定程度上也可以做到。但是从长远看,工程的部分废弃和维护在所难免。当然,如单纯从控制洪水流路和主槽看,目前的工程已发挥了巨大作用。

4　黄河下游游荡性河道改造方向

总的来说,应该顺应上述水库下游游荡型河型转化的自然规律,将其导向主支分明的分汊河型,甚至导向具有周期性展宽的顺直河型发展,除上游水库作用外,尚应考虑黄河下游年径流量减小、高含沙量洪水以及稀有洪水的行洪问题。为此,利用分汊河型支汊分泄洪水,或利用顺直河型的周期性展宽过洪就很需要。这两种情况都需要有相当的边滩宽度(与水库调洪的能力有关),并应结合塑造造床流量下的高滩深槽。当然,上述看法是指主要依靠自然力量的情况,实际治理则要结合现状工程和人力干预的程度研究。

河型变化往往需要较长甚至很长时间,但是在人为导向和控制下(如约束其展宽),也会将时间缩短,而变为现实。所以,如何抓紧小浪底水库拦沙利用阶段,进行下游河型河势的改造和控制就非常重要,机不可失。因此,目前黄河下游河床演变研究不能仅限于冲刷多少、水位下降多少。

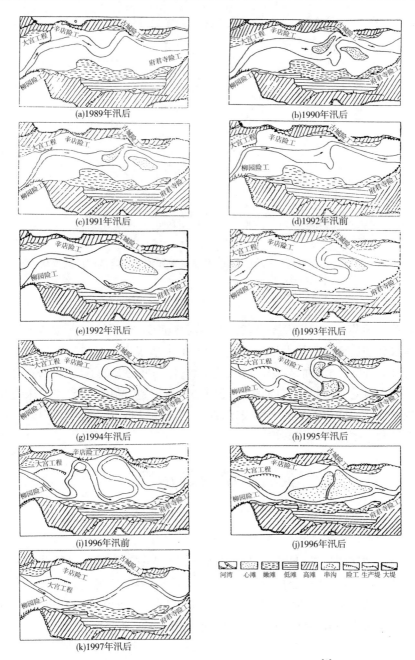

图3　1989～1997柳园口至府君寺河段河势图[3]

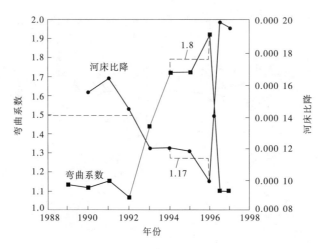

图 4　柳园口至古城断面间历年的弯曲系数和河道比降随时间的变化

5　建　议

对黄河游荡性河段以及整个黄河下游河床演变(包括河型),很多单位特别是黄河水利委员会进行了大量的研究,提出了很多很好的成果。但是今后似乎应从两方面加强:一方面,要深入揭示其机制,作一些必要的专题研究,在理论上对现象有定量的概括;另一方面,要对已有成果进行更高的综合,使河床演变的一些规律性认识能用简单的文字表述,便于非泥沙专业人员理解和掌握,使河道治理途径和方案容易取得共识。

黄河下游河道治理[*]

1　下游河道治理问题

黄河下游河道治理,目前还是针对防洪。因为有了大堤,泥沙不断淤积,就形成了地上河,有了生产堤控导工程就会有助于发展二级悬河。本来生产堤和控导工程是减缓洪水淹没滩区和冲刷大堤的,但有了它们河槽淤积更快,悬河越来越高。反过来战胜斜河、横河、滚河的机会是大了? 还是更危险了? 这里似乎

---

[*] 本文系作者在"黄河下游治理主攻方向座谈会"上的发言,此次发表次序有所调整。

不是一个良性循环。如何变成一个良性循环? 当然,不是一下就能消除二级悬河的,但是要从根本上避免产生的条件。这方面可能要做一些技术上的、社会和经济方面的综合研究,看看到底怎么样最好。

现在正在治理游荡型河段有一些交错的控导工程,以使它变成弯曲性(或微弯)河道,把它固定起来。但是存在一个问题,游荡性河道坡降比较大,弯曲性河道坡降比较小,多余的坡降怎么消耗? 对于中细沙河道,最大流速一般为 3 m/s 左右,这样在自然条件下,宽浅河道(如游荡河道)坡降大,窄深河道(如弯曲河道)坡降小,因此将游荡河型简单地改造成弯曲河型流速必然增大很多。在南水北调穿黄河段的物理模型中,有一些控导工程是在洪水来时发挥作用的,结果缩窄河槽后使流量达 17 000 m³/s 时,河宽仅 800 ~ 1 000 m,最大流速达 5 ~ 6 m/s。所以,要把游荡的河型通过治理改变成弯曲的河型应作进一步研究。控导工程对弯曲型河道比较有效;对于过渡河段也可能治理;至于游荡型的河段,局部治理当然也可以,但是对于几百千米的游荡型河段,都整治成弯曲(或微弯)的河道,并且能够稳定下来就很难。当然,水库下游河道有一个冲刷的问题,通过冲刷游荡性河道减弱以至消失,其游荡性的河道就可以变成稳定的。三门峡水库修建后,下面有几十千米河段比较稳定,游荡性消失了。丹江口水库下游汉口经长期冲刷后有游荡性消失更典型的例子。但是,这些河段河型或改变为稳定分汊,或改变为顺直宽浅,但前后坡降差别不大。

如果一定要整治成弯曲(微弯)型河道,也不是不可能的。此时,多余的坡降要靠增加床面糙率(床沙粗化)、控导工程的消能、河长增加以及落差减小来消耗。因此,控导工程稳定就有一定难度,有的被冲毁或失效在所难免,特别是当床沙粗化、河长增加、落差减小的作用很小时,更是如此。

为减少多余坡降还可能出现上段冲的多、下段冲的少,以及河长增加出现一些弯曲系数很大的畸形河湾(柳园口至府君寺就曾出现过)。有的报告提出将游荡河段整治为顺直型的,它可以多消耗一些坡降,就这一点来说是有利有弊。当然,顺直河段坡降仍小于游荡河段,而且顺直河段的河槽宽度不能太小。究竟哪个好,可以进一步研究。

丹江口水库蓄水后,下游汉江经长期冲刷,黄家港至碾盘山河段游荡性已消失,而且有的已变成单一河道,个别支汊只有洪水时才过流。但是纵坡降变化不大,没有向弯曲发展的任何趋势。

有人提出希望在游荡河段缩窄河槽,使主槽在 600 m 左右,加大流速,加大输沙能力。孤立看,当然很好。但是如果缩窄太大,洪水槽宽太小,若来的沙少,流速大,可以冲刷,也可以带走很多的沙量,这是有利的;当然,从上下游看,就会"冲河南,淤山东"。若来的沙多,河南河段也淤积,主槽马上变浅,平滩流量迅速降低,实际上淤积 1×10^8 t 沙,如果是 100 km 的河道就能抬高 1 m,这个数字太大了。因为在目前情况下,黄河总有淤积的时候,关键是要使泥沙淤到滩上去;不能上滩,河槽就要淤积。后者正是在目前没有大流量的条件下形成的。

上下河段输沙量要尽可能平衡。在自然条件下,上下游水量相差不多;输沙量经游荡性河道淤积约 3×10^8 t 后,山东河段基本能够将剩余沙量输送入海。现在把游荡性河道输沙能力扩大后,若上段冲的很多,下面就可能淤积。调水调沙期间,水库下泄的含沙量很低,所以山东冲。此外,由于近些年来花园口以下流量沿程减小的幅度很大,如果上段冲刷下去的沙多,沿程引水的含沙量又较干流为低,则干流含沙量就会加大,并且由于其径流量减小,输沙能力又会降低,维持山东河道不淤的难度增加。很可能会出现"冲河南,淤山东"。当然,由于来沙减少,淤积幅度也会相应地减少。所以,要使上下段河道输沙能力平衡,下游河道整治这个问题需要进一步深入和全面研究。

黄河下游河道治理,今后水沙的数量比较关键。比如上面提到的将游荡性河道整治为弯曲性河道,难以消耗多余的坡降,但是若来水不是几百亿立方米而是一百来亿立方米,或者几十亿立方米,则流量减小了,坡降就需要增加,那就是另外一个问题,可能多余的坡降消耗就容易些。从来沙来说,到底出海是七八亿吨,还是两三亿吨?如果是后者河口的延伸问题就不大了。今后水沙到底是什么情况,对黄河今后的河床演变和治理是很关键的。另外,如果说水沙条件不变,加强用水管理可能进入下段的水量要多一些。但是,下游河道流量沿程差距仍会很大,这样对河流的情况就会不一样。从最近几十年的情况来看,高村上下就淤的较多,花园口和河口段水位抬高也就 2 m 多,中间一带达 4 m 多,结果上段坡降减小了,下段坡降变陡了。这是否意味着上段径流相对较大,需要的坡降相对较小;下段径流量相对较小,需要的坡降相对较大。似乎有一定的自然调整。当然,调整的主导方向是加大下段的坡降,上段减小是次生的。而总的要求应使全河道趋向准平衡。

2　关于河口治理问题

一方面只要生态环境方面能取得一定共识(看来很难),从河流动力学观点看,海水冲沙应该可以实行。如果取得共识较难,冲刷河段可以缩短。口门段本身就有一些咸水,在这个地方冲可能效果差一些,但对环境影响会小一些。

　　另一方面,如果海水冲沙不行,河口怎么办?从现在来看,河口的问题也不是那么严重。根据黄河水利委员会组织的调查,一定时期不改道还是有可能的。山东有一个"八五"攻关研究项目,认为现在清水沟流域可以维持数十年不改道。该项研究,除山东外,黄河水利委员会河口河务局、中国水利水电科学研究院也参加了。由于来沙少,除河口出海段有所延伸外,整个河口摆动范围内(三角洲)不少是侵蚀的。有人认为以入海沙量 3×10^8 t 为分界,小于此值以海岸侵蚀为主;大于此值以外延为主。目前,入海流路除清水沟外,还有一个刁口河,刁口河是以前的故道,侵蚀比较明显,当清水沟流路延伸到一定程度后可以用刁口河故道进行替换,交错应用。过水时河口延伸,不过水时则发生侵蚀,缩短原河口长度,这样有望在较长时段使河口固定在西河口以下的范围。最近一些年黄河水沙来量很小,加之小浪底对下游河道有几十亿吨的减淤作用,对稳定河口流路是有利的。当然,稳定河口流路、减缓其延长速度,目前已有一些工程措施是有依据的和可行的。如控制河口河道单一流路,截支强干;河口束水导流,尽可能使泥沙流入强海流区;通过人力结合退潮冲刷,清除拦门沙;以及疏浚拖淤、清水刷黄等。至于这些措施中哪些能够落实,彼此如何组合则应有一个研究和试验过程,以取得最好效果。有的运用高压水冲刷,使钢管桩下沉,大概可以沉到30 m。看来,以此在口门束水导流,从工程看是可能的。当然,输沙效果有待做一些研究和试验工作。

3　小浪底水库运用

　　根据现在提出的逐步抬高水位,小浪底水库运用应该是很重要的。作者原来也作过一些理论分析,水库排沙比为70%左右时,下游河道平衡输沙,这时候减淤效果最好。其他的方式,效果都较差。但是,如果开始淤的多,下游冲刷量最大,由于这个冲刷较早地扩大主槽,改善了下游河道,有很大近期效果,但减淤的时间要短些。下游河道冲的最多的排沙比大约是20%。若水库排沙比大于70%,水库固然淤积慢、寿命长,但是下游河道仍然处于淤积,只是淤积量有所减少。当然,所述结果是由以前的水文系列得到的。近些年水沙大量减小,情况有所变化。但定性上可能仍有意义。总之,小浪底的运用,目前宜根据新的情况作进一步研究,出发点是对黄河防洪和下游河道治理有最大效益,同时要强调水沙减少的实际及最近几年运用和调水调沙的成功经验。

4　小　结

河床演变有五个层次,河型变化是最高的(第五个)层次,河段河床演变是第四个层次,洲滩、主槽岸线变化是第三个层次,床面形态是第二个层次,泥沙运动是第一个层次。河型变化是最高的层次,这个复杂性就很明显了。涉及很多方面,只有把它弄清楚了,有些问题才比较好解决。附带指出,目前有研究对河型差异的影响不太注意。例如有的认为黄河下游上、下段泥沙粗细一样、流量一样、整治的河宽也应一样,输沙就一样,这是不恰当的。这里坡降的作用如何反映。因此,对河型开展研究是很必要的,它不仅涉及治理工程措施,对于河床演变的发展也有意义。

对黄河下游输沙及治理的几点看法[*]

1　水沙变化趋势的问题

据近 10 多年(1986 年以后)的资料,水沙减少比较多,我感觉这个趋势以后可能还会维特,甚至会更不好。为什么? 从降水来说只减少了不到 1/10,但是径流量却减少多,主要是用水量增加,径流系数也减少。最近 10 多年花园口径流量不到 300×10^8 m^3,较以往减少 41%,沙量减少 53%,含沙量也减少了一些,但是水流输沙能力却减少了更多。一般的输沙能力与流量的平方成比例,如果流量减少 50%,输沙能力就应该减少 75%,这还不是高含沙量出现机遇增多的作用。总的淤积量比过去可能少一些,但是相对的淤积比例则较过去要大。这个情况是不容乐观的。不仅流量减小,上游一些水库削峰,致使平滩流量不是靠冲刷或者其他的工程来改变的,主要是靠流量决定的。根据以前我们的研究,只要根据流量、含沙量的过程,能够估计出平滩的流量。水量和沙量过程加上坡降就可以决定平滩流量。如果将来是 300×10^8 m^3 水量,看来其平滩流量充其量为 3 500 ~ 4 000 m^3。

叶永毅教授提到,水库削减洪峰,造床流量会减少。三门峡水库蓄水后,下游的平滩流量减小。尽管下游河道冲刷显著,冲的效果很大,但量平滩流量并未增加,这是可以理解的,这正反映了水库削峰的影响。

---

[*] 本文系作者 2004 年 2 月在北京召开的"黄河下游治理方略高层专家研讨会"上的发言。

从长远来看,黄河下游治理首先应该靠综合途径减少来沙。流域减沙主要还是靠大小工程(包括淤地坝),水土保持是有限的,当然还有个时间问题。减沙应该尽可能利用放淤。泥沙真正减到 8×10^8 t,河口的情况就好多了,通过适当的小改道,结合疏浚等可进行适当的控制。但是中游的淤积还是比较严重的。

将来在可能的条件下,借助外来水还是途径之一,如南水北调的水。最近考虑的小江调水,若经济上可下决心,借 $30 \times 10^8 \sim 50 \times 10^8$ m³ 就会有相当的效果。在目前条件下,如果不发生生产堤的限制,调水调沙的造床流量有可能加大到 3 000 ~ 4 000 m³/s,甚至更大一些,就会有很大的冲刷效果。

2 宽河堤和窄河堤以及河道整治的问题

历史上就有宽河与窄河两种治黄思想长期并存,并且在黄河上有一定的实践。窄河在山东河段靠束水冲沙,在河南段是靠宽河滞洪堆沙,当然这都是符合其客观条件的。河南段坡降大,如流速限制在 3 m/s 左右,则水深不可能大,最后必定宽浅,要求宽河来游荡;反之,若河宽 500 m,由于坡降大,来几千流量时流速就非常大,而无法承受。山东河段本身坡降小,要通过相应的流量,必定要塑造出较大水深,而达到相应的流速,冲走来沙,从而导致窄河。

现在的实际情况,到底算窄河还是宽河?大堤的堤距是 10 km 左右,生产堤以内大概 4 km,平滩流量的宽度大概是 1 km。由于生产堤的存在,若实际来洪水时生产堤不破,宽度约 4 km。生产堤破了,也没有行洪输沙的效果,当然能滞洪排沙,以及可能消除"二级悬河"。现在算宽河还是算窄河?这是否意味着从消除"二级悬河"看,河宽就保持 10 km;由于水沙减少,从滞洪堆沙看,是否 5 km 左右也可以?

我认为关键在于主槽,这涉及整治方向的问题。游荡段河道整治本来是很难的,但是我们国家财力跟过去不一样,有可能进行。但是首先有一条要注意,上下河床的输沙能力要相应。如果把游荡段灌宽整治到 600 m 或以下,则输沙能力比下游山东河段要大 30% 左右,肯定山东河道会淤积,不能长期维持。

现在两种方案都是从本河段考虑。我觉得整治得太窄不行。这种估计对游荡段坡降只取 1.9 ‰,如果坡降再大,输沙能力差别更明显,我看过南水北调穿黄的试验(该段坡降在 2‰ 以上),当流量达到 10 000 m³/s 以上的时候,河宽大概控制到 800 ~ 1 000 m,则弯顶最大流速达到 5 m/s 左右,而且紧贴工程,这样大的流速,控导工程就很难稳定。

目前,提出的微弯型整治与顺直型整治(对口丁坝)究竟哪一种方案好?哪一种更符合河道本身的规律？游荡河道并不能直接变成弯曲的,水库下游河道,变成弯曲的典型例子未见报道。丹江口水库下游汉江有一段河道具有游荡分汊的性质,由于建库后流量比较稳定,河道处于侵蚀,游荡性就消失了,有的河段就变成单一顺直的了。三门峡水库修建以后,铁谢附近有一段30~40 km,最后游荡也逐渐消失了,而是变成单一主槽,且较顺直。按照河道自然规律,游荡河道的坡降大,弯曲河道的坡降很小。另外,从稳定性来说,弯曲性河道需要河岸有二元结构的土层。一般在支流汇入干流或受回水影响的河段容易形成二元结构。汉江下游河段受长江水位顶托,河岸有二元结构,原来没堤防的时候就是蜿蜒性的,后来由于堤防固定而成较稳定的弯曲。下荆江最早较为顺直,后来洞庭湖流量加大,使它受顶托,而逐渐形成蜿蜒。从自然规律来看,如果不加以人工干预,河道不容易改成弯曲的。最近,我看了黄河游荡段控制弯道的控导工程,对控制河势,防止斜河、横河、滚河起了重要作用。但是这些控导工程,一方面不是统一规划的,是逐步做的;另外一方面这种弯曲河道的变化也很厉害,使控导工程脱溜、破坏占一定比例。这种弯曲河道变化大的原因有两种:一是随流量变幅上提下挫幅度大;另一个是弯道凹岸顶冲段流速很大。虽然控导工程对控制河势起到特别大的作用,有很大的效应,但是这是不是最好的？也不一定。

另外,现在有人提出河道整治的另一个方案是通过对口丁坝整治成顺直的。这个问题首先是工程能不能稳定下来,到底要多少投资。如果工程能够稳定下来,投资也可以解决,这个方案至少还值得研究。从模型看,由小流量到大流量,最后主流基本上都在中间,并不是靠岸边的,因此靠岸流速相对较小,对工程的冲刷作用也相对较小。现在的关键是这种整治能不能长期稳定下来。例如当槽宽增到800 m如何？没有强烈冲刷如何？仅仅从控制河势来说,目前实施的方案已能基本对付;从长远来看怎样改造更合适,还需要进一步研究。现在还不能从理论上说双向控制就不能成立,关键是整治工程稳定和投资,当然也要考虑已建整治工程的现实。

3 目前对防洪、小浪底的运用来说,生产堤的问题是一个瓶颈

2003年陕西来的洪水,如果不受生产堤的限制,调水调沙把流量放到3 500~4 000 m³/s,可以维持较长的时间,我相信效果会很大,平滩流量会加大很多,加大到3 000 m³/s以上还是有可能的。现在有生产堤的限制,没办法加大泄量,加大了小浪底的淤积,减少了下游河道应该发生的冲刷,而且还有危险。2003年是在汛末,如果在汛中来了更大的洪水,而小浪底防洪减淤的效果,影响到小浪

底水库改造下游河道的机遇，而且会使"二级悬河"进一步发展。我的看法是生产堤应该逐渐废除。当然走这一步是非常困难的。另一方面通过调水调沙及清水冲刷，可以逐步加大流量、逐步冲刷，以逐步扩大主槽行洪流量而良性循环。

对河口治理的几点看法*

1　清水沟流路过流时间可能较过去大多数研究的结果更长

　　根据几个单位的研究成果，从 2000 年开始，多数成果认为清水沟流路可以维持 20～30 年；个别成果认为加上其他措施可以维持 90 年。黄河从 1855 年铜瓦厢决口后改道了 9 次，每条河过水时间是 3～17.5 年，平均 13.4 年。

　　为什么清水沟流路还可能维持更长时间？这是因为出现了一些新的情况和采用一些治理河口的新思路，具体有以下三个方面。

　　(1)水沙减少趋势是不可避免的。沙量减少，三角洲淤积速度自然放慢。目前对今后减少数量没有确切的估计，但是考虑到水土保持、淤地坝及小浪底水库和今后要继续修建的古贤、碛口等水库的拦沙作用，加之来水量减少，利津站年平均来沙量长期保持 3×10^8～4×10^8 t，甚至更少，这是不奇怪的。这样的来沙量仅为历史上多年平均值的 1/3 左右，甚至更低，三角洲的淤积量减少是显而易见的。

　　(2)经过前些年的观测研究，利用海动力加大来沙入海已提到议事日程。这方面已提出的或可能的措施有三种：一是通过河口导流工程尽可能使泥沙直接深入强海流区；二是通过人工结合退潮冲刷，清除拦门沙，降低口门水位；三是三角洲岸滩侵蚀，能将泥沙再次导向深海，以减小三角洲的体积。例如，有人提议利用机械清淤和高压掀沙结合退潮海流将拦门沙冲入深海，甚至还认为此种措施有可能保持河口以上某点的水位接近海面，这意味着三角洲的延伸将深入水下，而不影响以上河段的坡降减小与水位抬高。这就是说，三角洲延伸与上下游的水位抬高关系不大。当然，这种措施的可行性需要试验与理论上的论证，也难以使三角洲延伸时上游水位完全不抬高，但至少是一种减缓水位抬高的措施。海岸侵蚀的数量也是可观的，如有的资料介绍说刁口河行水 12.5 年，河口延伸

---

　　* 本文系作者 2003 年 3 月在东营召开的"黄河河口问题及治理对策研讨会"上的发言，原载于中国水利学会、黄河研究会《黄河河口问题及治理对策研讨会》，黄河水利出版社，2003 年。

17 km,后来经 27 年平均蚀退了约 6 km,两者的年侵蚀与淤积之比是 1:5。当然,这是刁口河的情况,如按整个三角洲估计,侵蚀作用会更大。事实上据有关专家介绍,如果来沙量为 3×10^8 t,可以做到淤积与侵蚀平衡,从而在数量上能做到三角洲体积不增加,这就提供了控制河口延伸的巨大潜力。当然,对一些重要地区,从保持国土资源出发,修筑一些防浪堤是必要的,但是从减少河口泥沙淤积看,应该留一些侵蚀区域,最好结合需要保留的入海通道进行,以使河口段交替使用,或者外伸造陆,或者回填侵蚀区域,这样就可以将河道延伸与造陆联系起来。从这一点看,预留刁口河通道是恰当的。为了便于行水时将泥沙输入深海和有利于被侵蚀搬运,三角洲延伸头部是否有可能在一定程度上控制为指头形伸出。至于哪些地方要护岸,防止侵蚀,哪些地方允许侵蚀,使泥沙被带出三角洲,是需要全面研究的。但是海岸侵蚀是一种可以减少三角洲淤积的因素,应加以利用则是无疑的。

(3)随着对河床演变认识的深入和国家财力的增加,河口治理的措施有新的拓宽,治理的力度能够加大。如截支强干、束水攻沙、单一河道入海、固滩护槽的利用,使近年来治河取得了很大成功。再如疏浚拖淤、清水刷黄,虽然历史上已提过,但由于受当时物力与财力限制并未收到很大效果。现在由于国家财力加强,不仅可以拖淤,而且一定规模的挖河也能实现。

显然,上述这些措施都不能单一地解决河口泥沙问题,有的还受很大限制,但是是否可以作为综合措施的一种,则是需要研究的问题。这里需要明确和注意的几个问题如下。

(1)控制单一流路、截支强干是有依据的,它既符合一般的概念,也符合黄河河口的演变规律。我们曾经在理论上进行了研究,证明单一河道较之分汊河道,当其他条件相同时,输走同量泥沙所需坡降要小。反之,在同样的坡降下,单一河道较之分汊河道输水能力和输沙能力要大。因此,截支分流将分汊河道改成了单一河道,由于可以减小坡降,就相当于在西河口同样水位流量小,允许河道可以更长一些。

过去一些研究成果指出,在改道后黄河口形成小循环,即片流和散乱—成槽—单一顺直河道—河长再延伸而渐成弯曲—出汊—改道散乱,这是符合黄河本身演变规律的。由于成河后坡降大,河流顺直;另外,由于含沙量大,加之支汊分流比小,就容易改分汊而成单槽。可见,为了尽可能多地输沙入海,采用截支强干也是符合黄河河口在坡降较大的阶段特性的。当然,根据小循环的后一段,由于坡降减小(如由 1‰减小至 0.7‰ ~ 0.6‰),河型有转向弯曲的趋势、横向变形加剧的特性,这提醒我们河流延伸太长,坡降减小太多,单纯从本河段看也是不允许的。

(2)由于河道要在不同流量下均充分发挥其挟沙功能,避免"二级悬河"的出现,将河口横断面设计成多级复式断面是必要的,但是应根据实际可能的流量级进行较好。

(3)分流也是很重要的措施,这不仅可以降低控制点和主汊的水位,而且有可能防治大洪水对中小洪水河床的破坏。

(4)林秉南院士提出引海水冲刷河口段并引起溯源冲刷的观点,单纯从河床演变看是有理论依据的,但对水环境影响较大,运行费用也较高,这方面没有论证清楚前,最多只能考虑在出口已受咸水影响的小河段内试行,以避免造成水污染。但是,此时效果就会减小很多,其可行性应进一步明确。

2 河口延伸对上游的影响

虽然对这个问题有不同的研究结果和看法,似乎对大局影响不大。但是,笔者感到它还是很重要的,因为现在提出的控制河口对上游影响的指标是什么?就是流量,当流量为 10 000 m³/s 时,西河口水位不超过 12 m。但从实际来看,流量为 10 000 m³/s 的几率是非常小的。1958 年实际洪峰流量也只比 10 000 m³/s 稍大一点。当然,可以根据实际资料推算流量和水位,但是会有一定误差。笔者认为河口对黄河上、下游的影响需要进一步明确,不能简单地用 10 000 m³/s 流量时西河口水位做指标,这是很不全面的。河口延伸引起的淤积跟水库是一样的。黄河的复杂性在于:一是溯源淤积,二是河流本身的冲淤,两种作用混合在一起,加之资料分析深入不够,使结论模糊。此外,挟沙能力多值性和河道不平衡输沙条件下的影响,使问题更为复杂。单纯河口延伸引起的溯源淤积,正如水库一样,它导致的水位抬高,应该较为明确。我们曾对此从理论上作了专门研究,证明它既有相当的影响范围(上翘长度),也不是平行抬高。这个问题今后仍是研究的重点,在研究的过程中应研究两种特殊条件:一是口门不变时黄河下游的沿程淤积;二是平衡输沙时河口延伸对下游的影响。

3 关于"河口摆动论"、"河口相对稳定论"、"固住河口论"

这"三论"孤立起来看是矛盾的,但是结合起来,它们实际是一个过程的不同阶段。从唯物辩证法的观点看,正如黄河水利委员会刘晓燕同志介绍的那样,应该说摆动是绝对的,稳定是相对的。例如,从宁海或西河口以下整个河口河段看,摆动并不一定频繁,但是如果将河段缩短至清 7、清 8,则摆动就会多一些,如进一步缩短到口门附近,则摆动的就会更多一些。因此,河段愈短,摆动频率就愈高,这也是摆动是绝对的原因。附带指出,即使令整个河口平均被冲刷,局部延伸和靠口门端点的摆动也是不能完全避免的。另外,如以宁海—西河口为原点,根据流路不同方向,划分改道的标准看,则各河改道频率就会小了。事实上,现在研究改道也正是这样划分的。因此,从长时间看改道是频繁的,但是改道后对于每一条河有一个相对稳定时期,所以在一定时期"河口相对稳定论"也反映了改道的客观规律。在相对稳定阶段,利用必要的控制工程,稳定出口一段时间也是可以做到的,这应该是"固住河口论"的意思。

当前清水沟流路是较为优越的,进一步发挥人们对它的控制作用,使之继续行水较长的时间(如 50 ~ 100 年),多数人是同意这种观点的。

需要强调的是,虽然摆动是不可避免的,但是摆动是可以控制和调整的。改道的条件是河长已延伸到足够长度,以致使坡降已大幅度减小(如由约 1‰减小至 0.7‰左右),同时溯源淤积对西河口已经产生明显的影响,加之特大洪水使堤防无法维持而冲毁,或者是上游河道不能承受,进而发生河道改道。这就是说,河口摆动的规律应该是,河口不断延伸引起的坡降减小、淤积抬升和向上游发展导致河口或上游河段不能承受时,就会发生改道。因此,如果通过整治河道,加大输沙能力和利用海动力,减轻了溯源淤积;通过加固加高大堤,避免堤防溃口,均可推迟改道,从而延长河口段的使用年限。

4　加强观测研究,特别是宏观问题研究,制定河口治理规划

单纯从泥沙与河口演变看,目前需要对一些问题进行研究,例如正确处理造陆与输沙的矛盾,河口治理与黄河下游的关系,径流量减小给河口输沙与河口演变带来新的问题,河口治理与河口水资源的关系,稳定河口的各种措施效果,特别是利用高压水泵掀沙结合退潮水流带走入海,适当挖沙控制拦门沙,在河口感潮段利用注海水冲刷等应着重研究。

参 考 文 献

[1] 李保如,华正本. 三门峡拦沙期下游河道变化[C]//河流泥沙国际学术讨论会论文集. 北京:光华出版社,1980.
[2] 韩其为,杨克诚. 三峡水库建成后下荆江河型变化趋势[J]. 泥沙研究,2001(3):1-11.
[3] 许炯心,陆中臣,刘继祥. 黄河下游河床萎缩过程中畸形河弯的形成机理[J]. 泥沙研究,2003(3):36-41.